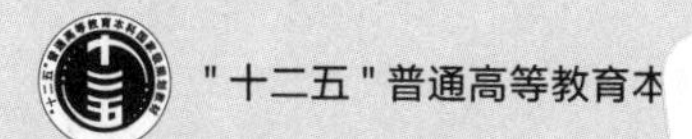

数据库技术及应用

——Access 第4版

○ 李雁翎 编 著

中国教育出版传媒集团
高等教育出版社·北京

内容提要

本书由“基础理论与技术”和“实验与开发”两篇组成。基础理论与技术篇主要内容包括数据库系统概述、数据库设计、数据库操作技术、表操作技术、查询操作技术、SQL 语言、设计窗体、设计宏、设计报表、VBA 程序设计基础、VBA 程序实例、数据的传递与共享和走进大数据；实验与开发篇主要内容包括数据库操作技术实验、数据库编程实验、数据共享与安全实验和小型应用系统开发案例。全书兼顾理论基础的坚实和技术实践的应用，用一个实用的应用系统开发贯穿整个教学过程，并围绕它安排了大量翔实的实例。

全书讲授的内容可在中国大学 MOOC 平台（“数据库技术及应用”课程）获得相应的授课视频等资源，便于教师教学和学生自主学习，以及开展混合式教学。

本书可作为高等学校非计算机专业数据库基础课程以及相关专业数据库技术课程的教材，也可作为全国计算机等级考试二级 Access 的培训或自学教材。

图书在版编目（CIP）数据

数据库技术及应用：Access / 李雁翎编著. --4 版. --北京：高等教育出版社，2022.8（2024.12 重印）

ISBN 978-7-04-058492-9

Ⅰ.①数… Ⅱ.①李… Ⅲ.①关系数据库系统-教材 Ⅳ.①TP311.138

中国版本图书馆 CIP 数据核字（2022）第 054821 号

策划编辑 唐德凯　　责任编辑 唐德凯　　封面设计 于 博　　版式设计 张 杰
责任绘图 黄云燕　　责任校对 高 歌　　责任印制 赵义民

出版发行 高等教育出版社
社　　址 北京市西城区德外大街 4 号
邮政编码 100120
印　　刷 北京盛通印刷股份有限公司
开　　本 787mm×1092mm 1/16
印　　张 20
字　　数 500 千字
购书热线 010-58581118
咨询电话 400-810-0598
网　　址 http://www.hep.edu.cn
　　　　 http://www.hep.com.cn
网上订购 http://www.hepmall.com.cn
　　　　 http://www.hepmall.com
　　　　 http://www.hepmall.cn
版　　次 2017 年 3 月第 1 版
　　　　 2022 年 8 月第 4 版
印　　次 2024 年 12 月第 4 次印刷
定　　价 37.50 元

物 料 号 58492-00

前　　言

大数据时代,“数据”是一种资源,“数据”蕴含着无尽的能量。怎样去挖掘和占有这些“数据”资源,又怎样去获得这些“数据”能量,本书提供了获得“数据”资源与能量的基本技能。

在大数据时代,如何在海量数据中找寻有价值的信息,已经成为数据处理的热门技术之一。学会与时俱进,掌握基本的数据搜集、整理、分析和处理等数据处理技术是时代需求。本书力求通过培养学习者利用数据库技术对信息进行管理、加工和利用的“素养”,增强学习者分析问题和数据表达的能力;培养学习者利用数据库技术解决专业问题的“意识”,增强学习者根据应用问题选择、使用 DBMS 产品和应用开发工具的能力;培养学习者积极探索新技术、新方法和继续学习的“理念”,增强学习者团队协作、自我创新的能力;让学习者感受信息文化、增强信息意识,养成利用信息技术解决问题的思维习惯,从而达到计算思维能力的培养目标。

数据库技术是研究、管理和应用数据库的一门软件科学,是信息系统的核心技术,是进行组织和存储数据,高效地处理、分析和理解数据的技术,是进行数据的存储、设计、管理以及应用的基本理论方法。本书将使学习者更好地理解什么是数据和数据库,系统地讲述数据库基础理论和基本操作。

本书在编写思路上对第 3 版教材体例进行了改革,并有所创新:

(1) 在新工科的背景下,重组了教学内容,但课程的知识体系未变,仍从介绍数据库技术相关基础概念入手,介绍用数据库技术进行问题求解的方法。

(2) 理论讲解与实验指导内容合为一体,基础理论与技术篇的讲解以数据库基本概念、原理和操作方法为主,而许多操作性较强的内容放在了实验与开发篇。

(3) 实验内容编排以知识模块为单元,实验体系完整,适应以“能行性,构造性”为指导的教学理念,有助于教学。

(4) 全书坚持以完整的案例为线索,书中的例题和实验均结合具体应用系统设计,具有整体性和实用性,所有示例可在 Access 2016 系统环境实现。

本书各章的内容如下。

上篇为基础理论与技术篇,共 13 章。

第 1 章主要介绍与数据库管理系统相关的一些数据库基础理论方面的知识,讲解数据、数据模型、数据库、数据库管理系统和数据库系统等概念。

第 2 章主要介绍数据库设计步骤及各设计阶段的任务,实体-联系模型、关系模型、关系的规范化、关系模式、实体-联系模型与关系模型的转换、关系模型与物理模型的转换等。

第 3 章主要介绍数据库的建立方法,数据库的对象类型,数据库基本操作。

第 4 章主要介绍表的建立、基本操作、基本属性设置、显示格式设置、有效规则的设置,表中数据的增删改,数据记录的定位,数据的排序,数据的筛选,建立表间关联关系,子表应用等。

第 5 章主要介绍查询的建立方法,查询的作用,查询的类型以及多种查询的应用等。

第 6 章主要介绍关系数据库标准语言 SQL,应用 SQL 进行数据定义、数据更新及数据查询等。

第 7 章主要介绍面向对象的基本概念,窗体的创建方法,窗体的属性、事件和方法的定义,窗体中控件的功能及属性,ActiveX 控件,ADO 数据对象控件的应用等。

第 8 章主要介绍宏、宏组建立方法,直接运行宏或宏组,触发事件运行宏或宏组等。

第 9 章主要介绍利用报表设计器、报表向导创建各类格式不同报表,报表的修改方法,报表用于统计分析等。

第 10 章主要介绍在 Access 2016 环境下,VBA 程序设计基础,VBA 程序基本结构,自定义函数和过程等。

第 11 章主要介绍在 Access 2016 环境下,用户管理窗体设计,数据浏览窗体设计,数据维护窗体设计,数据查询窗体设计,系统控制窗体设计等。

第 12 章主要介绍数据的传递与共享,数据的导入、导出等。

第 13 章主要介绍大数据的基本概念,大数据的主要特征,大数据的关键技术,用于对大数据的一般性了解。

基础理论与技术篇的结构如下图所示。

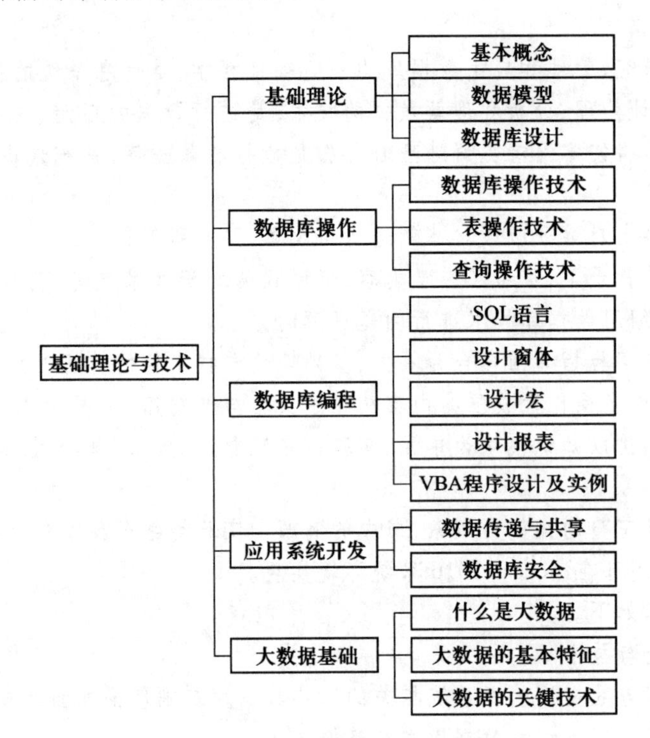

图　基础理论与技术篇结构

课程视频讲座可通过中国大学 MOOC 网站(http://www.icourse163.org/learn/NENU-1001511011?tid=1001760001#/learn/announce)上的“数据库技术及应用”课程学习观看。具体的视频讲座内容如表 1 所示。

表 1　部分章节配有的视频列表

章节	对应的 MOOC 课程的章节
数据库系统概述	1.1.1　基本概念
	1.1.2　数据库系统
数据库设计	2.1.1　数据库设计的步骤
	2.1.2　需求分析
	2.1.3　概念结构设计
	2.1.4　逻辑结构设计
	2.1.5　物理结构设计
数据库操作技术	2.2　数据库创建
表操作技术	3.1.1　数据表及其组成
	3.1.3　创建与维护数据表
	3.1.4　主键、外键及表关联
	3.1.5　表中数据的操作
	3.1.6　表中数据的索引
SQL 语言	4.2.1　利用 SQL 创建和修改表
	4.2.2　数据查询
	4.2.3　条件查询
	4.2.4　排序与分组
	4.2.5　连接查询
	4.2.6　嵌套查询
VBA 程序设计基础	7.1.1　程序设计概述
	7.1.2　常量与变量
	7.1.3　函数与表达式
	7.2.1　顺序结构
	7.2.2　选择结构
	7.2.3　循环结构
	7.2.4　过程与函数
VBA 程序实例	8.1　应用程序开发案例
	8.2　系统登录模块开发
	8.3　数据浏览模块开发
	8.4　数据维护模块开发
	8.5　数据查询模块开发

下篇为实验与开发篇，共有4章。

第14章主要介绍数据库操作技术实验，介绍利用Access系统的工具、设计视图完成数据库的创建以及表、查询等数据库对象的操作等。

第15章主要介绍数据库编程实验，介绍SQL语言以及VBA程序设计语言。本部分实验是针对数据库应用系统设计部分的练习，介绍了SQL应用、窗体设计、报表设计、宏与宏组设计和VBA编程等。

第16章主要介绍数据共享与安全实验。Access系统能够实现数据库的安全控制，也能够实现数据间交互操作。主要介绍导入、导出数据库对象，不同软件间的数据传递以及数据库安全设置的操作方法。

第17章主要介绍小型应用系统开发案例（阳光超市管理系统），介绍综合地运用前面各章所讲的数据库管理软件操作知识和设计技巧，实施一个小型应用系统开发的全过程。综合前面各章的实验内容，用一个系统的应用程序实例贯穿数据库应用系统开发全过程，借以总结全书的学习内容。

实验与开发篇各实验的案例明细如表2所示。

表2　实验案例表

章	实验名称	主要内容	案例数
15	实验1:初识Access实验	Access集成环境	3
	实验2:数据库操作实验	创建数据库、数据库操作、使用数据库	3
	实验3:表操作实验	创建表、表操作、使用表、使用子表	12
	实验4:查询操作实验	创建查询、查询操作、使用查询	6
16	实验5:SQL应用实验	表定义、数据操纵、SQL查询	18
	实验6:窗体设计实验	创建窗体、窗体设计、控件使用	3
	实验7:宏设计实验	创建宏和宏组、使用宏和宏组	3
	实验8:报表设计实验	创建报表、报表设计、使用报表	4
	实验9:VBA程序设计实验	数据输入窗体、数据查询窗体	3
17	实验10:数据的传递与共享实验	Access数据传递方法	7
	实验11:数据库安全实验	Access数据库安全措施及方法	2
18	小型应用系统开发案例	阳光超市管理系统	

实验与开发篇课程视频讲座可通过中国大学MOOC网站（http://www.icourse163.org/learn/NENU-1001511011?tid=1001760001#/learn/announce）上的“数据库技术及应用”课程学习观看，也可以通过扫描书中的“二维码”观看。具体的视频讲座内容如表3所示。

表 3　各章配有实验微视频列表

章节	二维码标识
数据库系统概述	Access 系统环境
	Access 启动与退出
数据库操作技术	创建数据库
	使用数据库
表操作技术	定义数据表及关联
	数据输入
	数据表结构维护
	创建索引
SQL 语言	简单查询
	参数查询
	选择查询
	SQL 查询
	多表查询
	等值查询
	嵌套查询
设计窗体	数据输入窗体
	数据浏览窗体
设计宏	创建宏
	创建宏组
	使用宏组
设计报表	设计器创建报表
	报表中数据计算与汇总
VBA 程序实例	登录窗体
	数据查询窗体
	Access 小型数据库应用系统开发

本书按照精品教材、精品课程建设的目标，探索建立现代课程教学体系，追求体系完整，结构清晰，实例丰富，讲解详细，易读易懂，全书由一组系统化的案例贯穿，新颖独特，具有普遍适用性。

在本书编写过程中，得到了王丛林、孙晓慧的大力支持，陈玖冰提供了第17章内容的部分素材，李玉、郝佳南、刘征、张斯雯、郭书彤、路明懿参与了微视频录制，在此一并感谢。

由于作者水平有限，难免有错误和不足之处，欢迎广大读者批评指正。

作者

2022年3月

目　录

上篇：基础理论与技术篇

第 1 章　数据库系统概述 …… 3
1.1　信息、数据与数据处理 …… 3
1.1.1　信息与数据 …… 3
1.1.2　数据处理 …… 4
1.2　数据描述 …… 6
1.3　数据模型 …… 7
1.4　数据库系统 …… 8
1.4.1　数据库 …… 9
1.4.2　数据库管理系统 …… 9
1.4.3　数据库系统的体系结构 …… 10
1.4.4　数据库系统的组成 …… 11
习题 1 …… 12
第 2 章　数据库设计 …… 14
2.1　数据库设计的步骤 …… 14
2.2　需求分析 …… 15
2.3　概念结构设计 …… 16
2.3.1　实体-联系模型 …… 17
2.3.2　实体-联系图 …… 18
2.3.3　实体集联系类型 …… 18
2.4　逻辑结构设计 …… 19
2.4.1　关系模型 …… 19
2.4.2　关系规范化 …… 23
2.4.3　实体-联系模型与关系模型的转换 …… 26
2.5　物理结构设计 …… 27
2.5.1　表的构成 …… 27
2.5.2　表结构的定义 …… 28
2.5.3　关系模型与物理模型的转换 …… 28
2.6　数据库实施 …… 31
2.7　数据库使用与维护 …… 31
习题 2 …… 32
第 3 章　数据库操作技术 …… 34
3.1　Access 数据库对象 …… 34
3.1.1　表 …… 34
3.1.2　查询 …… 34
3.1.3　窗体 …… 34
3.1.4　报表 …… 37
3.1.5　宏 …… 38
3.1.6　模块 …… 39
3.2　数据库的创建 …… 39
3.3　数据库基本操作 …… 40
习题 3 …… 41
第 4 章　表操作技术 …… 43
4.1　表的创建 …… 43
4.2　表基本操作 …… 44
4.2.1　表的基本属性设置 …… 44
4.2.2　字段显示格式设置 …… 46
4.2.3　字段有效性规则的设置 …… 51
4.2.4　表中数据的增删改 …… 52
4.2.5　表中数据记录的定位 …… 53
4.2.6　表中数据的排序 …… 54
4.2.7　表中数据的筛选 …… 54
4.3　表间关联 …… 55
4.3.1　表间关联类型 …… 55
4.3.2　索引的创建 …… 56
4.3.3　表间关联的创建 …… 57
习题 4 …… 59
第 5 章　查询操作技术 …… 61
5.1　查询概述 …… 61
5.1.1　查询的作用 …… 61
5.1.2　查询的类型 …… 61

5.2　查询基本操作……………………… 62
5.2.1　选择查询的创建 ……………… 63
5.2.2　动作查询的创建 ……………… 65
5.2.3　SQL 查询的创建 ……………… 67
5.3　修改查询………………………… 67
习题 5 …………………………………… 68
第 6 章　SQL 语言 …………………… 70
6.1　SQL 概述………………………… 70
6.2　数据定义………………………… 71
6.2.1　SQL 的基本数据类型 ……… 71
6.2.2　定义表结构 ………………… 72
6.2.3　修改表结构 ………………… 75
6.2.4　删除表………………………… 76
6.3　数据维护………………………… 78
6.3.1　插入数据……………………… 78
6.3.2　更新数据……………………… 78
6.3.3　删除数据……………………… 79
6.4　数据查询………………………… 79
6.4.1　查询语句……………………… 79
6.4.2　简单查询……………………… 81
6.4.3　连接查询……………………… 84
6.4.4　嵌套查询……………………… 87
习题 6 …………………………………… 90
第 7 章　设计窗体 …………………… 93
7.1　引入面向对象编程的概念……… 93
7.1.1　对象 …………………………… 93
7.1.2　属性 …………………………… 94
7.1.3　事件与方法 …………………… 96
7.2　窗体的组成……………………… 98
7.3　窗体的创建……………………… 98
7.4　窗体控件与应用 ……………… 100
7.4.1　常用的窗体控件…………… 100
7.4.2　ActiveX 控件 ……………… 102
7.4.3　ADO 数据对象 …………… 103
7.4.4　窗体常用控件的使用 ……… 105
习题 7 ………………………………… 112
第 8 章　设计宏………………………… 114
8.1　什么是宏 ……………………… 114
8.2　宏与宏组的创建 ……………… 115
8.3　宏与宏组的应用 ……………… 118
8.3.1　直接运行宏或宏组 ………… 118
8.3.2　触发事件运行宏或宏组 …… 118
习题 8 ………………………………… 121
第 9 章　设计报表…………………… 123
9.1　报表的组成 …………………… 123
9.2　报表的创建 …………………… 124
9.2.1　报表向导 …………………… 124
9.2.2　报表设计视图 ……………… 125
9.3　报表布局与种类 ……………… 126
9.3.1　报表控件的使用…………… 126
9.3.2　报表的页面设置…………… 127
9.3.3　设计汇总报表 ……………… 128
习题 9 ………………………………… 130
第 10 章　VBA 程序设计基础 ……… 131
10.1　标准模块……………………… 131
10.2　VBA 程序基本要素 ………… 132
10.2.1　数据类型…………………… 132
10.2.2　常量 ……………………… 133
10.2.3　变量 ……………………… 134
10.2.4　函数 ……………………… 136
10.2.5　表达式……………………… 139
10.2.6　编码规则…………………… 141
10.3　顺序结构……………………… 142
10.4　分支结构 …………………… 143
10.4.1　If 语句……………………… 143
10.4.2　Select 语句 ……………… 145
10.5　循环结构……………………… 147
10.5.1　For 语句 ………………… 147
10.5.2　While 语句 ……………… 149
10.6　过程…………………………… 150
10.7　自定义函数…………………… 152
习题 10 ……………………………… 154
第 11 章　VBA 程序实例 …………… 157
11.1　用户管理窗体的设计………… 157
11.2　数据浏览窗体的设计………… 160
11.3　数据维护窗体的设计………… 163

11.4　数据查询窗体的设计 …………… 167
11.5　系统控制窗体的设计 …………… 172
习题11 ……………………………………… 176
第12章　数据的传递与共享 …………… 177
12.1　数据的导出 ……………………………… 177
12.1.1　向其他数据库导出数据库对象 ………… 177
12.1.2　将数据库对象导出为其他文件 ………… 178
12.2　数据的导入 ……………………………… 178
12.2.1　导入其他数据库对象 …… 179
12.2.2　导入其他文件数据 ……… 179
习题12 ……………………………………… 180
第13章　走进大数据 ………………………… 182
13.1　什么是大数据 …………………………… 182
13.2　大数据的主要特征 ……………………… 183
13.3　大数据的关键技术 ……………………… 183
13.4　大数据的应用 …………………………… 185

下篇:实验与开发篇

第14章　数据库操作技术实验 ………… 191
14.1　实验1:初识Access实验 …… 191
14.1.1　走进Access ………………… 191
14.1.2　退出Access ………………… 195
14.2　实验2:数据库操作实验 …… 196
14.2.1　创建与维护数据库 ……… 196
14.2.2　使用数据库 ……………… 197
14.3　实验3:表操作实验 ………… 198
14.3.1　创建与维护表 …………… 199
14.3.2　维护表中的字段 ………… 202
14.3.3　维护表中的数据 ………… 205
14.3.4　创建与维护表间的关联 ……………………… 207
14.3.5　使用表及子表 …………… 210
14.4　实验4:查询操作实验 ……… 212
14.4.1　创建单表查询 …………… 212
14.4.2　创建多表查询 …………… 214
14.4.3　创建参数查询 …………… 217
14.4.4　创建生成表查询 ………… 219
14.4.5　创建更新查询 …………… 220
14.4.6　创建追加查询 …………… 222
第15章　数据库编程实验 ……………… 225
15.1　实验5:SQL应用实验 ……… 225
15.1.1　定义与编辑表结构 ……… 225
15.1.2　查询语句应用 …………… 227
15.2　实验6:窗体设计实验 ……… 236
15.2.1　创建与编辑窗体 ………… 236
15.2.2　设计数据输入窗体 ……… 238
15.2.3　设计数据浏览窗体 ……… 244
15.3　实验7:宏设计实验 ………… 247
15.3.1　创建与编辑宏 …………… 248
15.3.2　创建与编辑宏组 ………… 248
15.3.3　使用宏或宏组 …………… 249
15.4　实验8:报表设计实验 ……… 250
15.4.1　创建与编辑报表 ………… 251
15.4.2　使用报表 ………………… 255
15.5　实验9:VBA程序设计实验 ………………………… 258
15.5.1　设计系统首页窗体 ……… 259
15.5.2　设计登录窗体 …………… 260
15.5.3　设计查询窗体 …………… 263
第16章　数据共享与安全实验 ………… 266
16.1　实验10:数据的传递与共享实验 ……………………… 266
16.1.1　将数据库对象导出到另一个数据库中 ………… 266
16.1.2　将数据库对象导出到Excel中 …………………… 267
16.1.3　将数据库对象导出到Word中 …………………… 268
16.1.4　将数据导出到文本文件中 ……………………… 270
16.1.5　向数据库导入另一个数据库的数据库对象 …………… 270

16.1.6　向数据库导入 Excel 数据 … 272
16.1.7　向数据库导入文本文件…… 274
16.2　实验 11:数据库安全实验 …… 276
16.2.1　设置数据库受信任文件夹…………………… 276
16.2.2　设置数据库访问密码 …… 277
第 17 章　小型应用系统开发案例 ……… 279
17.1　应用系统开发概述……………… 279
17.1.1　系统分析阶段 ……………… 279
17.1.2　系统设计阶段 ……………… 280
17.1.3　系统实施阶段 ……………… 280
17.1.4　系统维护与调试阶段 …… 280
17.2　应用系统的主体设计………… 281
17.2.1　设计数据库 ………………… 281
17.2.2　设计系统首页 ……………… 284
17.2.3　设计登录窗口 ……………… 285
17.2.4　设计控制面板 ……………… 285
17.2.5　设计数据操作窗口 ……… 286
17.2.6　设计报表 …………………… 287
17.3　设置自动启动窗体……………… 289
附录……………………………………………………………………… 290
附录 A　字段常用属性…………………………………………………… 290
附录 B　对象常用属性…………………………………………………… 291
附录 C　常用的宏命令…………………………………………………… 295
附录 D　常用的 DoCmd 方法 ………………………………………… 297
附录 E　ADO 对象属性与方法 ……………………………………… 301
附录 F　部分习题参考答案……………………………………………… 304
参考文献………………………………………………………………… 306

上篇:基础理论与技术篇

数据库理论基础

数据库操作技术

VBA 程序设计方法

应用系统开发方法

大数据概述

本部分围绕一个数据库应用系统(英才学校学生信息管理系统)介绍了数据库基本概念,数据库设计方法与步骤,数据库操作技术,表操作技术,查询操作技术,关系数据库标准语言——SQL使用,常用窗体的设计方法,宏的设计与应用,报表的设计与应用,VBA程序编程基础与VBA程序实例,数据库应用系统开发一般方法等知识,有关大数据的基础知识。

第1章　数据库系统概述

当信息成为社会行为和娱乐的基础时，人们已悄然步入了信息时代。

MOOC视频
基本概念

在信息社会，信息系统越来越凸显其重要性，数据库技术作为信息系统的核心技术和基础也更加被人注目。处于社会信息系统管理核心的数据库系统现在已融入人们的日常工作、生活中，扮演了一个相当重要的角色，只是人们在生活中使用着它却往往觉察不到。

比如，人们置身校园，无论是学生还是老师，或是管理者，在数字化校园之中，学生信息管理、网络学习课堂、图书借阅及日常生活，无疑不享受着信息化服务；若以一个消费者的身份去超级市场购买商品，就好像置身于在一个“数据库系统”之中，正在访问一个商品的“数据库”；收银员使用一个条形码阅读器扫描消费者购买的每一件商品，再根据条形码阅读器获取的“数据”，从商品数据库中找出商品价格，从商品库存数据库中减少商品的库存数量，并且要计算消费者的消费额度、增加销售总额、提示系统预订和补充商品等，这些操作就是“数据库系统”在工作。通过以上描述可见，人们对数据库应用系统并不陌生，也会随之举出一两个实例，如网络社交、通信业务管理、信用卡消费、订飞机票等。

本章将对有关数据库系统的基本术语给予解释，逐一讲解信息、数据、数据处理、数据库、数据库管理系统功能及数据库系统的构成等基础知识和概念。

1.1　信息、数据与数据处理

进入数据库应用领域，首先遇到的是信息、数据和数据库等基本概念。这些不同的概念和术语，将贯穿在人们进行数据处理的整个过程之中。掌握好这些概念和术语，对人们更好地学习和使用数据库管理系统，有着重要的意义。这些概念是学习数据库应用技术、学习数据库管理系统软件的必备基础知识。

1.1.1　信息与数据

1. 信息

在人类社会活动中，存在各种各样的事物，每个事物都有其自身的表现特征和存在方式，以及与其他事物的相互关联、相互影响、相互作用。

在数据处理领域，信息(Information)可定义为人们对于客观事物属性和运动状态的反映。它所反映的是关于某一客观系统中，某一事物的存在方式或某一时刻的运动状态。也可以说，信息是经过加工处理的，对人类客观行为产生影响的，通过各种方式传播的、可被感知的数据表现形式。信息是人们在进行社会活动、经济活动及生产活动时的产物，并用以参与指导其活动过程。信息是有价值的,是可以被感知的。

信息可以通过载体传递,可以通过信息处理工具进行存储、加工、传播、再生和增值。

在信息社会中,信息一般可与物质或能量相提并论,它是一种重要的资源。

2. 数据

数据(Data)是反映客观事物存在方式和运动状态的记录,是信息的载体。对客观事物属性和运动状态的记录是用一定的符号来表达的,因此数据是信息的具体表现形式。数据所反映的事物是它的内容,而符号是它的形式。

数据表现信息的形式是多种多样的,不仅有数字、文字符号,还可以有图形、图像和音频、视频文件等。用数据记录同一信息可以有不同的形式,信息不会随着数据形式的不同而改变其内容和价值。具体地用数据符号表示信息,将其定义成许多种类型。常见的有三种类型,其一为数值型数据,即对客观事物进行定量记录的符号,如数量、年龄、价格和度数等;其二为字符型数据,即对客观事物进行定性记录的符号,如姓名、单位、地址等;其三为特殊型数据,即对客观事物进行形象特征和过程记录的符号,如音频、视频、图像等。

总之,数据与信息在概念上是有区别的。从信息处理角度看,任何事物的存在方式和运动状态都可以通过数据来表示,数据经过加工处理后,使其具有知识性并对人类活动产生作用,从而形成信息。信息是有用的数据,数据是信息的表现形式。信息是通过数据符号来传播的,数据如不具有知识性和有用性则不能称其为信息,也就没有输入计算机或数据库中进行处理的价值。

从计算机的角度看,数据泛指那些可以被计算机接受并能够被计算机处理的符号,是数据库中存储的基本对象。

1.1.2 数据处理

数据处理也称为信息处理。所谓数据处理,实际上就是利用计算机对各种类型的数据进行加工处理,包括对数据的采集、整理、存储、分类、排序、检索、维护、加工、统计和传输等一系列操作过程。数据处理的目的是从人们收集的大量原始数据中,获得人们所需要的资料并提取有用的数据成分,作为人类改造客观世界的决策依据。

随着计算机软件、硬件技术的发展,数据处理数量的规模日益扩大,数据处理的应用需求越来越广泛,数据管理技术的发展也不断变迁,经历了人工管理、文件系统、数据库系统和高级数据库4个阶段。

1. 人工管理阶段

20世纪50年代中期以前,计算机主要用于数值计算。在这一阶段,计算机硬件方面,外存储器只有卡片机、纸带机、磁带机。软件方面,还没有操作系统软件和数据管理软件支持,数据处理方式基本是批处理。在这一管理方式下,应用程序与数据之间不可分割,当数据有所变动时程序则随之改变,数据的独立性差;另外,由于数据的组织是面向具体的应用,不同的程序之间数据不能共享,不同的应用存在大量的重复数据,应用程序之间数据的一致性很难保证。

在人工管理阶段应用程序与数据之间的关系如图1-1所示。

在人工管理阶段数据处理的特点如下。

（1）数据处理方式——批处理。

（2）程序与数据之间缺少独立性。

（3）面向应用的数据组织，数据不具有共享性，且有大量重复数据。

（4）没有支持数据管理的专门软件。

2. 文件系统阶段

20世纪50年代后期至20世纪60年代中后期，计算机硬件方面，磁鼓、磁盘联机的外存储器投入使用。软件方面出现了高级语言和操作系统软件。这时计算机的应用不仅用于科学计算，同时也开始以“文件”的方式介入数据处理。

在这一阶段，是把有关的数据组织成数据文件，并可长期保存在大容量存储设备（如硬盘）中。由于使用专门的文件管理系统实施数据管理，应用程序与数据文件之间具有了一定的独立性，同时数据的逻辑结构与物理结构之间也具有相对独立性。多个应用程序可以共享一组数据，实现了以文件为单位的数据共享。在这一阶段数据的组织仍是面向应用程序，还存在大量的数据冗余，数据的逻辑结构修改和扩充，也要改变相对的应用程序。

在文件系统阶段应用程序与数据之间的关系如图1-2所示。

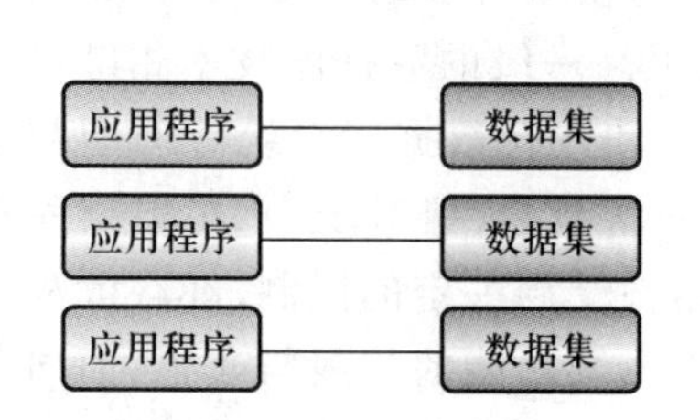

图1-1　人工管理阶段应用程序与数据之间的关系

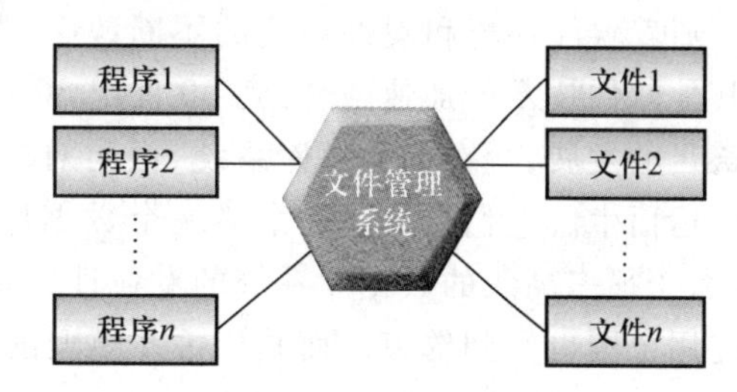

图1-2　文件系统阶段应用程序与数据之间的关系

在文件系统阶段数据处理的特点如下。

（1）数据长期保存。

（2）应用程序与数据之间有了一定的独立性，数据文件不再只属于一个应用程序。

（3）数据文件形式多样化。

（4）仍有一定的数据冗余和数据的不一致性。

3. 数据库系统阶段

进入20世纪60年代后期，随着计算机应用领域的日益广泛，计算机用于数据处理的范围越来越广，数据处理的数据量越来越大，仅仅基于文件系统的数据处理技术很难满足应用领域的需求。与此同时，计算机硬件技术也正在飞速发展，磁盘存储技术取得重要突破，大容量磁盘进入市场，数据处理软件环境的改善成为许多软件公司的重要投入。在实际需求迫切、硬件与软件竞相拓展的环境中，数据库系统应运而生。

数据库系统克服了文件系统阶段的缺陷，对相关数据实行统一规划管理，形成一个数据中心，构成一个数据“仓库”，实现了整体数据的结构化。

在数据库系统阶段应用程序与数据之间的关系如图1-3所示。

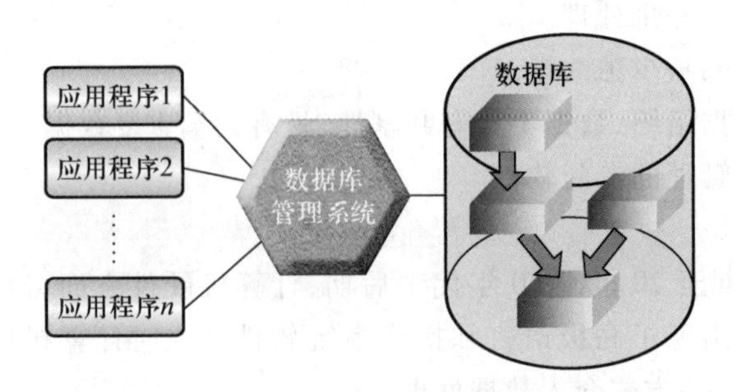

图 1-3　数据库系统阶段应用程序与数据之间的关系

在数据库系统阶段数据处理的特点如下。

(1) 数据整体结构化。

(2) 数据共享性高。

(3) 具有很高的数据独立性。

(4) 具有完善的统一的数据管理和控制功能。

随着软件环境和硬件环境的不断改善,数据处理应用领域需求的持续扩大,数据库技术与其他软件技术的加速融合,到 20 世纪 80 年代,新的、更高一级的数据库技术相继出现并得到长足的发展,分布式数据库系统、面向对象数据库系统和并行数据库系统等新型数据库系统应运而生。它们带来了一个又一个数据库技术发展的新浪潮,但对于中、小数据库用户来说,由于很多高级的数据库系统的专业性要求太高,通用性受到一定的限制,在很大程度上推广使用范围也受到约束。而基于关系模型的关系数据库系统功能的扩展与改善,面向对象关系数据库、数据仓库、Web 数据库、嵌入式数据库等数据库技术的出现,构成了新一代数据库系统的发展主流。

1.2　数据描述

在实际应用中,任何数据的处理都是在反映客观事物属性和运动状态,以及满足用户需求的基础上进行的。所谓数据描述,就是以“数据”符号的形式,从满足用户需求出发,对客观事物属性和运动状态进行描述。数据的“描述”既要符合客观现实,又要适应数据库原理与结构,同时也适应计算机原理与结构。进一步说,由于计算机不能够直接处理现实世界中的具体事物,所以人们必须将客观存在的具体事物进行有效的描述与刻画,转换成计算机能够处理的数据,这一转换过程可分为三个数据范畴:现实世界、信息世界和计算机世界。

从客观现实到计算机的描述,数据的转换过程如图 1-4 所示。

图 1-4　计算机中数据的描述过程

1. 现实世界

现实世界是指客观存在的事物及其相互间的联系。在现实世界中，人们可以通过事物不同的属性和运动状态对事物加以区别，描述事物的性质和运动规律。事物既可以是个体的特殊事物，也可以是集体的共同事物；事物既可以是具体的、可见的实物，也可以是抽象的概念。

2. 信息世界

信息世界是人们对客观存在的事物及其相互间的联系的反映。人们将对客观事物的反映通过“符号”记录下来，事实上是对现实世界的一种抽象描述。

在信息世界中，不是简单地对现实世界进行一种符号记录，而是要通过选择、分类、命名等抽象过程产生出概念模型，用以表示对现实世界的抽象与模拟。

3. 计算机世界

计算机世界是信息世界的数据化。客观存在的事物及其相互间联系的反映，在这里用数据模型来表示。也就是说，计算机世界的数据模型将信息世界的概念模型进一步抽象，形成便于计算机处理的数据表现形式。

例如，在某一高校中客观存在的人与物、人们的活动及相关的事件，即现实世界；若将其学生、教师、教学设施、图书馆以及相关的活动事件等反映记录，便可获得一个庞大的数据集，即信息世界；若想创建“高新数据管理中心”，就要开发一个满足需求的“数据库应用系统”，要创建一个符合客观现实的、满足数据模型特征的数据库，即计算机世界。

1.3 数据模型

一般而言，“模型”是对客观存在的事物及其相互间的联系的抽象与模拟。

现实世界中的客观事物是彼此相互联系的。一方面，某一事物内部的诸多因素和诸多属性根据一定的组织原则相互具有联系，构成一个相对独立的系统；另一方面，某一事物同时也作为一个更大系统的一个因素或一种属性而存在，并与系统的其他因素或属性发生联系。客观事物的这种普遍联系性，决定了作为事物属性记录符号的数据与数据之间也存在着一定的联系性，数据模型是对数据、数据间联系和约束条件的全局性描述。

数据模型是指反映客观事物及客观事物间联系的数据组织的结构和形式。客观事物是千变万化的，表现各种客观事物的数据结构和形式也是千差万别的，尽管如此，它们之间还是有其共同性的。

数据模型是面向数据库全局逻辑结构的描述，它包含三个方面的内容：数据结构、数据操作和数据约束条件。数据模型实际上是数据库的“基本数据模型”或“数据结构模型”，同时它也是按数据库管理系统软件对数据进行建模，有严格的形式化定义。

支持数据库系统的常用的数据模型有层次模型、网状模型、关系模型和面向对象模型。

1. 层次模型

层次模型(Hierarchical Model)是数据库系统中最早采用的数据模型，它是通过从属关系结构表示数据间的联系，层次模型是有向“树”结构。

层次模型的主要特征如下。

(1) 有且仅有一个无父结点的根结点。

(2) 根结点以外的子结点,向上有且仅有一个父结点,向下可有若干子结点。

2. 网状模型

网状模型(Network Model)是层次模型的扩展,它表示多个从属关系的层次结构,呈现一种交叉关系的网络结构,网状模型是有向“图”结构。

网状模型的主要特征如下。

(1) 允许一个以上的结点无父结点。

(2) 一个结点可以有多于一个的父结点。

网状模型是比层次模型更具有普遍性的数据结构,层次模型是网状模型的特例。

3. 关系模型

关系模型(Relational Model)的所谓“关系”是有特定含义的。一般地说,任何数据模型都描述一定事物数据之间的关系。层次模型描述数据之间的从属层次关系;网状模型描述数据之间的多种从属的网状关系。而关系模型的所谓“关系”虽然也适用于这种一般的理解,但同时又特指那种虽具有相关性而非从属性的按照某种平行序列排列的数据集合关系。关系模型是用“二维表”结构表示事物间的联系。

4. 面向对象模型

面向对象模型(Object-Oriented Model)最基本的概念是对象(Object)和类(Class)。在面向对象模型中,对象是指客观的某一事物,其对对象的描述具有整体性、完整性,对象不仅包含描述它的数据,而且还包含对它进行操作的方法的定义,对象的外部特征与行为是封装在一起的。其中,对象的状态是该对象属性集,对象的行为是在对象状态上操作的方法集。共享同一属性集和方法集的所有对象构成了类。

面向对象模型是用“面向对象”的观点来描述现实世界客观存在的事物的逻辑组织、对象间联系和约束的模型。它能完整地描述现实世界的数据结构,具有丰富的表达能力。由于该模型相对比较复杂,涉及的知识比较多,因此尚未达到关系模型的普及程度。

综上所述,数据模型是数据库系统设计的核心,它规范了数据库中数据的组织形式,表示了数据及数据之间的联系,数据模型的好坏直接影响数据库的性能。

层次模型和网状模型是早期的数据模型,已逐渐退出使用市场。由于关系模型有更为简单灵活的特点,因此目前流行的数据库软件大多使用关系模型。但是,随着信息的大量传播,现实生活中有着许多更复杂的数据结构和应用领域,对这些复杂的数据的处理,使用关系模型来描述也显得较为困难,因此,产生了面向对象模型,面向对象模型是正在发展中的具有广泛的应用开发价值的模型。

MOOC 视频
数据库系统

1.4 数据库系统

数据库系统(DataBase System,DBS)是支持数据库得以运行的基础性的系统,即整个计算机系统。数据库是数据库系统的核心和管理对象,每个具体的数据库及其数据的存储、维护以及为应用系统提供数据支持,都是在数据库系统环境下运行完成的。

数据库系统是实现有组织、动态地存储大量相关的结构化数据、方便各类用户访问数据库的计算机软/硬件资源的集合。

1.4.1 数据库

数据库(DataBase,DB)是数据库系统的核心部分,是数据库系统的管理对象。

所谓数据库,是以一定的组织方式将相关的数据组织在一起,长期存放在计算机内,可为多个用户共享,与应用程序彼此独立,统一管理的数据集合。

前面介绍的数据模型是对数据库如何组织的一种模型表示,在数据模型的基础上,数据库不仅存储客观事物本身的信息,还包括各事物间的联系。数据模型的主要特征在于其所表现的数据逻辑结构,因此确定数据模型就等于确定了数据间的关系,即数据库的"框架"。有了数据间的关系框架,再把表示客观事物具体特征的数据按逻辑结构输入到"框架"中,就形成了有组织结构的"数据"的"容器"。

数据库的性质是由数据模型决定的。在数据库中数据的组织结构如果支持层次模型的特性,则该数据库为层次数据库;数据的组织结构如果支持网络模型的特性,则该数据库为网络数据库;数据的组织结构如果支持关系模型的特性,则该数据库为关系数据库。数据的组织结构如果支持面向对象模型的特性,则该数据库为面向对象数据库。

在一个给定的应用领域中,若干关系及关系之间联系的集合构成一个关系数据库(Relational DataBase)。在关系数据库中,关系模式是型,关系是值,关系模式是对关系的描述;对应的表结构是型,表中数据是值。因为 Access 数据库管理系统是支持关系模型特性的,所以,由 Access 创建的数据库为关系数据库。

1.4.2 数据库管理系统

数据库管理系统(DataBase Management System,DBMS)是位于用户与操作系统之间,具有数据定义、管理和操纵功能的软件集合。

数据库管理系统提供对数据库资源进行统一管理和控制的功能,使数据与应用程序隔离,数据具有独立性;使数据结构及数据存储具有一定的规范性,减少了数据的冗余,并有利于数据共享;提供安全性和保密性措施,使数据不被破坏,不被窃用;提供并发控制,在多用户共享数据时保证数据库的一致性;提供恢复机制,当出现故障时,数据恢复到一致性状态。

DBMS 的主要功能包括数据定义功能、数据操纵功能、数据库的运行管理功能、数据库的建立和维护功能。为了实现这些管理和控制的功能,DBMS 提供了数据子语言,由以下三个部分组成。

(1) 数据定义语言(Data Definition Language,DDL),用于定义数据库的各级模式(外模式、概念模式、内模式)及其相互之间的映像,定义数据的完整性约束、保密限制等约束,各种模式通过数据定义语言编译器翻译成相应的目标模式,保存在数据字典中。

(2) 数据操纵语言(Data Manipulation Language,DML),用于实现对数据库中的数据进行存取、检索、插入、修改和删除等操作。

数据操纵语言一般有两种类型:一种是嵌入在 COBOL、FORTRAN、C、C++等高级语言中,不独立使用,此类语言称为宿主型语言;另一种是交互查询语言,可以独立使用进行简单的检索、更新等操作,通常由一组命令组成,用于提取数据库中的数据,此类语言称为自主型语言,包括数据操纵语言的编译程序和解释程序。

（3）数据控制语言（Data Control Language，DCL），用于安全性和完整性控制，实现并发控制和故障恢复。数据库管理例行程序是数据库管理系统的核心部分，它包括并发控制、存取控制、完整性条件检查与执行、数据库内部维护等，数据库的所有操作都在这些控制程序的统一管理下进行，以确保数据的正确有效。

1.4.3 数据库系统的体系结构

数据库系统在总的体系结构上具有外部级、概念级、内部级三级结构的特征，这种三级结构也称为“三级模式结构”或“数据抽象的三个级别”。

数据库系统的三级模式结构由外模式、模式和内模式组成，如图 1-5 所示。

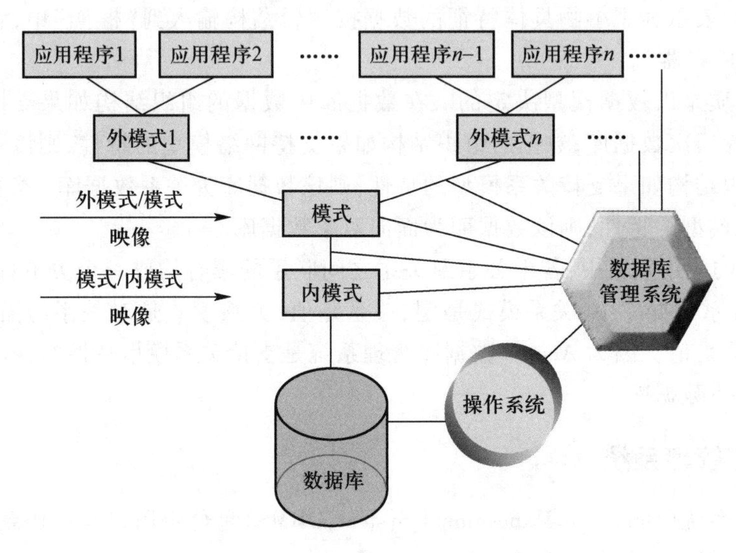

图 1-5　数据库系统的三级模式结构

1. 数据库系统三级模式体系结构

外模式（External Schema）又称用户模式（User’s Schema）或子模式（SubSchema），对应于用户级，是某个或几个数据库用户所看到的数据库的数据视图。外模式是与某一应用有关的数据的逻辑结构和特征描述。对于不同的数据库用户，由于需求的不同，外模式的描述也互不相同，即使是对于概念模型相同的数据，也会产生不同的外模式。这样，一个概念模型可以有若干个外模式，每一个用户只关心与其有关的外模式，有利于数据保护，对数据所有者和用户都极为方便。用户可以通过子模式描述语言来描述用户级数据库的记录，还可以利用数据操纵语言对这些记录进行操作。

概念模式（Conceptual Schema）又称模式（Schema）或逻辑模式（Logic Schema），它是介于内模式与外模式之间的层次，与结构数据模型对应，由数据库设计者综合各用户的数据，按照统一的观点构造的全局逻辑结构，是对数据库中全部数据的逻辑结构和特征的总体描述，是所有用户的公共数据视图。概念模式描述的是数据的全局逻辑结构。外模式涉及的是数据的局部逻辑结构，通常是概念模式的子集。概念模式是用模式描述语言来描述的，在一个数据库中只有一个概念模式，是数据库数据的公共视图。

内模式（Internal Schema）又称存储模式（Storage Schema）或物理模式（Physical Schema），是数据库中全体数据的内部表示，它描述了数据的存储方式和物理结构，即数据库的“内部视图”。“内部视图”是数据库的底层描述，定义了数据库中的各种存储记录的物理表示、存储结构与物理存取方法，如数据存储文件的结构、索引、集簇等存取方式和存取路径等。内模式虽然被称为物理模式，但它的物理性质主要表现在操作系统级和文件级上，本身并不深入到设备级上，仍然不是物理层，不涉及物理记录的形式，如不考虑具体设备的柱面与磁道大小，因此只能说，内模式是最接近物理存储的数据存储方式。内模式是用模式描述语言严格定义的，在一个数据库中只有一个内模式。

在数据库系统体系结构中，三级模式是根据所描述的三层体系结构的三个抽象层次定义的，外模式处于最外层，它反映了用户对数据库的实际要求；概念模式处于中层，它反映了设计者的数据全局的逻辑要求；内模式处于最低层，它反映数据的物理结构和存取方式。

2. 数据库系统二级映像功能

数据库系统的三级模式是数据的三个级别的抽象，使用户能够逻辑地、抽象地处理数据而不必关心数据在计算机中的表示和存储。为了实现三个抽象层次间的联系和转换，数据库系统在三个模式间提供了两级映射。

外模式与概念模式间的映射功能，定义了外模式与概念模式之间的对应关系，保证了逻辑数据的独立性，即外模式不受概念模式变化影响。

概念模式与内模式间的映射功能，定义了内模式与概念模式之间的对应关系，保证了物理数据的独立性，即概念模式不受内模式变化影响。

1.4.4 数据库系统的组成

数据库系统的组成是从计算机系统的意义上来理解数据库系统，它一般由支持数据库的硬件环境、数据库软件支持环境（操作系统、数据库管理系统、应用开发工具软件、应用程序等）、数据库以及开发、使用和管理数据库应用系统的人员组成。

1. 硬件环境

硬件环境是数据库系统的物理支撑，包括 CPU、内存、外存及输入/输出设备。由于数据库系统承担着数据管理的任务，它要在计算机操作系统的支持下工作，而且本身包含着数据库管理例行程序、应用程序等，因此要求有足够大的内存开销。同时，由于用户的数据库、系统软件和应用软件都要保存在外存储器上，所以对外存储器容量的要求也很高，还应具有较好的通道性能。

2. 软件环境

软件环境包括系统软件和应用软件两类。系统软件主要包括操作系统软件、数据库管理系统软件、开发应用系统的高级语言及其编译系统、应用系统开发的工具软件等。它们为开发应用系统提供了良好的环境，其中“数据库管理系统”是连接数据库和用户之间的纽带，是软件系统的核心。应用软件是指在数据库管理系统的基础上根据实际需要开发的应用程序。

3. 数据库

数据库是数据库系统的核心，是数据库系统的构成主体，是数据库系统的管理对象，是为用户提供数据的信息源。数据库包括两部分内容:物理数据库和数据字典。

4. 人员

数据库系统的人员是指管理、开发和使用数据库系统的全部人员,主要包括数据库管理员、系统分析员、应用程序员和用户。不同的人员涉及不同的数据抽象级别,数据库管理员负责全面地管理和控制数据库系统;系统分析员负责应用系统的需求分析和规范说明,确定系统的软硬件配置、系统的功能及数据库概念模型的设计;应用程序员负责设计应用系统的程序模块,根据数据库的外模式来编写应用程序;最终用户通过应用系统提供的用户接口界面使用数据库。常用的接口方式有菜单驱动、图形显示、表格操作等,这些接口为用户提供了简明直观的数据表示和方便快捷的操作方法。数据库设计人员负责数据库中数据的确定、数据库各级模式的设计。数据库设计人员必须参加用户需求调查和系统分析,然后进行数据库设计。在很多情况下,数据库设计人员就由数据库管理员担任。应用程序员负责设计和编写应用系统的程序模块,并进行调试和安装。

本章的知识点结构

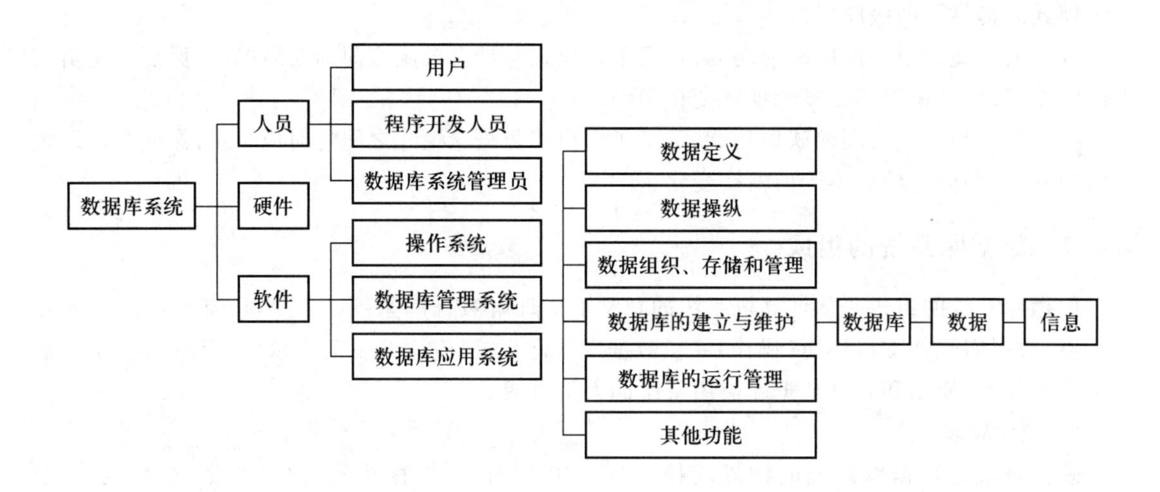

习　题　1

一、简答题

1. 信息和数据有什么区别?

2. 文件系统与数据库系统的主要区别是什么?

3. 试述三种不同的数据范畴。

4. 什么是关系数据库?

5. 试述数据库的三级结构。

二、填空题

1. 数据是反映客观事物存在方式和运动状态的________,是信息的________。

2. 常用的数据模型有________、________、________和________。

3. 数据库是以一定的组织方式将相关的数据组织在一起，长期存放在计算机内，可为多个用户共享，与应用程序彼此独立，统一管理的________。

4. ________软件具有数据的安全性控制、数据的完整性控制、并发控制和故障恢复功能。

5. Access 系统是________。

三、单选题

1. 下面列出的数据库管理技术发展的三个阶段中，没有专门的软件对数据进行管理的是(　　)。

A. 只有人工管理阶段　　B. 只有文件系统阶段

C. 文件系统阶段和数据库阶段　　D. 人工管理阶段和文件系统阶段

2. 数据库(DB)、数据库系统(DBS)和数据库管理系统(DBMS)之间的关系是(　　)。

A. DBS 包括 DB 和 DBMS　　B. DBMS 包括 DB 和 DBS

C. DB 包括 DBS 和 DBMS　　D. DBS 就是 DB，也就是 DBMS

3. 下列 4 项中，不属于数据库系统特点的是(　　)。

A. 数据共享　　B. 数据完整性　　C. 数据冗余度高　　D. 数据独立性高

4. 数据库系统的分类是根据(　　)。

A. 文件形式　　B. 记录类型　　C. 数学模型　　D. 数据类型

5. 用户或应用程序看到的那部分局部逻辑结构和特征的描述是(　　)。

A. 模式　　B. 外模式　　C. 外模式和内模式　　D. 内模式

6. 下述不是 DBA 数据库管理员职责的是(　　)。

A. 完整性约束说明　　B. 定义数据库模式

C. 数据库安全　　D. 数据库管理系统设计

7. 关系数据模型是目前最常用的一种数据模型，它的三个要素分别是(　　)。

A. 实体完整性、参照完整性、用户自定义完整性

B. 数据结构、关系操作、完整性约束

C. 数据增加、数据修改、数据查询

D. 外模式、模式、内模式

8. 有一个结点可以有多个双亲结点，结点之间可以有多种联系的数据模型是(　　)。

A. 网状模型　　B. 关系模型　　C. 层次模型　　D. 以上都有

9. 下列 4 个选项中，不属于数据库管理系统的组成部分的是(　　)。

A. 数据描述子语言　　B. 数据操纵子语言

C. 数据库管理例行程序　　D. 数据控制子语言

10. 数据库系统与文件系统的最根本的区别是(　　)。

A. 文件系统只能管理程序文件，而数据库系统可以管理各种类型文件

B. 数据库系统复杂，而文件系统简单

C. 文件系统管理的数据量少，而数据库系统可以管理庞大数据量

D. 文件系统不能解决数据冗余和数据的独立性，而数据库系统能

第2章　数据库设计

数据库设计(DataBase Design)是根据用户需求和选择的数据库管理系统对某一具体应用系统,设计数据库组织结构和构造的过程。

数据库设计是建立数据库及其数据库应用系统的核心技术,由于数据库应用系统的复杂性,其设计任务较为复杂,需要反复探究,逐步求精。

本章将以“英才大学学生信息管理系统”为例,讲解数据库设计的有关内容。

MOOC 视频
数据库设计的步骤

2.1　数据库设计的步骤

数据库设计是综合运用计算机软、硬件技术,结合应用系统领域的知识和管理技术的系统工程。在现实世界中,信息结构十分复杂,应用领域千差万别,而设计者的思维也各不相同,所以数据库设计的方法和路径也多种多样。

尽管如此,按照规范化设计方法,可将数据库设计归纳为如下几个阶段。

1. 需求分析阶段

数据库需求分析阶段是数据库设计的基础,是数据库设计的最初阶段。这一阶段要收集大量的支持系统目标实现的各类基础数据、用户需求信息和信息处理需求,并加以分析归类和初步规划,确定设计思路。需求分析做得好与坏,决定了后续设计的质量和速度,制约数据库应用系统设计的全过程。

2. 概念结构设计阶段

数据库概念结构设计阶段是设计数据库的整体概念结构,也就是把需求分析结果抽象为反映用户需求信息和信息处理需求的概念模型。概念模型独立于特定的数据库管理系统,也独立于数据库逻辑模型,还独立于计算机和存储介质上的数据库物理模型。

设计数据库概念模型目前广泛应用的是 E-R 方法,用此方法设计的概念模型通常称为实体-联系模型,或称 E-R 模型。

3. 逻辑结构设计阶段

数据库逻辑结构设计阶段是在概念模型的基础上进行的,是把概念模型转换成某个数据库管理系统支持的数据模型。

4. 物理结构设计阶段

数据库物理结构设计阶段是针对一个给定的数据库逻辑模型,设计一个可实现的、有效的物理数据库结构,包括存储结构和存取方法。

5. 实施阶段

数据库实施阶段是根据物理结构设计阶段的结果,建立一个具体的数据库,将原始数据载入到数据库中,并编写应用系统程序。

6. 使用与维护阶段

数据库应用系统投入使用后,为了保证数据库的性能良好,在实际应用中,有时也需要对数据库进行调整、修改和扩充。

在使用数据库应用系统时,要对数据库进行安全性、完整性控制,并能够及时对数据库进行转储和恢复。

2.2 需 求 分 析

需求分析阶段是数据库设计的基础,是数据库设计的第一步,也是其他设计阶段的依据,是最为困难、最耗费时间的阶段。

MOOC 视频
需求分析

1. 需求分析的任务

需求分析阶段的主要任务,是对数据库应用系统所要处理的对象进行全面了解,大量收集支持系统目标实现的各类基础数据,以及用户对数据库信息的需求、对基础数据进行加工处理的需求、对数据库安全性和完整性的要求。

(1) 信息要求:了解用户将从数据库中获得信息的内容、性质,数据库应用系统用到的所有基础信息类型及其联系,了解用户希望从数据库中获得哪些类型的信息,数据库中需要存储哪些数据。

(2) 处理要求:了解用户希望数据库应用系统对数据进行什么处理,对各种数据处理的响应时间的要求,对各种数据处理的频率的要求,对数据处理方式的要求是批处理还是联机处理等。

(3) 安全性要求:了解用户对数据库中存放的信息的安全保密要求,哪些信息是需要保密的,哪些信息是不需要保密的。

(4) 完整性要求:了解用户对数据库中存放的信息应满足什么样的约束条件,什么样的信息在数据库中才是正确的数据。

2. 需求分析具体做法

(1) 调查数据库应用系统所涉及的用户的各部门的组成情况,各部门的职责,各部门的业务及其流程。确定系统功能范围,明确哪些业务活动的工作由计算机完成,哪些由人工来做。

(2) 了解用户对数据库应用系统的各种要求,包括信息要求、处理要求、安全性和完整性要求。如各个部门输入和使用什么数据,如何加工处理这些数据,处理后的数据的输出内容、格式及发布的对象等。

(3) 深入分析用户的各种需求,并用数据流图描述整个系统的数据流向和对数据进行处理的过程,描述数据与处理之间的联系。

(4) 分析系统数据,用数据字典描述数据流图中涉及的各数据项、数据结构、数据流、数据存储和处理过程。

需求分析阶段,是对用户各种要求加以分析归纳,制订初步规划,确定数据库设计思路阶段。需求分析做得好与坏,决定了后续设计的质量和速度,制约数据库应用系统设计的全过程。

例 2.1:"英才大学学生信息管理系统"需求分析。

某高校学生信息管理中心,为加强学生信息化管理,准备开发一个“英才大学学生信息管理系统”,该系统包括学生自然信息管理、学生所学课程信息管理、学生成绩信息管理等子系统。

下面是经过需求调查初步归纳给出的学生自然信息管理、学生所学课程信息管理、学生成绩信息管理等子系统的信息存储要求。

(1) 学生自然信息管理子系统。

① 学生档案:包括学生学号,姓名,性别,出生年月,籍贯,班级编号。

② 所在班级:包括班级编号,班级名称,班级人数,班长姓名,专业名称,系编号。

③ 所在系:包括系编号,系名称,系主任姓名,电话,教研室个数,班级个数,学院编号。

④ 所在学院:学院编号,学院名称,院长姓名,电话,地址。

(2) 学生所学课程信息管理子系统。

① 所修课程:包括课程编号,课程名称,学时,学分,学期,教师编号,教室。

② 授课教师:包括教师编号,姓名,性别,职称,教研室编号。

③ 教师所在教研室:包括教研室编号,教研室名称,教师人数,系编号。

(3) 学生成绩信息管理子系统。

成绩:包括学号,课程编号,成绩。

“英才大学学生信息管理系统”总体功能框图如图 2-1 所示。

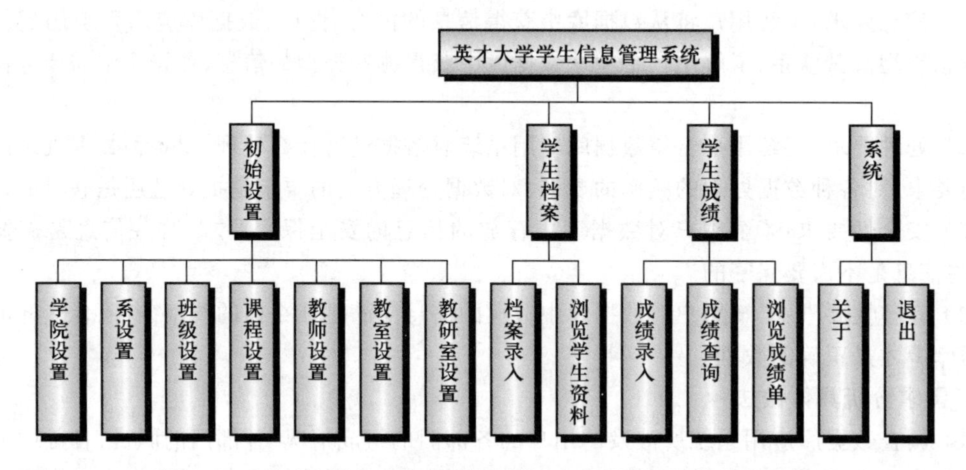

图 2-1　“英才大学学生信息管理系统”各应用系统总体功能框图

2.3　概念结构设计

MOOC 视频
概念结构设计

概念结构设计是整个数据库设计的关键,是对现实世界的第一层面的抽象与模拟,最终设计出描述现实世界且独立于具体 DBMS 的概念模型。

概念模型作为概念结构设计阶段的表达工具,是设计人员发挥抽象的能力,对事物的特征和事物间的联系所做的描述,是对需求分析结果所做的进一步的描述。

设计概念模型常用的方法是 E-R 方法,也就是说,描述概念模型的有力工具是实体-联系模型(E-R 模型),因此,数据库概念结构的设计就是实体-联系模型(E-R 模型)的设计。

一般情况下,设计实体-联系模型的步骤如下。

(1) 设计局部实体-联系模型,用来描述用户视图。

(2) 综合各局部实体-联系模型,形成总的实体-联系模型,用来描述数据库全局视图,即用户视图的集成。

2.3.1 实体-联系模型

实体-联系模型(Entity-Relationship Model)简称 E-R 模型,主要用于描述信息世界,作为建立概念模型的实用工具。

在实体-联系模型中,用于描述数据结构的概念有:实体、属性、实体型、实体集、关键字、实体集间的联系类型。

1. 实体

实体(Entity)是客观存在并相互区别的"事物"。实体可以是具体的人、事及物,也可以是抽象的概念与联系。

例如,一个学生、某个学院、一个系、某门课程、一次考试等。

2. 属性

属性(Attribute)是用于描述实体特征与性质的。实体有若干特性,每一个特性称为实体的一个属性,属性不能独立于实体而存在。

例如,一个学生可看成是一个实体,其属性有"学号","姓名","性别","出生年月","籍贯","班级编号"等。

3. 实体型

用实体名和属性名称集来描述同类实体,称为实体型(Entity Type)。

例如,多个学生是同类实体的集合,其实体型为:

学生(学号,姓名,性别,出生年月,籍贯,班级编号)

其中,"学生"为实体名,"学号","姓名","性别","出生年月","籍贯"为这一类实体的属性名称集,且多个学生都具有这些属性。

4. 实体集

实体集(Entity Set)是若干同类实体全部信息的集合。

例如,多个学生是同类实体的集合,其以多个(学号,姓名,性别,出生年月,籍贯,班级编号)采集的信息的集合便是实体集。

5. 码

如果某个属性或某个属性集的值能够唯一地标识出实体集中的某一个实体,该属性或属性集就可称为码(关键字,Key)。作为码的属性或属性集称为主属性,反之称为非主属性。

例如,在"学生"实体集中,可以将"学号"属性作为码,若该实体集中没有重名的学生,可以将"姓名"属性作为码,若该实体集中有重名的学生,但其性别不同,可以将"姓名"和"性别"两个属性联合作为码。

6. 联系

联系(Relationship)是两个或两个以上的实体集间的关联关系。

例如，在“学生”实体集之外，还有一个与学生相关的“班级”实体集，记录了某个学院所设置的班级状况，根据学生所在班级的情况，“学生”与“班级”两个实体集间，便可构成联系。

综上所述，在概念模型中，实体的概念有“型(Type)”和“值(Value)”之分。

同样，实体集是用“型”来描述的，而每一个具体的实体则是实体的“值”或称实例，若干实体的“值”便是实体集的“值”。

2.3.2　实体-联系图

概念模型是对整个数据库组织结构的抽象定义，它是用实体-联系图(E-R 图)来描述的，即通过图形描述实体集、实体属性和实体集间联系的图形。

在实体-联系图中，描述了 3 个主要的元素，即实体集、属性和联系。

其中：

(1) “矩形”用于表示实体集。

(2) “椭圆形”用于表示实体集中实体的公共属性。

(3) “菱形”用于表示实体集之间的联系。

“英才大学学生信息管理系统”数据库的概念模型(E-R 图)，如图 2-2 所示。

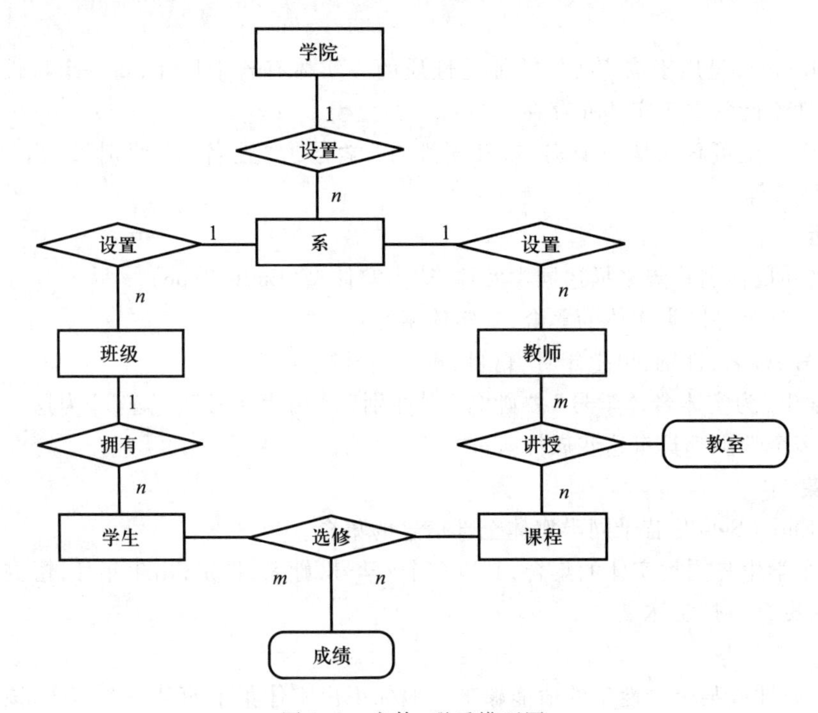

图 2-2　实体-联系模型图

2.3.3　实体集联系类型

实体集的联系类型有如下三种。

1. 一对一联系

设有实体集 A 与实体集 B，如果 A 中的一个实体至多与 B 中的一个实体关联，反过来，B 中的一个实体至多与 A 中的一个实体关联,称 A 与 B 是“一对一”联系类型,记做 1 ∶ 1。

2. 一对多联系

设有实体集 A 与实体集 B,如果 A 中的一个实体与 B 中多个实体关联,反过来,B 中的一个实体至多与 A 中的一个实体关联,称 A 与 B 是“一对多”联系类型,记做 1 ∶ n。

3. 多对多联系

设有实体集 A 与实体集 B,如果 A 中的一个实体与 B 中多个实体关联,反过来,B 中的一个实体与 A 中多个实体关联,称 A 与 B 是多对多联系类型,记做 m ∶ n。

2.4　逻辑结构设计

MOOC 视频
逻辑结构设计

概念模型是独立于任何一种数据模型的概念结构,也是独立于 DBMS 的概念结构。逻辑结构设计,就是根据已设计好的概念结构(实体-联系模型),将其转换为与 DBMS 支持的数据模型相符的逻辑结构。

逻辑结构的设计过程如图 2-3 所示。

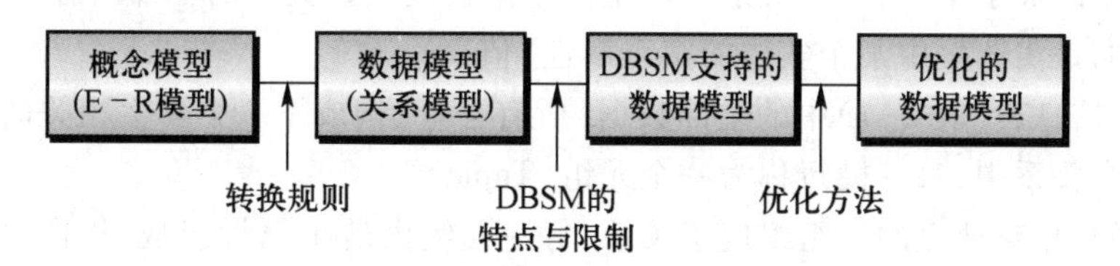

图 2-3　逻辑结构的设计过程

从图 2-3 可知,逻辑结构的设计过程如下。

(1) 将概念模型转换为数据模型。

(2) 对所得到的数据模型进行模型优化。

(3) 将得到的关系模型转换为具体 DBMS 支持的关系模式集。

2.4.1　关系模型

数据模型是严格定义的一组概念的集合。数据模型与概念模型的不同在于,它是在“数据”的意义或层面上描述事物及其联系,而不是在“概念”的意义或层面上描述事物及其联系,相对于“概念”而言,“数据”更能反映事物的“逻辑”性质。

数据模型由数据结构、数据操作和完整性约束三部分组成。下面就从构成数据模型的三要素详细介绍关系模型。

1. 数据结构

数据结构是用来描述现实系统中数据的静态特性的,它不仅要描述客观存在的实体本身,还要描述实体间的联系。在概念模型的基础上转换而成的关系模型,是用二维表形式表示实体集的数据结构模型,称为关系(Relation)。

表 2-1 所示就是一个关系的例子。

表 2-1 学 生

学号	姓名	性别	出生年月	籍贯	编号
100101	江敏敏	男	2004-01-09	内蒙古	J1011001
100102	赵盘山	男	2004-02-04	北京	J1011001
100103	刘鹏宇	男	2004-03-08	北京	J1011001
100104	李金山	女	2004-04-10	上海	J1011001
100201	罗旭候	女	2004-05-23	海南	J1011001
100202	白涛明	男	2004-05-18	上海	J1011001
100203	邓平军	女	2004-06-09	北京	J1011001
100204	周健翔	男	2004-03-09	上海	J1011001

从表 2-1 中可知：

(1) 在一个关系中，每一个数据都可看成独立的分量(Component)。

分量是关系的最小单位，一个关系中的全部分量构成了该关系的全部内容。

分量对应的是实体集中某个实体的某个属性“值”。

例如，学生信息表(表 2-1)中的全部数据(所有分量)构成了一个学生相关的信息。

(2) 在一个关系中，每一横行称为一个元组(Tuple)。

若干平行的、相对独立的元组组成了关系，每一元组由若干属性组成，横向排列元组的诸多属性。

元组对应于实体集中若干平行的、相对独立的实体，每一个实体的若干属性组即是元组的诸多属性。

例如，(100101，江敏敏，男，2004-01-09，内蒙古，J1011001)数据描述了江敏敏同学的相关信息。

(3) 在一个关系中，每一竖列称为一个属性(Attribute)。

属性用来表示关系的一个属性的全部信息，每一属性由若干按照某种值域(Domain)划分的相同类型的分量组成。

例如，(100101，100102，100103，100104，100201，100202，100203，100204)等数据描述了“学号”这一属性(值域)的信息。

(4) 在一个关系中，有一个关系名，同时每个属性都有一个属性名。通常把用于描述关系结构的关系名和属性名的集合称为关系模式(Schema)。

关系模式对应的是概念模型中的实体型。

例如，学生(学号，姓名，性别，出生年月，籍贯，班级编号)。

(5) 码(键)是关系模型中的一个重要概念，有以下几种。

① 超码：能唯一标识元组的属性集称为关系模式的超码(Super Key)。

② 码：如果一个属性或属性集能唯一标识元组，且又不含有多余的属性或属性集，那么这个属性或属性集称为关系模式的码(Candidate Key)。

③ 主码:在一个关系模式中,正在使用的候选码或由用户特别指定的某一候选码,可称为关系模式的主码(Primary Key)。

④ 外码:如果关系 *R* 中某个属性或属性集是其他关系模式的主码,那么该属性或属性集是 *R* 的外码(Foreign Key)。

在一个关系模式中,可以把能够唯一确定某一个元组的属性或属性集合(没有多余的属性)称为候选码。一个关系模式中可以有多个候选码,可从多个候选码中选出一个作为关系的主码。一个关系模式中最多只能有一个主码。

候选码、主码、外码也称为候选键、主键、外键。

例如,在“学生”这个“关系”中,“学号”可以确定某一个学生,可作为“学生”关系的候选码,并可以从中选出一个作为主码。

(6) 由这样的关系模型(二维表)建立的数据库,称为关系数据库。

关系数据库(Relational DataBase)就是由一个或一个以上的彼此关联的“关系”组成的。

彼此关联着建立联系的“关系”,其中一个关系的某属性或属性集合,会被确定为是另一个关系的主码,那么该属性或属性集则为关系之间的联系的依据。由此可见,关系之间的联系是通过一个关系的主码和另一个关系的外码建立的。

2. 关系模型的数据操作

关系模型的数据操作是集合操作性质的,即数据操作的对象和操作结果均为若干元组,或属性集合,甚至是若干关系的操作。

关系模型的数据操作主要是查询、插入、删除和修改。

关系模型的数据操作有着强有力的理论基础,基于关系代数、元组关系演算和域关系演算方法。

3. 关系模型的完整性约束

关系完整性约束是对要建立关联关系的两个关系的主键和外键设置约束条件,即约束两个关联关系之间的有关删除、更新、插入操作,约束它们实现关联(级联)操作,或限制关联(限制)操作,或忽略关联(忽略)操作。

关系模型提供了以下三种完整性约束。

1) 实体完整性

实体完整性是对关系中元组的唯一性约束,也就是对组成主键的属性值的约束,即关系(表)中组成主键的属性值不能重复,且不能是空值(Null)。Null 不等于 0,也不等于空字符串,而是未知的值,是不确定的值。

在关系数据库管理系统中,系统会自动进行实体完整性检查。

例 2.2:在“英才大学学生信息管理系统”的数据库中,对“学生”关系设置实体完整性约束,若确定“学号”为主键,则设置“学号”属性对应的属性值不能为 Null(空),而且属性值不能重复,若不满足此条件,就违反了关系的实体完整性,如图 2-4 所示。

2) 参照完整性

参照完整性是对关系数据库中建立关联关系的关系间参照引用的约束,也就是对外键的属性值的约束。准确地说,参照完整性是指关系中的外键,必须是另一个关系的主键有效值,或者是 Null(空)值。

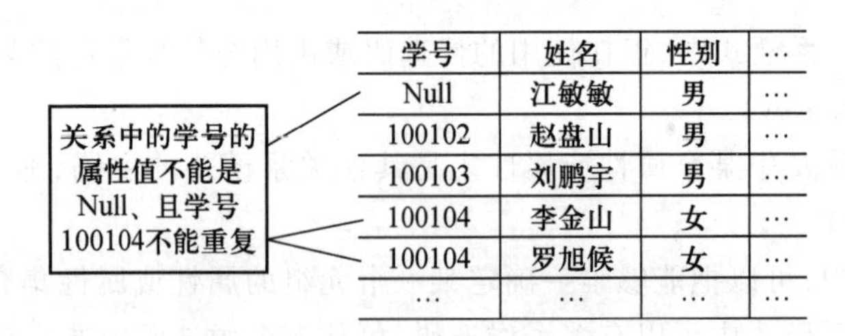

学号	姓名	性别	…
Null	江敏敏	男	…
100102	赵盘山	男	…
100103	刘鹏宇	男	…
100104	李金山	女	…
100104	罗旭候	女	…
…	…	…	…

图 2-4　实体完整性示例

例 2.3:在“英才大学学生信息管理系统”的数据库中,“班级”关系与“学生”关系是“一对多”的关联关系,若在“班级”关系中设“班级编号”为主键,“学生”关系中的“班级编号”为外键,若想使“班级”关系和“学生”两个关联关系满足参照完整性约束,“学生”关系中的“班级编号”必须是“班级”关系“班级编号”的有效值,否则不满足关系参照完整性约束,如图 2-5 所示。

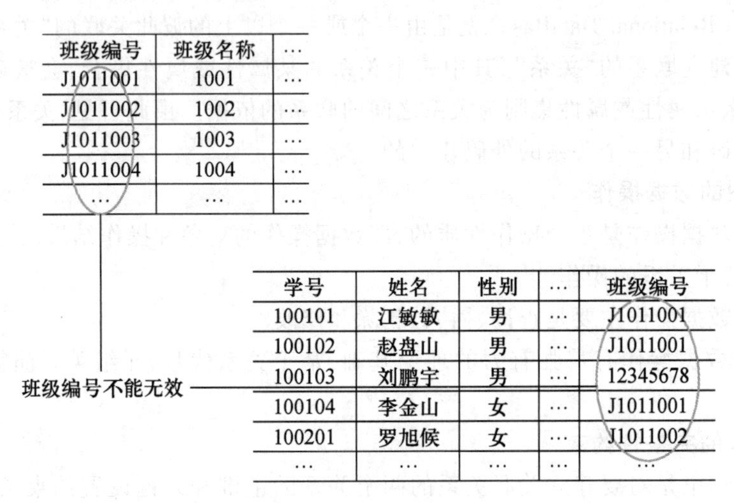

班级编号	班级名称	…
J1011001	1001	…
J1011002	1002	…
J1011003	1003	…
J1011004	1004	…
…	…	…

学号	姓名	性别	…	班级编号
100101	江敏敏	男	…	J1011001
100102	赵盘山	男	…	J1011001
100103	刘鹏宇	男	…	12345678
100104	李金山	女	…	J1011001
100201	罗旭候	女	…	J1011002
…	…	…	…	…

图 2-5　参照完整性示例

3）用户自定义完整性

用户自定义完整性约束是用户自行定义的删除约束、更新约束、插入约束。

例 2.4:用户自定义完整性约束条件。在对“学生”关系进行插入数据操作时,限制学号、姓名属性不能为 Null,若不满足此限定条件,就违反了自定义完整性约束,如图 2-6 所示。

学号	姓名	性别	…
100101	江敏敏	男	…
100102	赵盘山	男	…
Null	刘鹏宇	男	…
100104	李金山	女	…
100201	罗旭候	女	…
100202	Null	男	…
100203	邓平军	女	…
Null	周健翔	男	…
…	…	…	…

关系中的学号、姓名的属性值不能是Null

图 2-6　用户自定义完整性示例

从图 2-6 可以看出，用户设置自定义完整性约束后，将形成对“学生”关系的插入约束，这实质上也是对关系中属性的约束，它确定关系结构中某属性的约束条件。

关系完整性约束是关系设计的一个重要内容，关系的完整性要求关系中的数据及具有关联关系的数据间必须遵循一定的制约和依存关系，以保证数据的正确性、有效性和相容性。其中，实体完整性约束和参照完整性约束是关系模型必须满足的完整性约束条件。

关系数据库管理系统为用户提供了完备的实体完整性自动检查功能，也为用户提供了设置参照完整性约束、用户自定义完整性约束的环境和手段，通过系统自身以及用户定义的约束机制，就能够充分地保证关系的准确性、完整性和相容性。

2.4.2 关系规范化

现实系统的数据怎样具体、简明、有效地构成符合关系模型的数据结构，并形成一个关系数据库，是数据库操作的首要问题之一。

通常，首先把收集来的数据存储在一个二维表中，并定义为一个关系。但是有许多相关的数据集合到一个关系后，数据间的关系会变得很复杂，属性的个数和数据数量很大，很多时候为了将一个事物表达清楚，会有大量数据重复出现的现象。

特别是在进行数据库应用系统开发时，如果用户组织的数据关系不理想，轻者会大大增加编程和维护程序的难度，重者会使数据库应用系统无法实现。一个组织良好的数据结构，不仅可以方便地解决应用问题，还可以为解决一些不可预测的问题带来便利，同时可以大大加快编程的速度。许多专家对该理论进行了深入研究，总结了一整套关系数据库设计的理论和方法，其中很重要的是关系规范化理论。

简洁地说，若想设计一个性能良好的数据库，就要尽量满足关系规范化原则。

1. 数据库设计中的问题

如果一个关系没有经过规范化，可能会出现数据冗余大、数据更新不一致、数据插入异常和删除异常。

例 2.5：在“英才大学学生信息管理系统”数据库中，有这样一个“学生信息”关系，如表 2-2 所示。

表 2-2 学生信息

学号	姓名	…	班级名称	专业名称	…	课程名称
100101	江敏敏	…	1001	软件工程	…	软件制作
100101	江敏敏	…	1001	软件工程	…	软件工程
100101	江敏敏	…	1001	软件工程	…	数据库原理
100101	江敏敏	…	1001	软件工程	…	…
100102	赵盘山	…	1001	软件工程	…	软件制作
100102	赵盘山	…	1001	软件工程	…	软件工程
100102	赵盘山	…	1001	软件工程	…	数据库原理

续表

学号	姓名	…	班级名称	专业名称	…	课程名称
100102	赵盘山	…	1001	软件工程	…	…
100201	罗旭候	…	1002	软件工程	…	软件制作
100201	罗旭候	…	1002	软件工程	…	软件工程
100201	罗旭候	…	1002	软件工程	…	数据库原理
100201	罗旭候	…	1002	软件工程	…	…
…	…	…	…	…	…	

若定义其关系模式为:学生信息(学号,姓名,性别,出生年月,班级名称,班级人数,班长姓名,专业名称,课程名称,学时,学分,学期,教师编号,教室),则从“学生信息”关系模式中,可以发现其存在如下问题。

1) 数据冗余

学号、姓名、班级名称和专业名称属性值有大量重复,造成数据的冗余。

2) 更新异常

若某个学生要更换学号,有许多元组都要修改,若不仔细漏掉哪个元组没有修改,就会造成数据的不一致,出现更新异常。

3) 插入异常

若要在“英才大学学生信息管理”数据库中新增加一个学生信息,该学生若没有分班或没有修某一门课程,表中会有许多数据无法输入,因此会引发插入异常。

4) 删除异常

如果其中一个学生信息要删除,与该学生对应的课程也要全部删除,若有遗留,就无法找到该学生的对应信息,这样就会出现删除异常。

通过以上的分析可知,该学生信息(学号,姓名,性别,出生年月,班级名称,班级人数,班长姓名,专业名称,课程名称,学时,学分,学期,教师编号,教室)关系模式不是一个好的关系模式。

对于有问题的关系模式,可通过模式分解的方法使之规范化,尽量减少数据冗余,消除更新、插入、删除异常。

从关系数据库理论的角度看,一个不好的关系模式,是由存在于关系模式中的某些函数依赖引起的,解决方法就是通过分解关系模式来消除其中不合适的函数依赖。

2. 函数依赖

函数依赖(Function Dependency)是关系规范化的主要概念,是描述了属性之间的一种联系。在同一个关系中,由于不同元组的属性值可能不同,由此可以把关系中的属性看成是变量,一个属性与另一个属性在取值上可能存在制约,这种制约就确定了属性间的函数依赖。

1) 函数依赖定义

定义 2.1:设 $R(U)$ 是一个属性集 U 上的关系模式,X 和 Y 是 U 的子集。对于 $R(U)$ 的任意一个可能的关系 r,若有 r 的任意两个元组,在 X 上的属性值相同,则在 Y 上的属性值也一定相同,则称“X 函数确定 Y”或“Y 函数依赖于 X”,记做 $X \to Y$。

> **注意**:X 和 Y 都是属性组,如果 $X \rightarrow Y$,表示 X 中取值确定时,Y 中的取值唯一确定,即 X 决定 Y 或 Y 函数依赖于 X,X 是决定因素,是这个函数依赖的决定属性集。

函数依赖类似于数学中的单值函数,设单值函数:$Y=F(X)$。其中,X 的值决定一个唯一的函数 Y,当 X 取不同的值时,对应的 Y 值可能不同,也可能相同。

几点说明:

(1) 函数依赖不是指关系模式 R 的某个或某些元组的约束条件,而是指 R 的所有关系实例均要满足的约束条件,当关系的元组增加或者更新后都不能破坏函数依赖。

(2) 函数依赖必须根据语义来确定,而不能单凭某一时刻特定的实际值来确定。

2) 完全函数依赖和部分函数依赖定义

定义 2.2:在关系模式 $R(U)$ 中,如果 $X \rightarrow Y$,并且对于 X 的任何一个真子集 X',都有 $X' \rightarrow Y$,则称 Y 部分函数依赖于 X,记作 $X \xrightarrow{P} Y$,否则称 Y 完全函数依赖于 X,记做 $X \xrightarrow{f} Y$。

由定义 2.2 可知,当 X 是单属性时,由于 X 不存在任何真子集,如果 $X \rightarrow Y$,则 $X \xrightarrow{f} Y$。

3) 传递函数依赖定义

定义 2.3:在关系模式 $R(U)$ 中,如果 $X \rightarrow Y$,$Y \subsetneq X$,且 $Y \nrightarrow X$,$Y \rightarrow Z$,则称 Z 传递函数依赖于 X。

3. 关系规范化

关系规范化(Relation Normalization)理论是研究如何将一个不十分合理的关系模型转化为一个最佳的数据关系模型的理论,它是围绕范式而建立的。

关系规范化理论认为,关系数据库中的每一个关系都要满足一定的规范。根据满足规范的条件不同,可以划分为 6 个等级 5 个范式,分别称为第一范式(1NF),第二范式(2NF),第三范式(3NF),修正的第三范式(BCNF),第四范式(4NF),第五范式(5NF)。NF 是 Normal Form 的缩写。

关系规范化的前三个范式原则如下。

(1) 第一范式:若一个关系模式 R 的所有属性都是不可再分的基本数据项,则该关系模式属于第一范式(1NF)。

在任何一个关系数据库中,1NF 是对关系模式的一个必须满足的要求。但要知道,满足 1NF 的关系模式却并不一定是好的关系模式。

(2) 第二范式:若关系模式 R 属于 1NF,且每个非主属性都完全函数依赖于码,则该关系模式属于 2NF,2NF 不允许关系模式中的非主属性部分函数依赖于码。

(3) 第三范式:若关系模式 R 属于 1NF,且每个非主属性都不传递依赖于码,则该关系模式属于 3NF。

在关系模式设计时,设计者要尽量做到使关系模式满足 3NF,它是一个良好的关系模式应满足的基本范式。若关系模式没有达到 3NF 要求,可以对关系模式进行分解使其满足 3NF,使关系模式更加规范化,从而减少以至消除数据冗余和更新异常。在实际应用中,有时考虑具体情况,也不一定要完全满足 3NF。

4. 模式分解

对关系模式进行分解,要符合"无损连接"和"保持依赖"的原则,使分解后的关系不能破坏原来的函数依赖,保证分解后的所有关系模式中的函数依赖要反映分解前所有的函数依赖。

(1) 无损连接:当对关系模式 R 进行分解时,R 元组将分别在相应属性集进行投影而产生新的关系。如果对新关系进行自然连接得到的元组的集合与原来的关系完全一致,则称无损连接。

(2) 保持依赖:当对关系模式 R 进行分解时,R 的函数依赖集也将按相应的模式进行分解,如果分解后的总的函数依赖集与原函数依赖集保持不变,则称为保持函数依赖。

需要特别指出的是,保留适量冗余,达到以空间换时间的目的,也是模式分解的重要原则。在实际的数据库设计过程中,不是关系规范化的等级越高就越好,具体问题还要具体分析。有时候,为提高查询效率,可保留适当的数据冗余,让关系模式中的属性多些,而不把模式分解得太小,否则为了查询一些数据,常常要做大量的连接运算,把关系模式一再连接,花费大量时间,或许得不偿失。

2.4.3 实体-联系模型与关系模型的转换

实体-联系模型转换成关系模型,就是确定关系模式的属性和码,转换过程中要做到不违背关系的完整性约束,尽量满足规范化原则。

1. 实体-联系模型与关系模型的对应关系

实体-联系模型与关系模型术语的对照如表 2-3 所示。

表 2-3　实体-联系模型与关系模型术语的对照

实体-联系模型	关 系 模 型
实体型	关系模式
实体集	关系
实体	元组
属性	属性
属性值	分量

2. 概念模型转换为关系模型的规则

将实体-联系模型转换为关系模型一般遵循如下原则。

(1) 一个实体型转换为一个关系模式。

(2) 实体的属性就是关系的属性,实体的码就是关系的码。

(3) 1∶1 联系的转换:先将两个实体型分别转换为两个对应的关系模式,再将联系的属性和其中一个实体型对应关系模式的主键属性加入到另一个关系模式中,也可以与任意一端对应的关系模式合并。

(4) 1∶n 联系的转换:先将两个实体型分别转换为两个对应的关系模式,再将联系的属性和 1 端对应关系模式的主键属性加入到 n 端对应的关系模式中。

(5) m∶n 联系的转换:先将两个实体型分别转换为两个对应的关系模式,再将联系转换为一个对应的关系模式,其属性由联系的属性和前面两个关系模式的主键属性构成。

图 2-2 所示,“英才大学学生信息管理系统”数据库的全局关系模式如下。

学院(<u>学院编号</u>,学院名称,院长姓名,电话,地址)

系(系编号,系名称,系主任姓名,教研室个数,班级个数,*学院编号*)
班级(班级编号,班级名称,班级人数,班长姓名,专业,*系编号*)
学生(学号,姓名,性别,出生年月,籍贯,*班级编号*)
课程(课程编号,课程名称,学时,学分,学期,*教师编号*,教室)
成绩(学号,课程编号,成绩)
教研室(教研室编号,教研室名称,教师人数,*系编号*)
教师(教师编号,姓名,性别,职称,*教研室编号*)
教师授课(教师编号,课程编号,教室编号)

2.5 物理结构设计

MOOC 视频
物理结构
设计

数据库物理结构设计就是为设计好的逻辑数据模型选择最适合的应用环境。换句话说,就是能够在应用环境中的物理设备上,由全局逻辑模型产生一个能在特定的 DBMS 上实现的关系数据库模式。

数据库物理结构设计主要分为以下两个方面。

1. 确定数据库的物理结构

在进行设计数据库的物理结构时,要面向特定的数据库管理系统,要了解数据库管理系统的功能,熟悉存储设备的性能。

2. 对物理结构进行评价

在物理结构设计过程中,需要对时间效率、空间效率、维护代价和用户要求进行权衡,设计方案可能有多种,数据库设计人员就要对这些方案进行评价。若选择的设计方案能够满足逻辑数据模型要求,可进入数据库实施阶段;否则,需要重新设计或修改物理结构,有时甚至还需要对逻辑数据模型进行修正,直到设计出最佳的数据库物理结构。

2.5.1 表的构成

在关系数据库中,一个关系对应一张二维表,又称其为数据表(简称表),这个表包含表结构、关系完整性、表中数据及数据间的联系。

换句话说,一个关系数据库由若干表组成,表又由若干条记录组成,而每一条记录是由若干以字段属性加以分类的数据项组成的。

关系与表的对应关系术语的对照如表 2-4 所示。

表 2-4 关系与表的对应关系术语的对照

关系模型	物理模型
关系	表
元组	记录
属性	字段
分量	数据项

在创建表之前,要根据实际问题的需求进行调查分析,规划和设计一个适合需求的,而且满足关系模型特性的表。

2.5.2 表结构的定义

在 Access 中,设计表时要对以下内容进行定义。

(1) 表的名称。

(2) 表中有几个字段。

(3) 每个字段的属性(字段名、字段类型、字段长度)。

(4) 确定索引字段。

(5) 完整性约束。

1. 表的命名

表名是该表存储到磁盘的唯一标识。也可以理解为,它是用户访问数据的唯一标识,用户只有依靠表名,才能使用指定的表。

在定义表名时,一方面要注意体现表文件内容,另一方面还要考虑使用的方便,注意表名要直观、简略。

2. 字段类型

数据是反映客观事物(实体)属性的记录,数据类型决定了它的存储和使用方式。在许多软件环境下,数据通常只分为数值型、字符型和逻辑型等基本类型,而 Access 系统为了使用户建立和使用数据库更加方便,除了上述基本类型外,又细化分出了更多的数据类型。

在 Access 系统中,字段数据类型分为以下几种。

(1) 文本型。

(2) 备注型。

(3) 数字型。

(4) 日期/时间型。

(5) 货币型。

(6) 自动编号型。

(7) 是/否型。

(8) OLE 对象型。

(9) 超级链接型。超级链接字段数据类型是用于存放超级链接地址的。

(10) 查阅向导型。查阅向导字段数据类型用于存放从其他表中查阅的数据。

2.5.3 关系模型与物理模型的转换

根据 2.4.3 小节中所提供的关系模式集,以及其对应关系,“英才大学学生信息管理系统”数据库物理表结构设计如下。

设计“学院”表,表结构如表 2-5 所示。对应的关系模式是:

学院(学院编号,学院名称,院长姓名,电话,地址)

表 2-5 “学院”表结构

字段名	类型	列长度	小数点	索引类型
学院编号	字符型	1	—	主键
学院名称	字符型	4	—	—
院长姓名	字符型	6	—	—
电话	字符型	13	—	—
地址	字符型	5	—	—

其余几个表结构如表 2-6~表 2-13 所示。

表 2-6 “系”表结构

字段名	类型	列长度	小数点	索引类型
系编号	字符型	4	—	主键
系名称	字符型	14	—	—
系主任姓名	字符型	6	—	—
教研室个数	数字型	2	0	—
班级个数	数字型	2	0	—
学院编号	字符型	1	—	外键(学院)

表 2-7 “班级”表结构

字段名	类型	列长度	小数点	索引类型
班级编号	字符型	8	—	主键
班级名称	字符型	4	—	—
班级人数	数字型	2	0	—
班长姓名	字符型	6	—	—
专业名称	字符型	10	—	—
系编号	字符型	4	—	外键(系)

表 2-8 “学生”表结构

字段名	类型	列长度	小数点	索引类型
学号	字符型	6	—	主键
姓名	字符型	6	—	—
性别	字符型	2	—	—
出生年月	日期/时间	8	—	—
籍贯	字符型	50	—	—
班级编号	字符型	8	—	外键(班级)

表2-9　“课程”表结构

字段名	类型	列长度	小数点	索引类型
课程编号	字符型	5	—	主键
课程名称	字符型	12	—	—
学时	数字型	2	—	—
学分	数字型	2	0	—
学期	数字型	1	—	—
教师编号	字符型	7	—	外键(教师)
教室	字符型	5	—	—

表2-10　“成绩”表结构

字段名	类型	列长度	小数点	索引类型
学号	字符型	6	—	外键(学生)
课程编号	字符型	5	—	外键(课程)
成绩	数字型	5	2	—

表2-11　“教研室”表结构

字段名	类型	列长度	小数点	索引类型
教研室编号	字符型	6	—	主键
教研室名称	字符型	14	—	—
教师人数	数字型	2	—	—
系编号	字符型	4	—	外键(系)

表2-12　“教师”表结构

字段名	类型	列长度	小数点	索引类型
教师编号	字符型	7	—	主键
姓名	字符型	6	—	—
性别	字符型	2	—	—
职称	字符型	8	—	—
教研室编号	字符型	6	—	外键(教研室)

表2-13　“教师授课”表结构

字段名	类型	列长度	小数点	索引
教师编号	字符型	6	—	外键(教师)
课程编号	字符型	5	—	外键(课程)
教室编号	字符型	5	—	—

2.6 数据库实施

数据库物理结构一旦设计完成,就进入到整个数据库应用系统中具体设计实施阶段。

数据库实施的一般步骤如下。

(1) 定义数据库结构。用 DBMS 提供的数据定义语言(Data Definition Language,DDL)严格描述数据库结构。

(2) 组织数据入库(数据库)。数据库结构建立完成后,便可以将原始数据载入到数据库中。通常数据库应用系统都有数据输入子系统,数据库中数据的载入,是通过应用程序辅助完成的。这里所说的数据载入,是用于程序设计、程序调试需求的部分数据,这些数据要经过挑选后再输入数据库中,要保证其有利于程序设计、适合程序调试。

(3) 编写和调试应用程序。编写和调试应用程序与组织数据入库事实上是同步进行的,编写程序时可用一些模拟数据进行程序调试,等待程序编写完成方可正式输入数据。

(4) 数据库试运行。应用程序测试完成,并且已输入一些“真实”数据,就开始了数据库试运行工作,也就进入到数据库联合调试阶段。在这个阶段,最好常对数据库中的数据进行备份的操作,因为,调试期间系统不稳定,容易破坏已存在的数据信息。

在数据库实施阶段,如果系统性能未能达到需求指标,则需要返回物理结构设计阶段,修改数据库物理结构,也许还会返回逻辑结构设计阶段,修改数据库逻辑数据模型,然后再重新进行数据库实施阶段的工作。

2.7 数据库使用与维护

经过数据库的实施阶段反复试运行,当系统性能达到需求指标后,数据库应用系统便可以投入使用,这时候数据库应用系统处于一个相对稳定的状态。

数据库应用系统正式投入运行,标志着程序设计任务基本完成,数据库使用与维护又将开始,因此投入运行并不意味着数据库设计工作全部完成。设计好的数据库在使用中需要不断维护、修改和调整,这也是数据库设计的一项重要内容。为了适应物理环境变化、用户新需求的提出,以及一些不可预测原因引起的变故,需要对数据库进行不断的维护。

对数据库的维护,通常是由数据库管理员(DataBase Administrator,DBA)完成的。

DBA 的主要工作内容如下。

(1) 数据库转储和恢复。

(2) 数据库安全性和完整性控制。

(3) 数据库性能的监督、分析和改进。

(4) 数据库的重新组织和重新建构。

本章的知识点结构

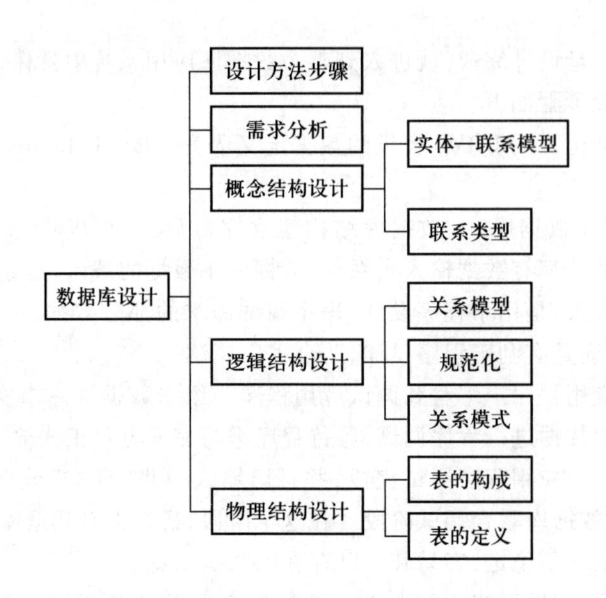

习　题　2

一、简答题

1. 描述数据库设计步骤。
2. 简述需求分析阶段的任务。
3. 什么是码?
4. 解释实体、实体型和实体集。
5. 解释关系、属性的元组。

二、填空题

1. 数据库系统体系结构中三级模式是________、________、________。
2. 在一个关系中,每一个数据都可看成独立的________。
3. ________是对关系中元组的唯一性约束,也就是对关系的主码的约束。
4. 若想设计一个性能良好的数据库,就要尽量满足________原则。
5. 关系之间的关联就是通过主码与________作为纽带实现关联的。

三、单选题

1. 根据关系规范化理论,关系模式的任何属性(　　)。
   A. 属性可再分　　B. 属性命名可以不唯一　　C. 属性不可再分　　D. 以上都不是
2. 对于现实世界中某一事物的某一特征,在实体-联系模型中使用(　　)。
   A. 属性描述　　B. 关键字描述　　C. 关系描述　　D. 实体描述
3. 以下不是数据库设计的内容的是(　　)。
   A. 创建数据库　　B. E-R 模型设计　　C. 逻辑结构设计　　D. 需求分析

4. 一般地,一个数据库系统的外模式(　　)。
   A. 只能有一个　　B. 至少两个　　C. 个数与内模式相同　　D. 可以有多个
5. 数据库类型是根据什么区分的?(　　)
   A. 数据模型　　B. 文件形式　　C. 数据项类型　　D. 记录类型
6. 对于关系的描述正确的是(　　)。
   A. 同一个关系中第一个属性必须是主键　　B. 同一个关系中主属性必须升序
   C. 同一个关系中不能出现相同的属性　　D. 同一个关系中可出现相同的属性
7. 下列关于层次模型的说法,不正确的是(　　)。
   A. 用树状结构来表示实体及实体间的联系
   B. 有且仅有一个结点无双亲
   C. 其他结点有且仅有一个双亲
   D. 用二维表结构表示实体与实体之间的联系的模型
8. 设有“学生”和“班级”两个实体,每个学生只能属于一个班级,一个班级可以有多个学生,“学生”和“班级”两个实体间的联系是(　　)。
   A. 多对多　　B. 一对多　　C. 多对一　　D. 一对一
9. 如果把学生的自然情况看成是实体,某个学生的姓名叫“胡冬明”,则“胡冬明”是实体的(　　)。
   A. 属性型　　B. 属性值　　C. 记录型　　D. 记录值
10. 概念模型只能表示(　　)。
   A. 实体间 1∶1 联系　　B. 实体间 1∶n 联系
   C. 实体间 m∶n 联系　　D. 实体间的上述三种关系

四、设计题

1. 设计一个“图书销售信息管理系统”数据库,有如下已知信息。
(1) 书店销售的图书近万册。
(2) 按种类可分为十几类(文学、自然科学、社会科学、生活、医学等)。
(3) 每天的图书销售信息。
(4) 每本书的出版信息。
2. 设计一个“就业信息管理系统”数据库,有如下已知信息。
(1) 招聘信息。
(2) 需就业人员求职信息。
(3) 应聘安置信息。

第 3 章　数据库操作技术

Access 数据库不仅包含多个表,同时还可在表的基础上创建其他数据库对象。另外,还可以利用表间复杂的关联关系,解决复杂的数据处理问题,实现数据库的多重功能,从而大大强化数据库的使用效率和效果。

本章将介绍数据库的对象、数据库的创建,数据库表间关联关系等数据库的基本操作方法。

3.1　Access 数据库对象

Access 数据库,是由表、查询、窗体、报表、数据访问页、宏及 VBA 程序模块等数据库对象组成的,每一个数据库对象可以完成不同的数据库功能。

3.1.1　表

表(Table)是数据库中用来存储数据的对象,它是整个数据库系统的数据源,也是数据库其他对象的基础。

在 Access 中,用户可以利用“表向导”、“表设计”视图以及 SQL 语句创建表,可以利用“表”视图对数据进行维护、加工、处理等操作。

图 3-1 所示的内容,是利用“表设计”视图创建表的工作窗口。

图 3-2 所示的内容,是利用“表”视图编辑表中数据的工作窗口。

3.1.2　查询

查询(Query)也是一个“表”,是以表为基础数据源的“虚表”。查询可以作为表加工处理后的结果,它是一个或多个表的相关信息的“视图”,它还可以作为数据库其他数据库对象的数据来源。

在 Access 中,查询具有极其重要的地位,利用不同的查询,可以方便、快捷地浏览数据库中的数据,同时利用查询还可以实现数据的统计分析与计算等操作,特别是它可以作为窗体和报表的来自多表的数据源。

图 3-3 所示的内容,是利用“查询设计”视图创建查询的工作窗口。

图 3-4 所示的内容,是利用“查询”视图浏览查询中的数据的工作窗口。

3.1.3　窗体

窗体(Form)是屏幕的显示窗口。窗体是在数据库操作的过程中无时不在的数据库对

学生
字段名称
数据类型
说明(可选)
学号
短文本
姓名
短文本
性别
短文本
出生年月
日期/时间
籍贯
短文本
班级编号
短文本
字段属性
常规
查阅
字段大小
6
格式
输入掩码
标题
默认值
验证规则
验证文本
必需
是
允许空字符串
是
索引
有(无重复)
Unicode 压缩
否
输入法模式
随意
输入法语句模式
无转化
文本对齐
常规
字段名称最长可到 64 个字符(包括空格)。按 F1 键可查看有关字段名称的帮助。

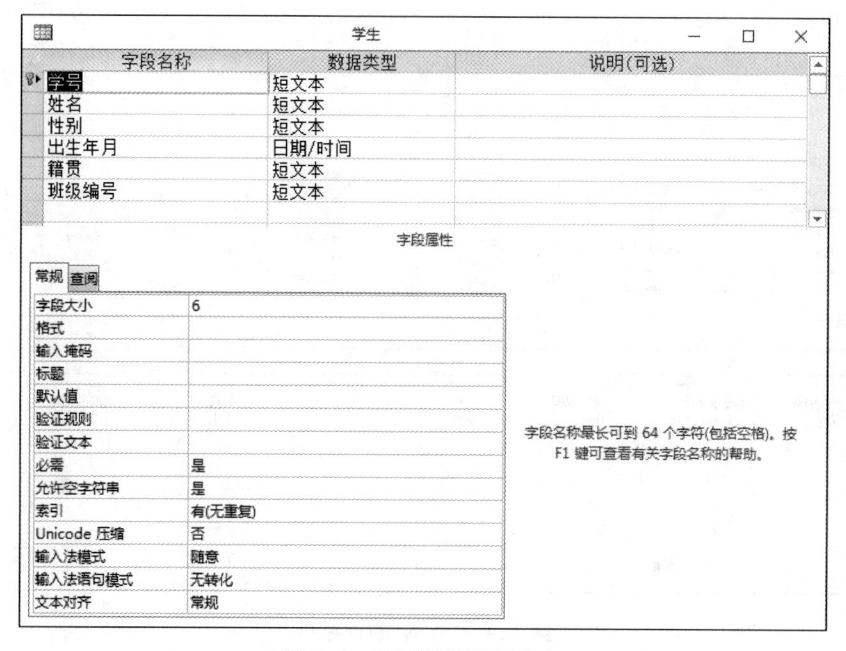

图 3-1 “表设计”视图窗口

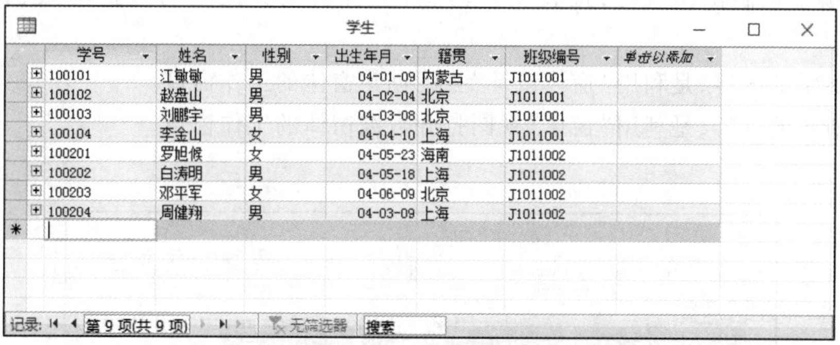

学生
学号
姓名
性别
出生年月
籍贯
班级编号
单击以添加
100101 江敏敏 男 04-01-09 内蒙古 J1011001
100102 赵盘山 男 04-02-04 北京 J1011001
100103 刘鹏宇 男 04-03-08 北京 J1011001
100104 李金山 女 04-04-10 上海 J1011001
100201 罗旭候 女 04-05-23 海南 J1011002
100202 白涛明 男 04-05-18 上海 J1011002
100203 邓平军 女 04-06-09 北京 J1011002
100204 周健翔 男 04-03-09 上海 J1011002
记录:
第 9 项(共 9 项)
无筛选器
搜索

图 3-2 “表”视图窗口

学院_系_班级_学生
学院
学院编号
学院名称
院长姓名
电话
地址
系
系编号
系名称
系主任
教研室个数
班级个数
学院编号
班级
班级编号
班级名称
班级人数
班长姓名
专业名称
系编号
学生
学号
姓名
性别
出生年月
籍贯
班级编号
字段:
表:
排序:
显示:
条件:
或:
学院编号
学院
系编号
系
班级编号
班级
学号
学生
姓名
学生
性别
学生
出生年月
学生

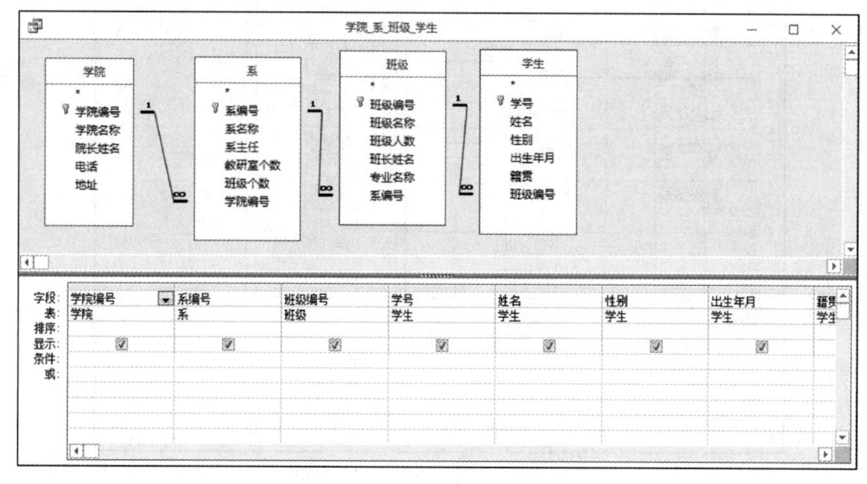

图 3-3 “查询设计”视图窗口

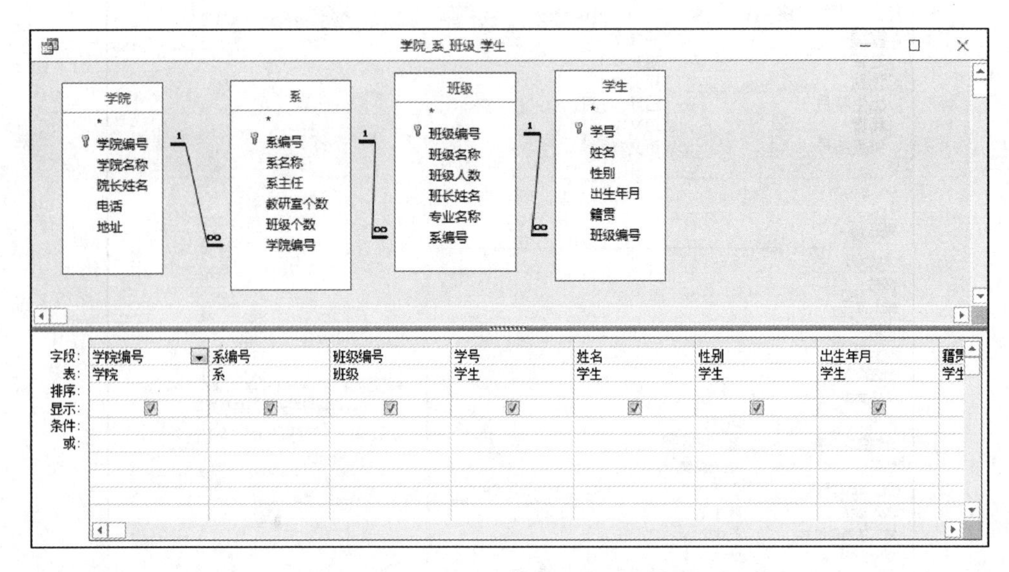

图 3-4 “查询”视图窗口

象。它主要用于控制操作流程,接收用户信息,进行表或查询中的数据输入、编辑、删除等操作。

图 3-5 所示的内容,是利用“窗体设计”视图创建窗体的工作窗口。

图 3-6 所示的内容,是利用“窗体”视图打开数据窗体的工作窗口。

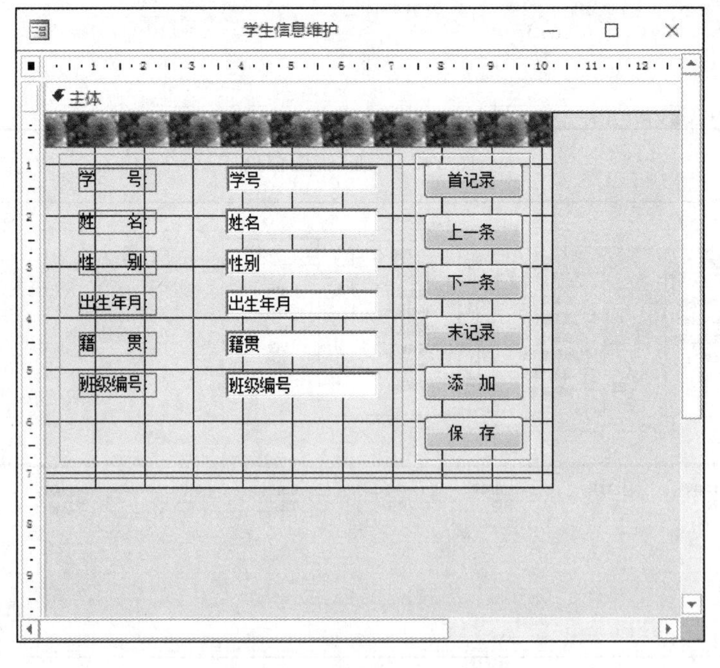

图 3-5 “窗体设计”视图窗口

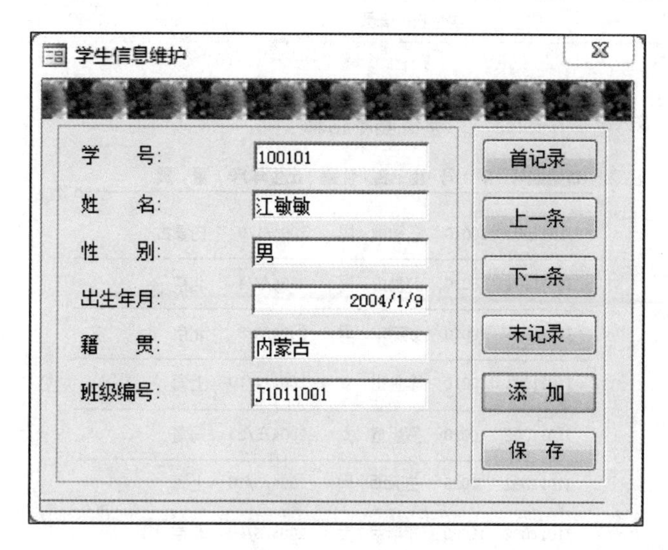

图 3-6 “窗体”视图窗口

3.1.4 报表

报表(Report)是数据库中数据输出的形式之一。它不仅可以将数据库中的数据进行分析、处理的结果通过打印机输出,还可以对要输出的数据完成分类小计、分组汇总等操作。在数据库管理系统中,使用报表会使数据处理的结果多样化。

图 3-7 所示的内容,是利用“报表设计”视图进行报表设计的工作窗口。

图 3-8 所示的内容,是预览“报表”的工作窗口。

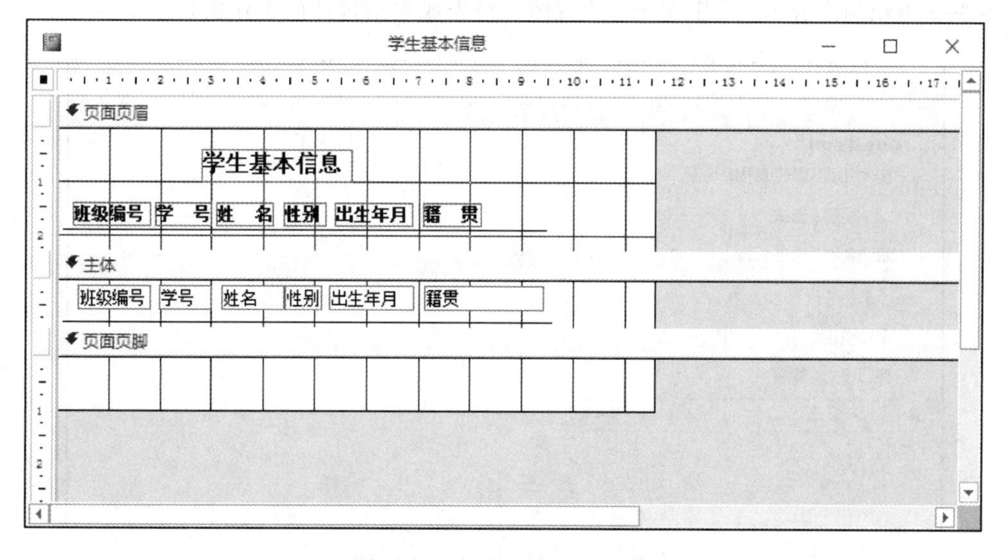

图 3-7 “报表设计”视图窗口

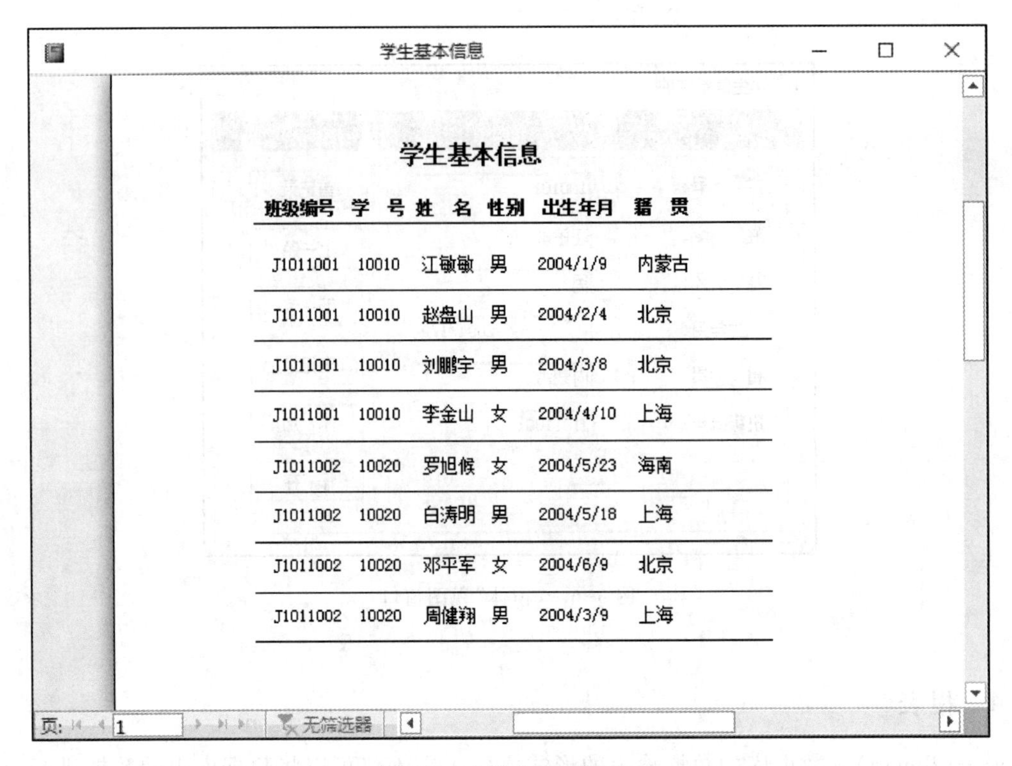
学生基本信息

班级编号	学 号	姓 名	性别	出生年月	籍 贯
J1011001	10010	江敏敏	男	2004/1/9	内蒙古
J1011001	10010	赵盘山	男	2004/2/4	北京
J1011001	10010	刘鹏宇	男	2004/3/8	北京
J1011001	10010	李金山	女	2004/4/10	上海
J1011002	10020	罗旭候	女	2004/5/23	海南
J1011002	10020	白涛明	男	2004/5/18	上海
J1011002	10020	邓平军	女	2004/6/9	北京
J1011002	10020	周健翔	男	2004/3/9	上海

图 3-8 “报表”预览窗口

3.1.5 宏

宏(Macro)是数据库中的另一个特殊的数据库对象,它是一个或多个操作命令的集合,其中每个命令实现一个特定的操作。

图 3-9 所示的内容,是利用“宏设计”视图进行宏或宏组设计的工作窗口。

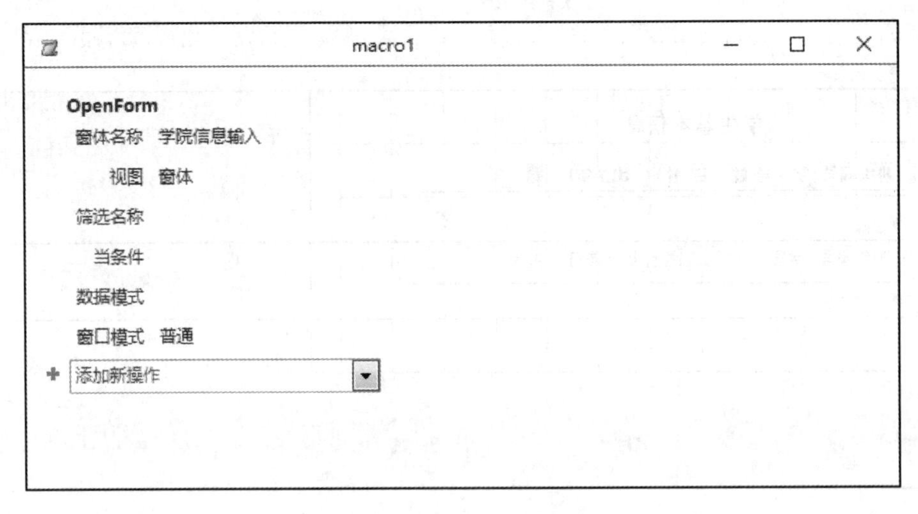

图 3-9 “宏设计”视图窗口

3.1.6　模块

模块(Module)是由 Visual Basic 程序设计语言编写的程序集合,或一个函数过程。它通过嵌入在 Access 中的 Visual Basic 程序设计语言编辑器和编译器,实现与 Access 的完美结合。

图 3-10 所示是利用模块设计器,编辑 Visual Basic 程序设计代码的窗口。

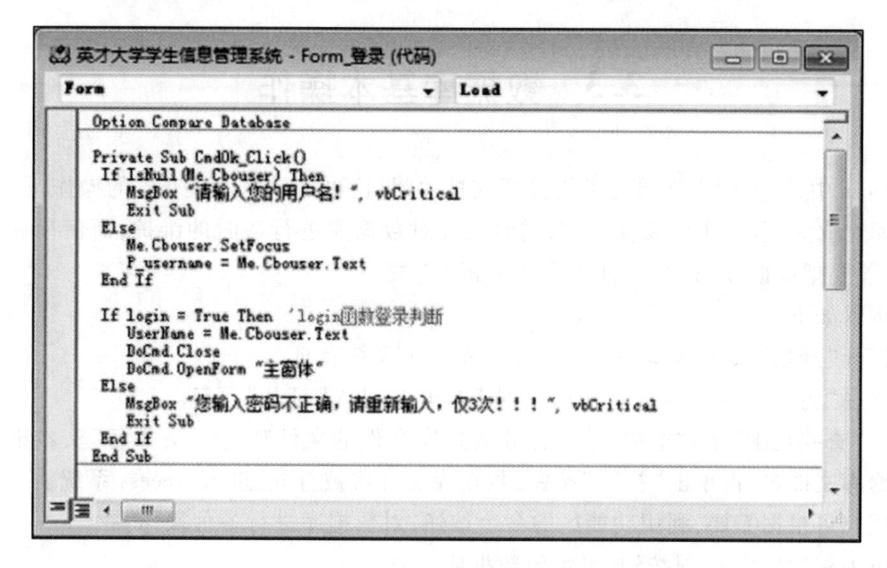

图 3-10　Visual Basic 程序编辑窗口

因为模块是基于 Visual Basic 程序设计语言而创建的,如果要使用模块这一数据库对象,就要对 Visual Basic 程序设计语言有一定程度的了解。

当然,模块只是提供了一种便捷的数据库使用方法和途径,因此不熟悉 Visual Basic 程序设计语言的用户也不必担心,在 Access 中,不使用模块仍可完成 Access 数据库应用系统的开发。

3.2　数据库的创建

在 Access 系统中,可以使用创建空数据库的方法创建一个"空数据库"文件,也可以使用模板创建一个与"模板"相近的数据库文件。

MOOC 视频
创建数据库

方法一:直接创建空数据库

操作步骤如下。

(1) 打开"开始"菜单,启动 Access,进入 Access 系统首页。

(2) 选择"空白数据库"图标,进入"创建空数据库"窗口。

(3) 单击"创建"按钮,进入 Access 系统。

(4) 打开"文件"菜单,保存数据库文件,一个空数据库创建完成。

方法二:利用模板创建数据库

操作步骤如下。

(1) 打开“开始”菜单,启动 Access,进入 Access 系统首页。

(2) 选择“特色联机模板”(或“本地模板”)命令,进入“创建数据库”窗口。

(3) 选择“模板”选项,一个包含多个数据库对象的数据库自动创建完成。

(4) 打开“文件”菜单,保存数据库文件,完成数据库创建。

3.3　数据库基本操作

在 Access 中,数据库文件要经常被打开或被关闭,这也是数据库最基本的操作。

数据库建立完成后,不仅要使用它,同时也要对数据库进行适时的维护,而使用和维护数据库之前,必须要把数据库“打开”,使用完毕要正常“关闭”。

操作步骤如下。

(1) 打开“开始”菜单,启动 Access,进入 Access 系统首页。

(2) 选择“更多…”命令(或直接通过列表打开),进入“打开”窗口。

(3) 在“查找范围”下拉框中,选定存放数据库文件的文件夹,在“文件名”文本框中输入要打开的数据库文件名,再单击“打开”按钮,数据库文件将被打开,进入 Access 系统。

(4) 用户可根据需要,利用功能区的命令按钮,对数据库进行各种操作。

(5) 单击标题栏中的按钮,可关闭数据库。

> **注意:**在“打开”窗口中,“打开”按钮的右侧有一个向下箭头,单击它将弹出一个菜单,如图 3-11 所示。

(1) 选择“打开”命令,被打开的数据库文件可与其他用户共享,这是默认的数据库文件打开方式。若数据库安放在局域网中,为了数据安全,最好不要采用这种方式打开文件。

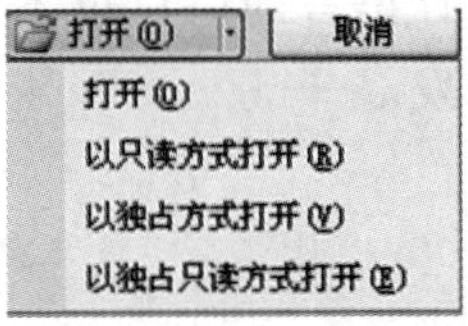

(2) 选择“以只读方式打开”命令,只能使用、浏览数据库的对象,不能对其进行修改。这种方式对数据库操作级较低的用户,是一个使数据安全的防范方法。

(3) 选择“以独占方式打开”命令,则其他用户不可以使用该数据库。这种方式既可以屏蔽其他用户操纵数据库,又为自己提供了修改数据的环境,是一种常用的数据库文件打开方式。

图 3-11　“打开”按钮

(4) 选择“以独占只读方式打开”命令,只能使用、浏览数据库的对象,不能对其进行修改,其他用户不可以使用该数据库。这种方式既可以屏蔽其他用户操纵数据库,又限制了自己修改数据的操作,一般只是进行数据浏览、查询操作时常用这种数据库文件打开方式。

本章的知识点结构

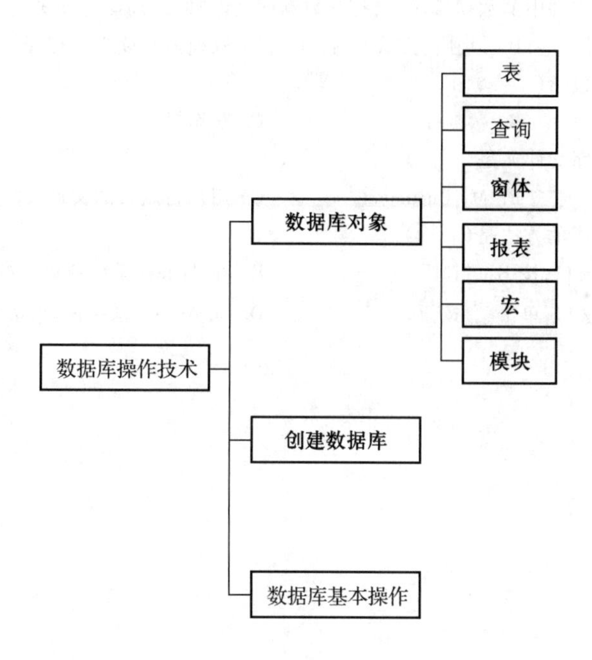

习 题 3

一、简答题

1. 试述创建数据库的方法,以及其各有什么优点。
2. 简述什么情况下要使用数据库转换技术。
3. 叙述模块在数据库中所起的作用。
4. 叙述表与查询的不同。
5. 叙述 Access 数据库怎样进行低版本向高版本升级。
6. 叙述窗体与报表的不同,以及其各有什么优点。
7. 什么是宏? 宏在数据库中起到什么作用?
8. 简述 Access 数据库有多少种常用数据库对象。

二、填空题

1. 使用数据库或维护数据库,都必须把数据库________。
2. 查询是一个或多个表的________,它还是其他数据库对象的数据来源。
3. 表是整个数据库系统的________。
4. 当一个数据库文件被打开后,数据库中的全部资源的基本属性都可以通过________对话框设置。
5. 窗体是________窗口。
6. 报表可用于屏幕预览和________输出。
7. 模块是由 Visual Basic 程序设计语言编写的________程序。
8. 在 Access 2016 中,可以实现数据库的________升级。

三、单选题

1. 不是 Access 数据库对象的是(　　)。
   A. 表　B. 查询　C. 视图　D. 模块
2. 若不想修改数据库文件中的数据库对象,打开数据库文件时,要选择的方式是(　　)。
   A. 以只读方式打开　B. 以独占方式打开　C. 以独占只读方式打开　D. 打开
3. Access 系统界面不包括(　　)。
   A. 选项卡　B. 数据库　C. 状态栏　D. 功能区
4. Access 默认的数据库文件夹是(　　)。
   A. Access　B. My Documents　C. 用户自定义的文件夹　D. Temp
5. 以下能够关闭数据库的方法是(　　)。
   A. 在 Access 系统窗口,按 Esc 键
   B. 在 Access 系统窗口,按 X 键
   C. 在 Access 系统窗口,单击 ☒ 按钮
   D. 在 Access 系统窗口,按 Ctrl+Alt+Del 组合键

第4章　表操作技术

在关系数据库管理系统中,表是数据库中用来存储和管理数据的对象,它是整个数据库系统的基础,也是数据库其他对象的操作依据。

在 Access 中,大量的数据都存储在表中,表的使用效果如何,取决于表结构的设计。表中数据冗余度的高低及共享性和完整性的好坏,直接影响着表中数据的质量,也制约着其他数据库对象的设计及使用。

4.1 表的创建

在 Access 数据库中,大量的数据要存储在表中,如果用户完成了数据的收集及二维表的设计,便可以进行创建表的操作。

MOOC 视频
创建与维护数据表

在 Access 中,可使用“表”视图和“表模板”创建表。

方法一:使用数据表视图创建表

操作步骤如下。

(1) 打开数据库。

(2) 在 Access 系统窗口中,打开“创建”选项卡,单击“表设计”按钮,进入“表设计”窗口,如图 4-1 所示。

(3) 依次输入每个字段的相关参数(字段名、数据类型、长度、是否索引等)。

(4) 打开“Office 按钮”下拉菜单,选择“保存”命令,进入“另存为”对话框。

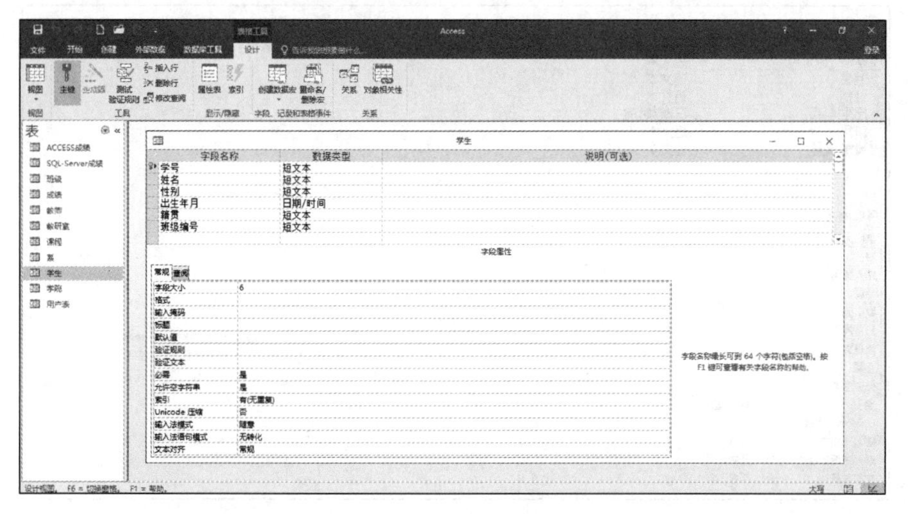

图 4-1　“表设计”窗口

(5) 输入创建表的名称,单击“确定”按钮,结束表的创建。

方法二:使用表模板创建表

操作步骤如下:

(1) 打开数据库。

(2) 在 Access 系统窗口中,打开“创建”选项卡,单击“表模板”按钮,打开“表模板”菜单。

(3) 选择合适的“表模板”命令,自动创建一个新表。

(4) 选择“保存”命令,保存表,结束表的创建。

注意:在 Access 中,“表模板”是系统提供的,不能完全与用户设计一致,但用户可借鉴其设计内容,初步创建一个表,再利用“表设计”修改其内容,这样也许会事半功倍,不过用户“表模板”创建表,有时也会限制用户设计表的思路。

MOOC 视频
数据表及其组成

4.2 表基本操作

创建表的任务一旦完成,人们就要关注对表的操作。这里要建立一个这样的概念,就是表的结构及表中数据的操作,是通过“表设计”和“表”两个不同的工作窗口完成的。

4.2.1 表的基本属性设置

在设计表结构时,用户要认真地设计表中每一个字段的属性(字段名、字段类型、字段、字段显示格式、字段掩码、字段标题、字段默认值、字段的有效规则等),其属性定义完成后,若不能满足用户需求,也可重新设置。

对“表”属性的定义与修改是在“表设计”窗口中进行的,最常见的操作如下。

1. 修改字段名

在“表设计”窗口中,选择要修改的字段名,进行重命名操作,如图 4-2 所示。

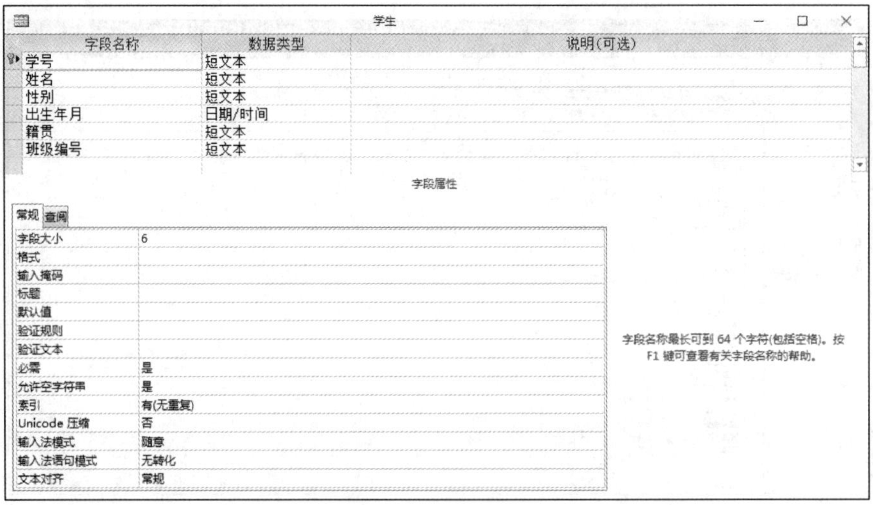

图 4-2　修改字段名

2. 插入新字段

在“表设计”窗口中，首先选择要插入字段的位置，然后单击“插入行”按钮，可添加一个新字段，如图 4-3 所示。

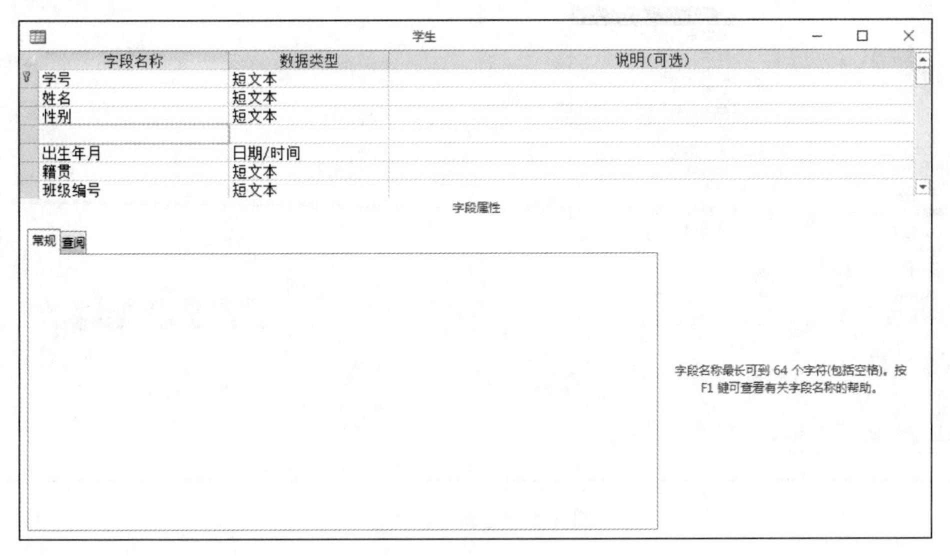

图 4-3 插入新字段

3. 删除字段

在“表设计”窗口中，首先选择要删除的字段，然后单击“删除行”按钮，可将已有的字段删除，如图 4-4 所示。

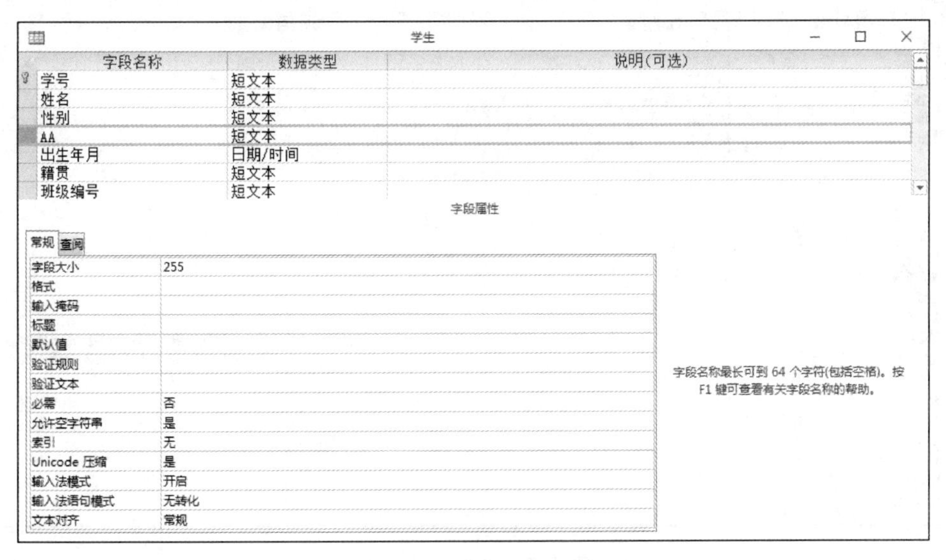

图 4-4 删除已有字段

4. 更新字段类型

在“表设计”窗口中，首先选择要更新的字段，然后选择“数据类型”下拉框，可修改字段类型，如图 4-5 所示。

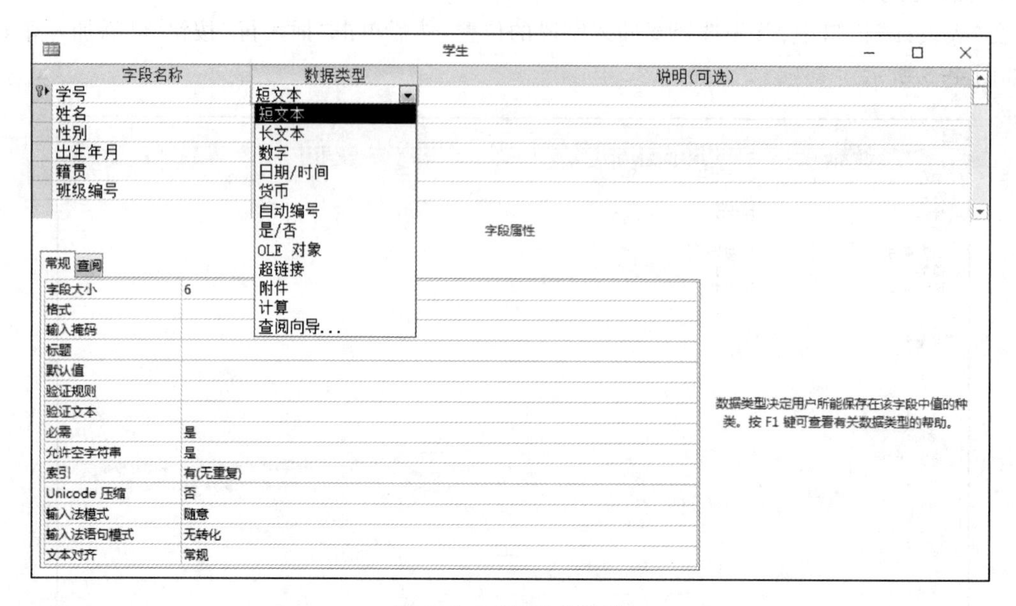

图 4-5　更新字段类型

5. 修改字段长度

在“表设计”窗口中，首先选择要修改的字段，然后选择“常规”选项卡，再选择“字段大小”选项，可修改字段长度，如图 4-6 所示。

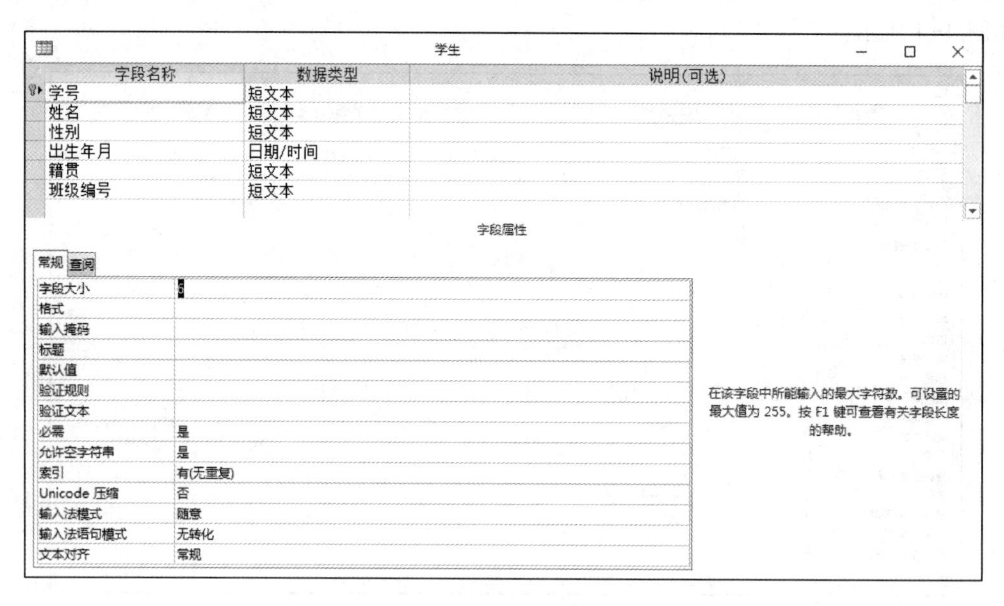

图 4-6　修改字段长度

4.2.2　字段显示格式设置

设置字段输入/输出格式，是为了确保数据的输入和输出有一定规范。

在 Access 中,除 OLE 对象字段类型外,其他字段类型的系统内部已定义了许多格式,用户可以直接选定这些字段格式,也可以自定义字段格式。

字段格式只决定数据的输入和输出格式,不影响数据的存储格式。

1. 字段标题的设置

字段标题是字段的别名,它被应用在表、窗体和报表中。

如果某一字段没有设置标题,系统将字段名称默认为字段标题。在 Access 中,允许用户设置字段标题,用户在定义字段名称时,可以用简单的符号,这样大大方便了对表的操作。

在"表设计"窗口中,首先选择要设置标题的字段,然后选择"常规"选项卡,再选择"标题"选项,可设置字段显示标题,如图 4-7 所示。

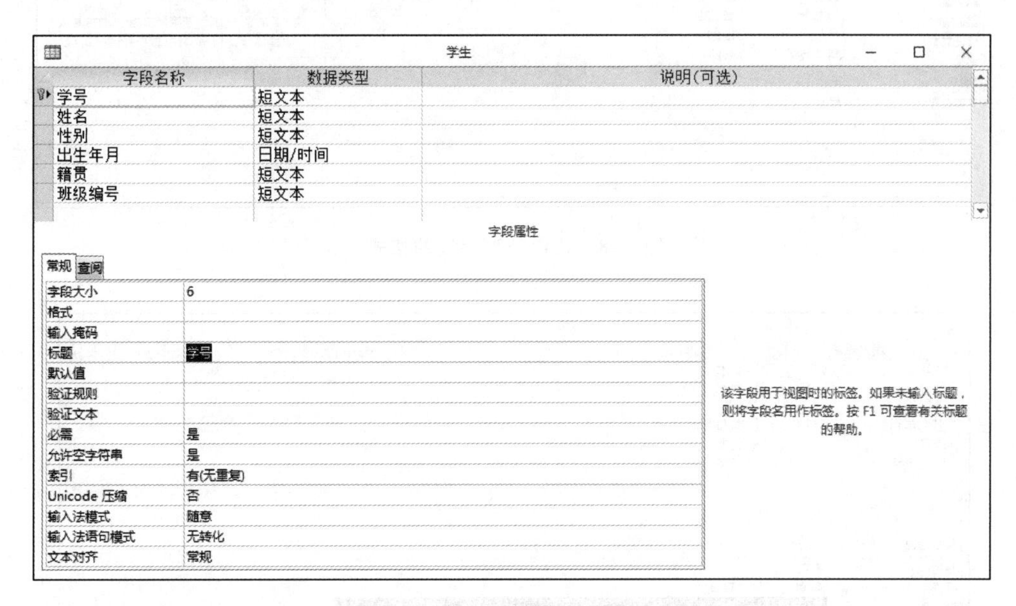

图 4-7　设置字段显示标题

2. 常用的字段格式

在 Access 中,系统为货币、日期/时间、是/否等类型字段规定了常用的字段格式,使得用户在对这类字段进行数据输入和输出操作时有了遵循的规范。

(1) 以"奖学金"字段为例,货币类型字段的格式如图 4-8 所示。

(2) 以"性别"字段为例,是/否类型字段的格式如图 4-9 所示。

(3) 以"出生年月"字段为例,日期/时间类型字段的格式如图 4-10 所示。

(4) 自定义字段输入/显示格式。在 Access 中,除有系统提供的字段格式外,更多的是用户自定义所需的字段格式。

① 自定义文本与备注字段输入/显示格式。

格式:

　　格式符号[;"符号串"]

其中:[;"符号串"]是可选择项,如果选择了该项,则表示未向该字段输入数据时所显示的默认值。

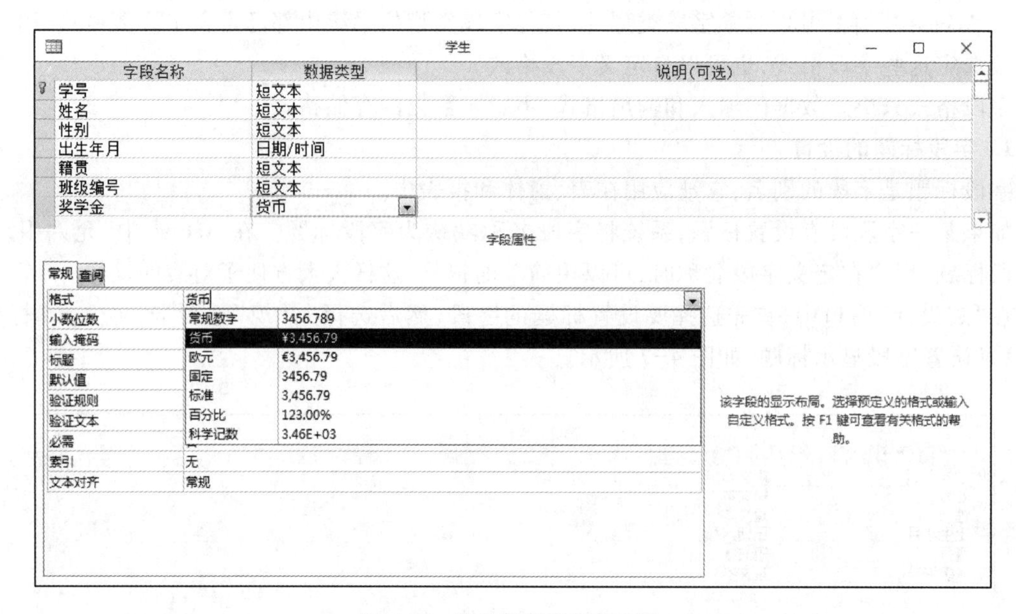

图 4-8　货币类型字段的格式

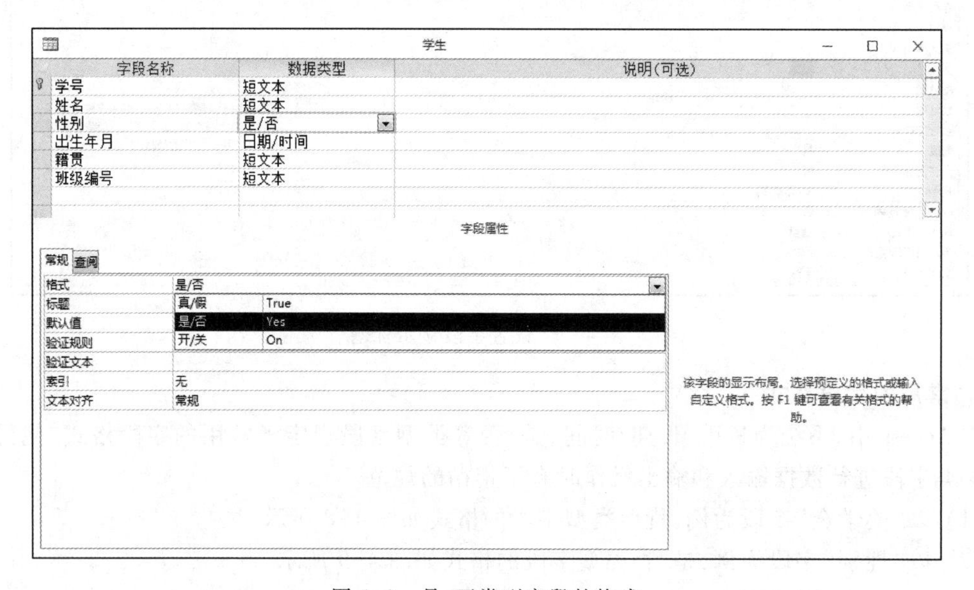

图 4-9　是/否类型字段的格式

表 4-1 所示是自定义文本与备注字段的字段格式符号。

② 自定义数字字段格式。

格式：

<格式符号> [<\"符号串">]

其中：[<\"符号串">]是可选择项，如果选择了该项，则表示该字段数据后面显示“符号串”的值。

如表 4-2 所示是自定义数字字段的字段格式符号。

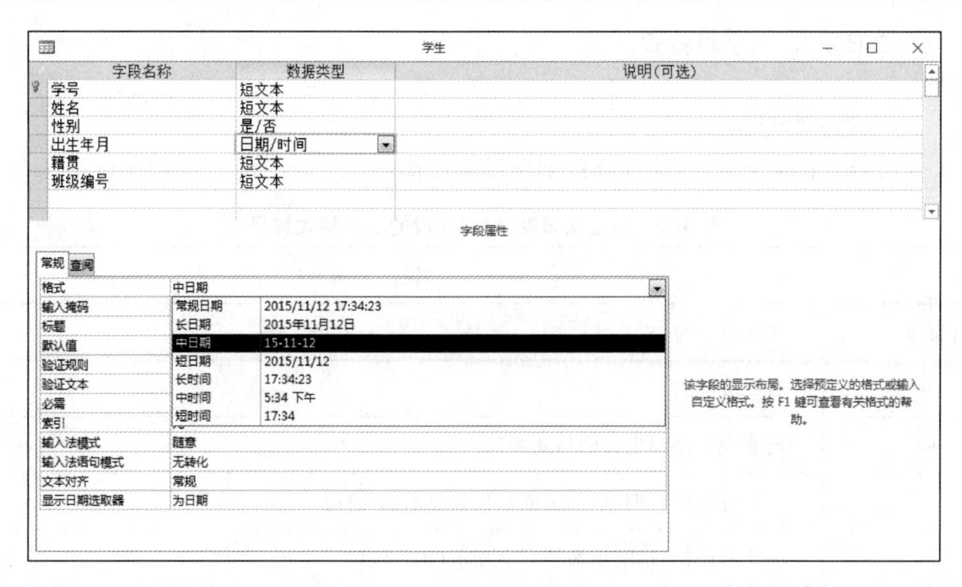

图 4-10　日期/时间类型字段的格式

表 4-1　自定义文本与备注字段的字段格式符号

符　　号	说　　明
@	不足规定长度,自动在数据前补空格,右对齐
&	不足规定长度,自动在数据后补空格,左对齐
<	所有字符变为小写
>	所有字符变为大写

表 4-2　自定义数字字段的字段格式符号

符　　号	说　　明
.(英文句号)	小数分隔符
,(英文逗号)	千位分隔符
0	显示一个数字或 0
#	显示一个数字,无数字则不显示
$	显示货币符号“ $ ”
%	将数字乘以 100,并附加一个百分比符号
E-或 e-	在负指数后面加上一个减号(-),在正指数后不加符号。该符号必须与其他符号一起使用,如#.##E-##或 0.00E-00
E+或 e+	在负指数后面加上一个减号(-),在正指数后加上一个正号(+)。该符号必须与其他符号一起使用,如 0.00E+00

③ 自定义日期/时间字段格式。

格式：

<格式符号>

表 4-3 所示是自定义日期/时间字段的字段格式符号。

表 4-3 自定义日期/时间字段的字段格式符号

符　　号	说　　明
:(冒号)	时间分隔符
/	日期分隔符
C	与常规日期预定义的格式相同
D	一个月中的日期，以一位或两位数显示(1~31)
dd	一个月中的日期，用两位数字显示(01~31)
ddd	星期名称的前三个字符(Sun~Sat)
dddd	星期名称的全称(Sunday~Saturday)
ddddd	与“短日期”的预定义格式相同
dddddd	与“长日期”的预定义格式相同
w	一周中的星期几(1~7)
ww	一年中的第几周(1~53)
m	一年中的月份，以一位或两位数显示(1~12)
mm	一年中的月份，以两位数显示(01~12)
mmm	月份名称的前三个字母(Jan~Dec)
mmmm	月份的全称(January~December)
q	一年中的季度数(1~4)
y	一年中的日期数(1~366)
yy	年份的最后两个数字(01~99)
yyyy	完整的年份(0000~9999)
h	小时，以一位或两位数显示(0~23)
hh	小时，以两位数显示(00~23)
n	分钟，以一位或两位数显示(0~59)
nn	分钟，以两位数显示(00~59)

续表

符　　号	说　　明
s	秒,以一位或两位数显示(0~59)
ss	秒,以一位或两位数显示(00~59)
ttttt	与“长时间”的预定义格式相同
AM/PM	以 AM 或 PM 显示 12 小时时钟
am/pm	以 am 或 pm 显示 12 小时时钟
A/P	以 A 或 P 显示 12 小时时钟
a/p	以 a 或 p 显示 12 小时时钟

4.2.3 字段有效性规则的设置

设置字段的有效性规则是定义用户自定义完整性约束条件,是对表中指定字段对应的数据操作的约束条件。在对表中数据进行插入、修改、删除操作时,若不符合字段的有效性规则,系统将显示提示信息,并强迫将光标停留在该字段所在的位置,直到数据符合字段有效性规则为止。

操作步骤如下:

(1) 在“表设计”窗口中,首先选择要设置字段的有效性规则的字段,然后选择“常规”选项卡,再选中“有效性规则”编辑框,单击 按钮,打开“表达式生成器”对话框。

(2) 输入条件表达式,单击“确定”按钮,返回“表设计”窗口,如图 4-11 所示。

(3) 保存表,结束字段有效性规则的定义。

表 4-4 所示为表达式中常用的计算符号及其功能。

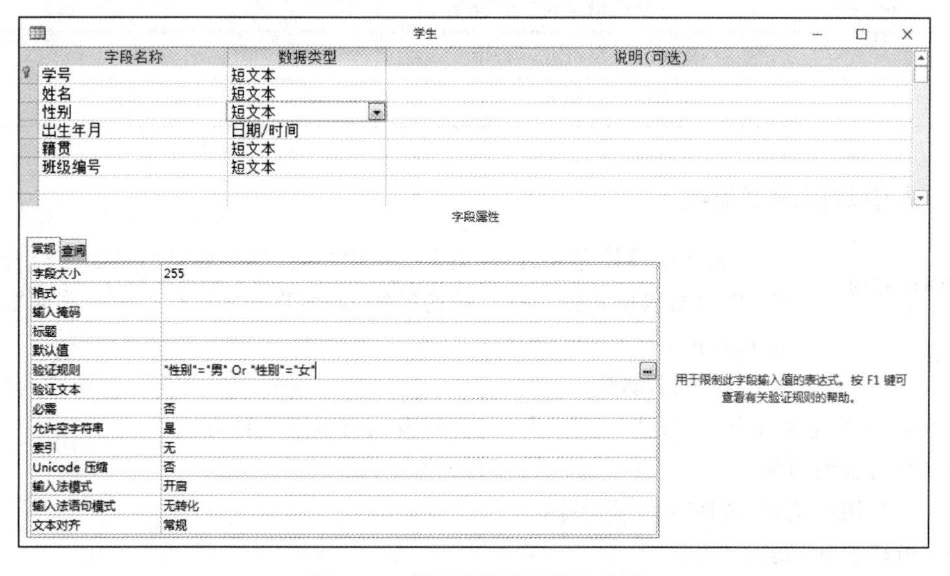

图 4-11 设置字段的有效性规则

表 4-4　表达式中常用的计算符号及其功能

符　　号	说　　明
-	两个字段或常量的值相减
+	两个字段或常量的值相加
*	两个字段或常量的值相乘
/	两个字段或常量的值相除
\	取整,用来对两个数做除法并返回一个整数
mod	取余,用来对两个数做除法并且只返回余数
^	求一个字段的值或常量的多少次方
<	符号两边比较大小,小于时为“真”
<=	符号两边比较大小,小于或等于时为“真”
>	符号两边比较大小,大于时为“真”
>=	符号两边比较大小,大于或等于时为“真”
=	符号两边比较大小,等于时为“真”
< >	符号两边比较大小,不等于时为“真”
between X and Y	在 X 和 Y 之间时为“真”
like	用来比较两个字符串是否相同
&	用来强制两个表达式进行字符串连接
and	当两个条件都满足时,值为“真”
or	满足两个条件之一时即为真
not	对一个逻辑量作“否”运算
*	替代一个字符或字符串
?	仅替代一个字符

4.2.4　表中数据的增删改

MOOC 视频
表中数据的操作

表结构设计完成后,且完全满足用户要求时,面对的是如何给表输入数据,以及对表中数据进行维护的操作,本小节将介绍有关表中数据增、删、改的操作内容。

1. 输入数据

在 Access 系统窗口中,要想进入“表”窗口(打开表),有以下几种方法。

(1) 双击表的图标。

(2) 打开快捷菜单,选择“打开”命令。

(3) 拖动表到“编辑工作区”。

表一旦打开,将进入“表”窗口,如图 4-12 所示。

学号	姓名	性别	出生年月	籍贯	班级编号	单击以添加
100101	江敏敏	男	04-01-09	内蒙古	J1011001	
100102	赵盘山	男	04-02-04	北京	J1011001	
100103	刘鹏宇	男	04-03-08	北京	J1011001	
100104	李金山	女	04-04-10	上海	J1011001	
100201	罗旭候	女	04-05-23	海南	J1011002	
100202	白涛明	男	04-05-18	上海	J1011002	
100203	邓平军	女	04-06-09	北京	J1011002	
100204	周健翔	男	04-03-09	上海	J1011002	

图 4-12 “表”窗口

2. 删除数据

在 Access 中,删除数据操作,不是删除表中的数据项,是删除一条记录或多条记录。删除数据有以下几种方法。

(1) 选定要删除的记录,再单击“删除”按钮。

(2) 打开快捷菜单,再选择“删除记录”命令。

无论执行以上哪一个操作,系统都将提示用户“是/否”要删除选定的记录。

3. 修改数据

修改表中的数据,最直接的方法就是要将表打开,在“表”窗口中,选择要修改的内容直接进行更新。以这种方式更新的数据,因为手工操作,数据的正确性要差。

为保证数据的安全和准确,修改数据时,通常还使用以下几种方法。

(1) 查找/替换:不仅使修改数据方便、准确,而且可以快速查看数据信息。

(2) 批量修改:最好使用 SQL 命令让“机器”自动修改,但这样的数据要有成批修改规则,若不能找到修改规则,使用 SQL 命令也不可行。

(3) 窗体修改数据:不能成批修改的数据且数量较多,可设计专门用于修改数据的窗体,在窗体中修改数据。

4. 复制数据

利用数据复制操作可以减少重复数据或相近数据的输入。

在 Access 中,复制数据的内容可以是一条记录、多条记录、一列数据、多列数据、一个数据项、多个数据项、一个数据项的部分数据。

具体的操作方法是:首先打开快捷菜单,选择“复制”命令,然后选定要复制的内容,再次打开快捷菜单,选择“粘贴”命令。

4.2.5 表中数据记录的定位

对表记录进行浏览、编辑操作,事实上是对当前记录进行操作。用户要对哪一条记录进行浏览、编辑,就要先将其确定为当前记录,通常把这一操作称为记录定位。

操作方法如下。

(1) 在“表”窗口中,选择“查询”子工作区,打开“转至”下拉菜单,如图 4-13 所示。

（2）有如下几个菜单命令可供选择。

① 当选择“第一条记录”命令时，将第一条记录定义为当前记录。

② 当选择“最后一条记录”命令时，将最后一条记录定义为当前记录。

③ 当选择“下一条记录”命令时，将当前记录的下一条记录定义为当前记录。

④ 当选择“上一条记录”命令时，将当前记录的上一条记录定义为当前记录。

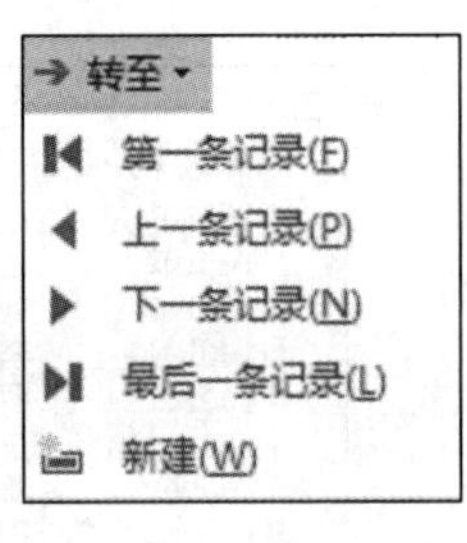

图 4-13　“转至”菜单

4.2.6　表中数据的排序

在进行表中数据浏览过程中，通常记录的显示顺序是记录输入的先后顺序，或者是按主键值升序排列的顺序。在数据库的实际应用中，数据表中记录的顺序是根据不同的需求而排列的，只有这样才能充分发挥数据库中数据信息的最大效能。

记录排序操作方法：在“表”窗口中，首先选择“排序”字段，然后选择“排序和筛选”子工作区，单击“升序”或“降序”按钮，数据的显示顺序发生了改变。

4.2.7　表中数据的筛选

筛选也是查找表中数据的一种操作，但它与一般的“查找”有所不同，它所查找到的信息是一个或一组满足规定条件的记录而不是具体的数据项。

操作方法如下。

（1）在“表”窗口中，选择“筛选”字段，选择“排序和筛选”子工作区，单击“筛选器”按钮。

（2）有如下几个菜单命令可供选择。

① 当选择“筛选”字段的数据类型是文本类型时，打开“文本筛选器”菜单（以“学号”字段为例），用户可根据需求选择相应的菜单命令，如图 4-14 所示。

② 当选择“筛选”字段的数据类型是数字类型时，打开“数字筛选器”菜单（以“奖学金”字段为例），用户可根据需求选择相应的菜单命令，如图 4-15 所示。

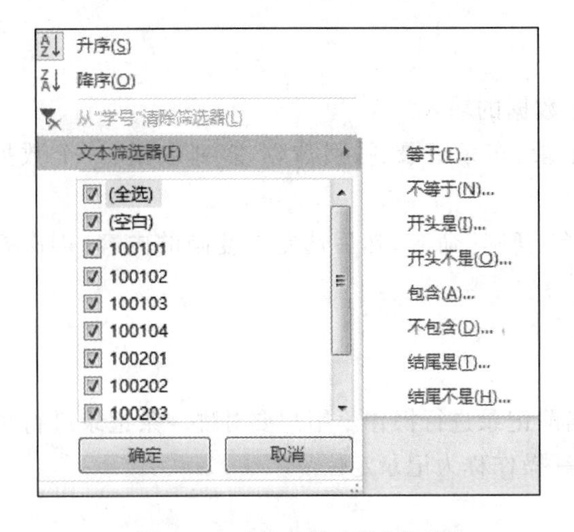

图 4-14　“文本筛选器”菜单

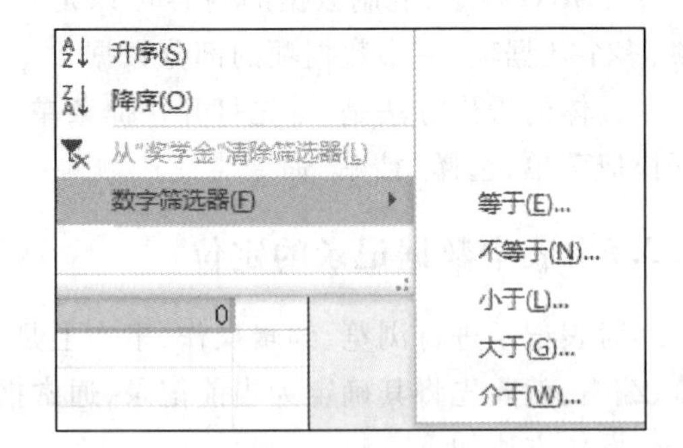

图 4-15　“数字筛选器”菜单

③ 当选择“筛选”字段的数据类型是日期类型时，打开“日期筛选器”菜单（以“出生年月”字段为例），用户可根据需求选择相应的菜单命令，如图 4-16 所示。

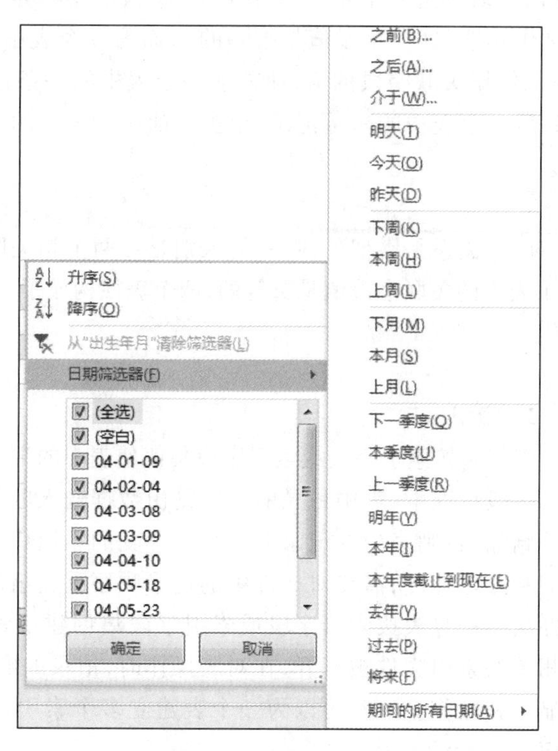

图 4-16 “日期筛选器”菜单

4.3 表间关联

通过前面的介绍可知，关系数据库就是由多个关系（表）依赖关系模型建立关联关系的关系（表）的集合，它可以反映客观事物数据间的多种对应关系。

有了数据库，而且数据库中创建了多个表，用户就可以根据需求，对数据库中的表进行建立表间关联关系的操作。

MOOC 视频
主键、外键及表关联

4.3.1 表间关联类型

在 Access 数据库中，相关联的表之间的关系有“一对一”、“一对多”和“多对一”的关系。

1. “一对一”关系

“一对一”关系，即在两个表中选一个相同属性字段（字段名不一定相同）作为关联字段，其中一个表中的关联字段设为候选码（该字段值是唯一的），而另一个表中的关联字段也设为候选码（该字段值也是唯一的），依据关联字段的值，使得前一个表中的一条记录，至多与后一个表中的一条记录关联；反过来，后一个表中的一条记录，至多与前一个表中的一条记录关联，两个表便构成了“一对一”的关系。

2. “一对多”关系

“一对多”关系,即在两个表中选一个相同属性字段(字段名不一定相同)作为关联字段,其中一个表中的关联字段称作候选码(该字段值是唯一的),而另一个表中的关联字段称为非候选码(该字段值是可重复的),依据关联字段的值,使得前一个表中的一条记录,可以与后一个表中的多条记录关联;反过来,后一个表中的一条记录,至多与前一个表中的一条记录关联,两个表便构成了“一对多”的关系。

3. “多对一”关系

“多对一”关系与“一对多”关系是类似的,唯一的区别是在两个相关联的表中,视关联字段取唯一值字段为外码,另一个表中的关联字段值是重复的,两个表便构成了“多对一”的关系。

4.3.2　索引的创建

MOOC 视频
表中数据的索引

1. 索引

索引是按索引字段或索引字段集值使表中的记录有序排列的一种技术。

一般情况下,表中记录的顺序是由数据输入的前后顺序决定的,除非有记录删除,否则表中的记录顺序总是不变的。当用户有不同需求时,为了加快数据的检索、显示、查询和打印速度,需要对文件中的记录顺序重新组织,而索引技术则是实现这个目的的最为可行的办法。一旦表按索引字段或索引字段集创建了索引,就产生了一个相应的索引文件。一旦表和相关的索引文件被打开,在对表操作时,记录的顺序则按索引字段或索引字段集的值的逻辑顺序显示和操作。通常可以为一个表建立多个索引,每一个索引便可以确定表中记录的一种逻辑顺序。

索引技术除可以重新排列记录顺序外,还是建立同一数据库内各表间的关联关系的必要前提。换句话说,在 Access 中,同一个数据库中的多个表,若想建立多个表间的关联关系,就必须以关联字段建立索引,从而建立数据库中多个表间的关联关系。

索引技术为 SQL 提供了相应的技术支持,建立索引可以加快表中数据的查询,给表中数据的查找与排序带来很大的方便。除了 OLE 对象型、备注型数据及逻辑型字段不能建立索引外,其余类型的字段都可以建立索引。

2. 创建索引

方法一:

操作步骤如下。

(1) 打开“表设计”窗口。

(2) 选定建立索引的字段,单击“索引”按钮,进入“索引”窗口。

(3) 选择相关参数。

① 主索引:确定该字段是否为主索引。

② 唯一索引:确定该字段值是否为唯一索引。

③ 忽略 Null:确定以该字段建立索引时,是否排除带有 Null 值的记录。

(4) 保存表,结束索引的定义。

方法二:

操作步骤如下。

(1) 打开“表设计”窗口。

(2) 选定要建立索引的字段,选择“常规”选项卡,打开“索引”下拉框,选择其中的“索引”选项,如图 4-17 所示。

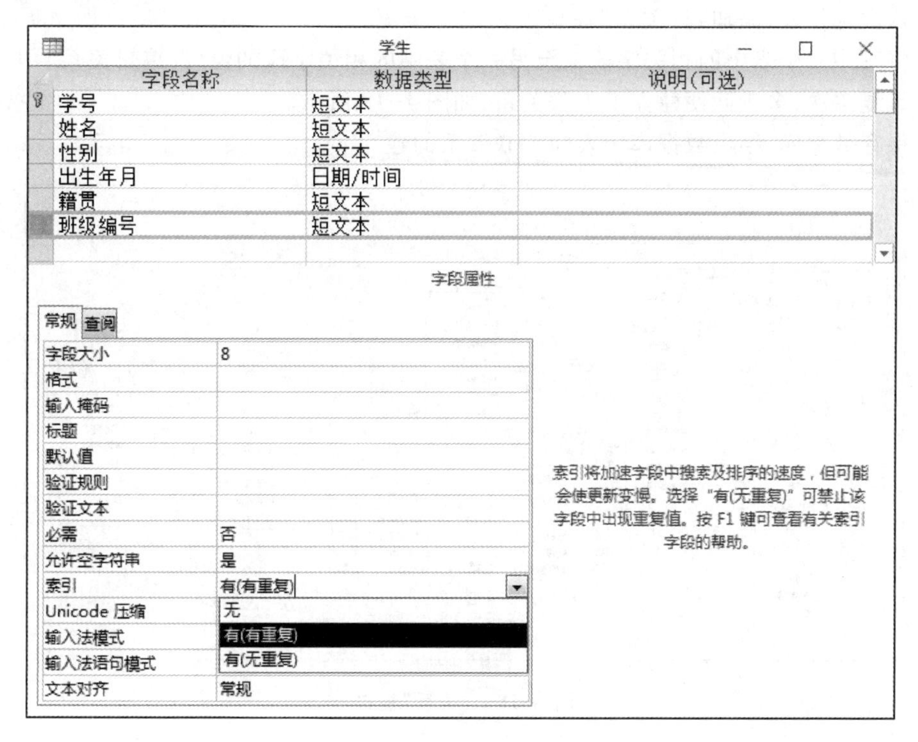

图 4-17 “索引”下拉框

其中:

无——表示该字段无索引。

有(有重复)——表示该字段有索引,且索引字段的值是可重复的。

有(无重复)——表示该字段有索引,且索引字段的值是不可以重复的。

在这一窗口中定义的索引字段,其索引文件名、索引字段、排序方向都是系统根据选定的索引字段而定的,是升序排列。

(3) 保存表,结束索引的定义。

方法三:

在“表设计”窗口中,选定建立索引的字段,直接单击“主键”按钮,便可设置表的主键,同时也创建了索引。也可以说建立主键是建立一种特殊的索引。

一个表只能有一个主键,若表有主键,表中的记录存取顺序依赖于主键值的大小,这一字段可以用于与其他表之间创建联系。主键一旦确立后,主键的值是不能相同的。

4.3.3 表间关联的创建

操作步骤如下。

（1）打开数据库。

（2）创建数据库中表的索引。

（3）在 Access 系统窗口中，打开“数据库工具”选项卡，单击“关系”按钮，打开“显示表”对话框。

（4）依次选择表，添加到“关系”窗口中。

（5）将其中一个表中的相关字段拖至另一个表中的相关字段的位置，编辑关系。

（6）重复多次，多表间便建立了关联关系，如图 4-18 所示。

（7）保存数据库，结束数据库中表间关联关系的建立。

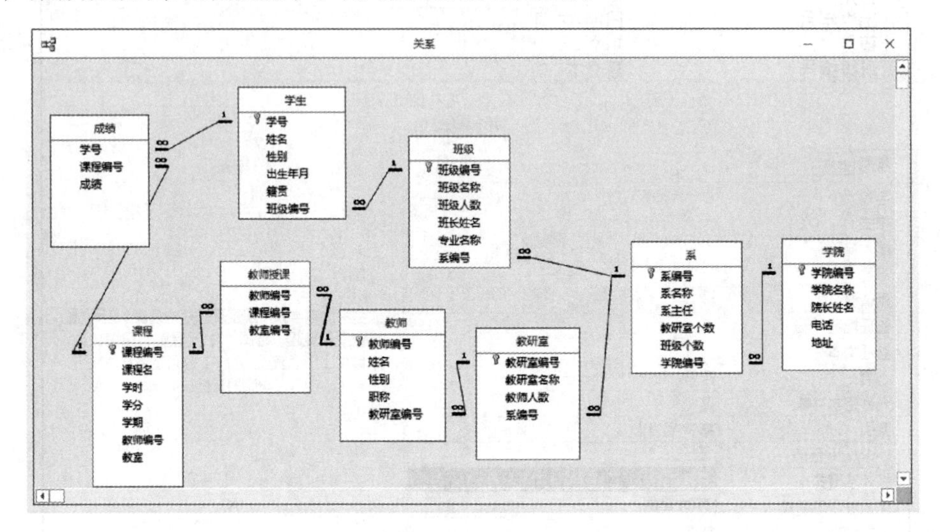

图 4-18　“关系”窗口

本章的知识点结构

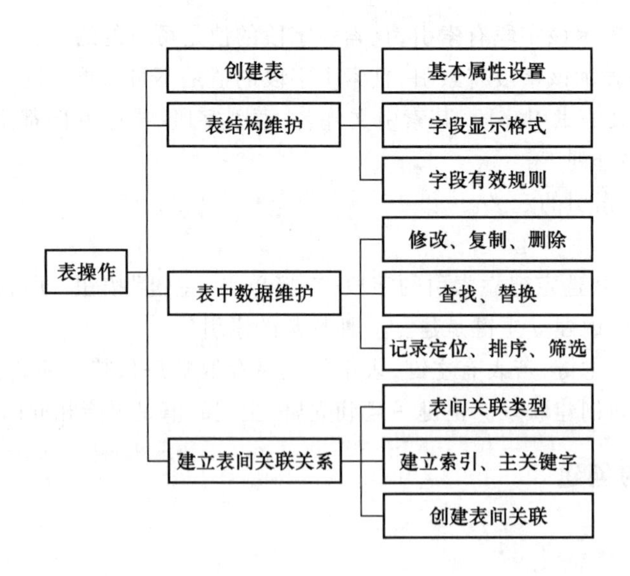

习　题　4

一、简答题

1. 简述设计表结构时考虑的内容是什么。

2. 简述设计表中字段的基本属性和特殊属性有哪些。

3. 叙述什么是索引。

4. 简述查找和替换的操作过程。

5. 叙述创建表间关联关系的方法。

6. 表间的关联关系有几种？有什么不同？

7. 表间关联关系与概念模型的E-R图对应关系是什么？

8. 简述数值型、货币型和自动编号型数据的异同。

9. 试列举三种字段输入/显示格式。

10. 叙述进行操作“记录定位”的作用是什么。

二、填空题

1. 表是数据库中最基本的操作对象，也是整个数据库系统的________，也是数据库________的操作依据。

2. 字段类型决定了这一字段名下的________类型。

3. 如果某一字段没有设置标题，系统将________当成字段标题。

4. 字段的有效性规则是给字段输入数据时设置的________。

5. 字段格式只决定数据的输入和输出格式，不影响数据的________。

6. 一个表只能有一个________，而其他类型的索引可以有多个。

7. 在Access中，同一个数据库中的多个表，若想建立表间的关联关系，就必须给相关联的表依照关联字段________。

8. 替换表中的数据项，先要完成________操作，再进行替换的操作。

9. 一般情况下，一个表可以建立多个索引，每一个索引可以确定表中记录的一种________。

10. Access的表有两种视图，它们是“表”视图和________，两种视图有着不同的作用。

三、单选题

1. 定义表结构，以下说法正确的是(　　)。

A. 要定义数据库、字段名、字段类型　　B. 要定义数据库、字段类型、字段长度

C. 要定义字段名、字段类型、字段长度　　D. 要定义数据库名、字段类型、字段长度

2. 表中某一字段要建立索引，其值有重复，可选择的索引类型是(　　)。

A. 主索引　　B. 有(无重复)　　C. 无　　D. 有(有重复)

3. 可以存储图形文件的字段类型是(　　)。

A. 备注型　　B. OLE对象　　C. 日期类型　　D. 文本类型

4. 不能创建索引的数据类型是(　　)。

A. 文本　　B. 货币　　C. OLE对象　　D. 日期

5. 以下不合法的表达式是(　　)。

A. [性别]="男"Or[性别]=女　　B. [性别] Like "男" Or [性别]= "女"

C. [性别] Like "男" Or [性别] Like"女"　　D. [性别]= "男" Or [性别]= "女"

6. 定义表结构时，不用定义的内容是(　　)。

A. 字段属性　　B. 数据内容　　C. 字段名　　D. 索引

7. 以下不是表中字段类型的是(　　)。

A. 文本　　B. OLE　　C. 日期　　D. 索引

8. 以下合法的表达式是(　　)。

A. 教师编号 Between 100000 And 200000

B. [性别] = "男" Or [性别] ="女"

C. [基本工资] >=1000 [基本工资] <=10000

D. [性别] Like "男" = [性别] ="女"

9. 定义字段的特殊属性不包括的内容是(　　)。

A. 字段默认值　　B. 字段掩码　　C. 字段名　　D. 字段的有效性规则

10. 在浏览表中数据时,若想要看到在表中与某个数据值匹配的所有数据,应该进行的操作是(　　)。

A. 查找　　B. 替换　　C. 查找或替换　　D. 筛选

第5章　查询操作技术

查询是一个相对独立的、功能强大的数据库对象，利用查询可以实现对数据库中数据的浏览、筛选、排序、检索、统计等操作，可以为其他数据库对象提供数据来源，可以从若干表中提取更多、更有用的综合信息，可以更高效率地对数据库中的数据进行加工处理。

本章将介绍在 Access 中，不同类型查询的创建与使用。

5.1　查询概述

在数据库操作中，有关数据库中数据的浏览、检索、统计是数据库操作的主要内容。尽管在"表"操作中可以做到对数据的浏览、筛选、排序等，但是对数据库中数据进行计算，大多要依靠"查询"或程序来实现。另外，为了减少数据的冗余，在进行数据库设计时，常常把一些数据分散到多个表中存储，若想将这些分散在多个表中的数据集中起来使用，通过查询来实现是最佳策略。

5.1.1　查询的作用

查询其实也是一个"表"，只不过它是以表或查询为数据来源的再生表，是动态的数据集合。也就是说，查询的记录集实际上并不存在，每次使用查询时，都是从查询的数据源表中创建记录集。基于这一点，查询的结果总是与数据源中的数据保持同步，只要数据源中的记录是最新的数据，每次使用查询，将依据数据源最新的数据组织查询结果。

查询尽管是"虚"表，但它同样是数据库中为其他对象提供数据的基础数据源，事实上查询的功能要比表的功能强大得多。

在 Access 数据库中，查询主要用于以下几方面的操作。

（1）利用一个表，或多个表，或查询，可以创建一个满足某一特定需求的数据集。

（2）利用表或查询中的数据，可以进行数据的计算，生成新字段。

（3）利用查询可以将表中数据按某个字段进行分组并汇总，从而更好地查看和分析数据。

（4）利用查询可以生成新表，也可以为表追加数据。

（5）查询还可以为窗体、报表提供数据来源。

在 Access 中，对窗体、报表进行操作时，它们的数据来源只能是一个表或一个查询，但如果为其提供数据来源的一个查询是基于多表创建的，那么其窗体、报表的数据来源就相当于多个表的数据源。

5.1.2　查询的类型

在 Access 中，主要有以下几种查询类型：选择查询、参数查询、交叉表查询、动作查询及 SQL

查询。其中,动作查询、SQL 查询必须是在选择查询的基础上创建的。

(1) 选择查询通过“查询设计”、“查询向导”创建,主要用于浏览、检索、统计数据库中的数据。

(2) 参数查询通过“查询设计”创建,在运行查询时,定义参数,可创建动态查询结果,以便更多、更方便地查找有用的信息。

(3) 交叉表查询通过“交叉表查询”向导创建,主要用于创建“电子表格显示格式”并能进行交叉汇总。

(4) 动作查询通过“查询设计”创建,主要用于数据库中数据的更新、删除及生成新表,使得表中数据的维护更便利。

(5) SQL 查询通过“查询设计”创建,主要用于 SQL 语句创建查询。

5.2 查询基本操作

在 Access 中,创建选择查询是查询的最基本操作。

1. 创建查询

在 Access 中,创建查询,可以有以下几种方法。

方法一:

在 Access 系统窗口中,打开“创建”选项卡,单击“查询设计”按钮,利用“查询设计”创建查询,如图 5-1 所示。

图 5-1　“查询设计”按钮

方法二:

在 Access 系统窗口中,打开“创建”选项卡,单击“查询向导”按钮,利用“查询向导”创建查询。

Access 系统提供的查询向导有以下几种。

(1) 使用“简单查询向导”,可创建指定显示格式的查询,创建查询的操作步骤,可按照“简单查询向导”的引导完成操作。

(2) 使用“交叉表查询向导”,可创建类似于电子表格显示格式的查询,创建查询的操作步骤,可按照“交叉表查询向导”的引导完成操作。

(3) 使用“查找重复查询向导”,可创建一个包含数据源中指定查找字段具有重复字段值的记录的查询,创建查询的操作可按照“查找重复查询向导”的引导完成。

(4) 使用“查找不匹配查询向导”创建查询,可创建一个包含与数据源中指定查找字段不匹配字段值的记录的查询,创建查询的操作可按照“查找不匹配查询向导”的引导完成。

方法三:

在 Access 系统窗口中,打开“创建”选项卡,单击“查询设计”按钮,进入“查询设计”窗口,再在“查询类型”子功能区,单击相关的查询设计按钮,可创建不同的动作查询,如图 5-2 所示。

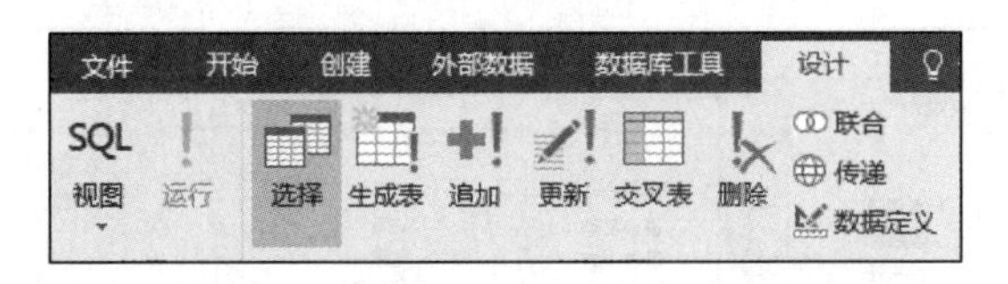

图 5-2 “查询工具”选项卡

2. 运行查询

(1) 打开“查询工具”选项卡,单击“运行”按钮。

(2) 在 Access 系统窗口中,选择“查询”对象,打开快捷菜单,选择“打开”命令。

5.2.1 选择查询的创建

1. 利用“查询设计”视图创建选择查询

操作步骤如下。

(1) 打开数据库。

(2) 在 Access 系统窗口中,打开“创建”选项卡,单击“查询设计”按钮,进入“查询设计”窗口。

(3) 在“查询设计”窗口,打开快捷菜单,选择“显示表”命令,添加可作为数据源的表或查询,将其添加到“查询设计”窗口,在“字段”列表框中,打开“字段”下拉框,选择所需字段,或者将数据源中的字段直接拖到字段列表框内,在“字段”列表框中,选定所需的字段,决定查询中的字段个数,如图 5-3 所示。

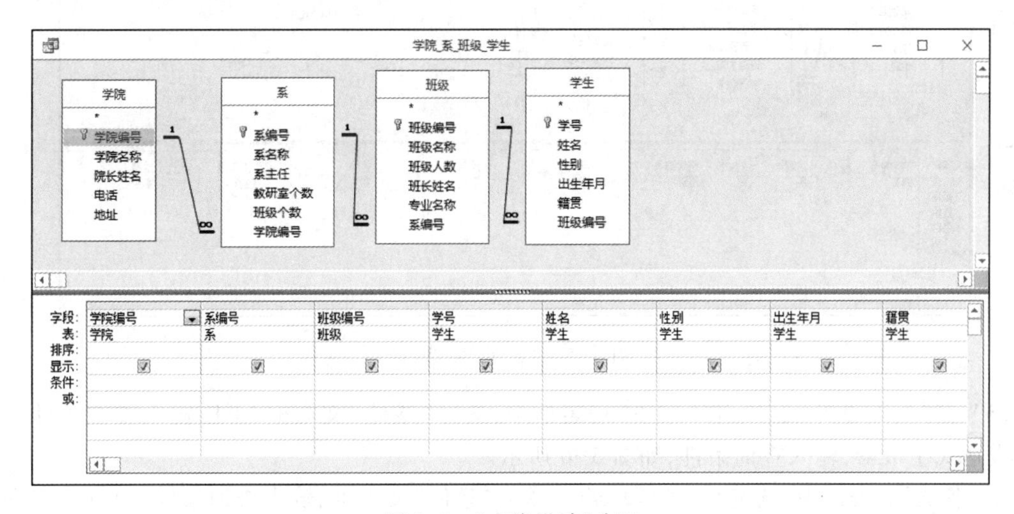

图 5-3 “查询设计”窗口

(4) 在“查询设计”窗口,在“字段”列表框中,打开“排序”下拉框,可以指定由某一字段“值”决定查询结果的顺序,如图 5-4 所示。

在“字段”列表框中,选定某一字段,若在“排序”下拉框中选择“降序”选项,将决定查询中的记录按被选择的字段值降序排列。

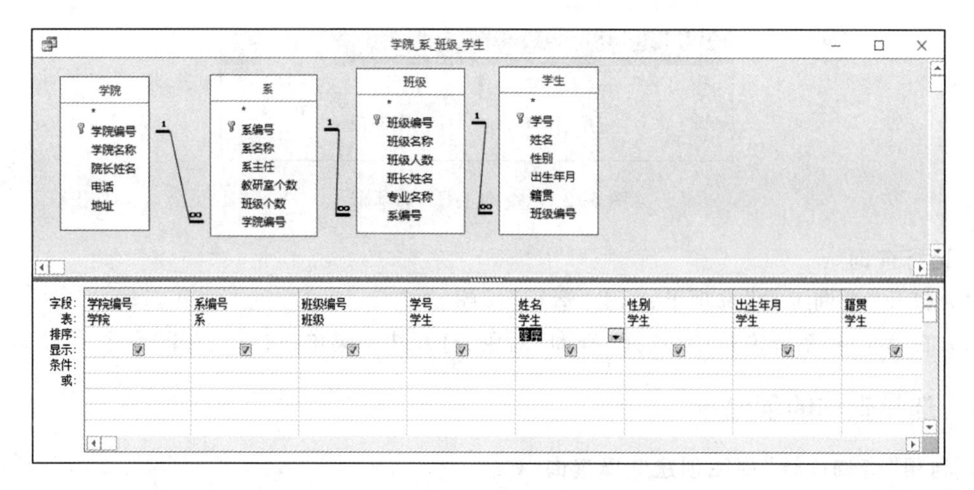

图 5-4　“排序”下拉框

(5) 在“查询设计”窗口的“字段”列表框中，选中“显示”复选项，可以指定被选择的字段是否在查询结果中显示，如图 5-5 所示。

在“字段”列表框中，选定某一字段，若勾选了“显示”复选项，当打开查询时，查询中被选定字段就会显示。

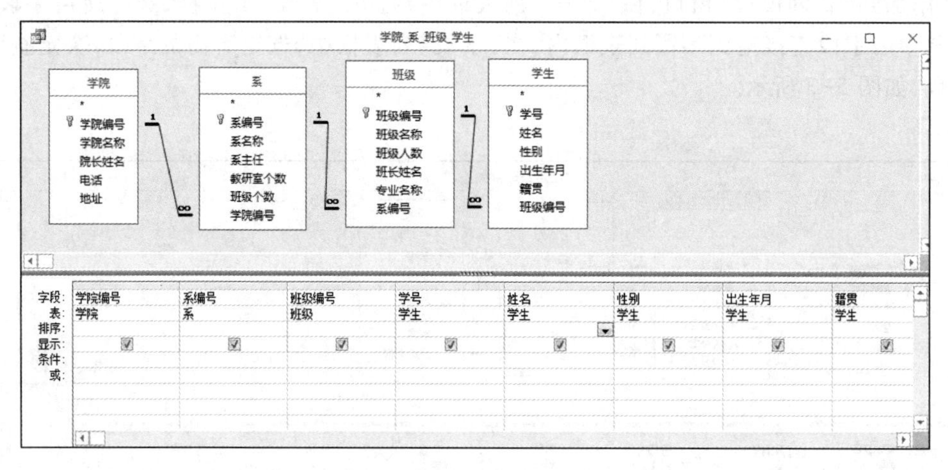

图 5-5　“显示”复选框

(6) 在“查询设计”窗口，在“字段”列表框中，选择“条件”文本框，可以输入查询条件，或者利用表达式生成器，输入查询条件，如图 5-6 所示。

在“字段”列表框中，选定某一字段，若选择了“条件”文本框，输入查询条件，当打开查询时，查询中只有满足条件的数据。

(7) 保存查询，结束查询的创建。

2. 利用“查询向导”创建选择查询

使用“查询向导”创建选择查询，就是通过 Access 系统提供的查询向导的引导，完成创建查询的整个操作过程。

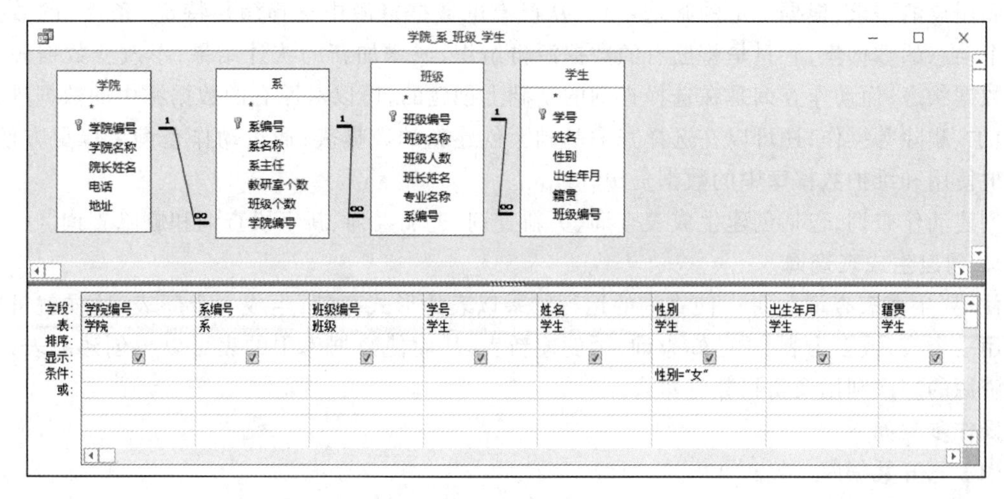

图 5-6　“条件”文本框

在 Access 中,有“简单查询向导”、“交叉表查询向导”、“查找重复项查询向导”、“查找不匹配项查询向导”4 个创建查询的向导,它们创建查询的方法基本相同,用户可根据其不同的需求选择合适的“查询向导”。

操作步骤如下。

(1) 打开数据库。

(2) 在 Access 系统窗口中,打开“新建”选项卡,单击“查询向导”按钮。

(3) 在“新建查询”窗口,选择所需的“查询向导”。

(4) 按“查询向导”提供的信息选择适当的参数。

(5) 保存查询,结束查询的创建。

3. 利用“查询设计”视图创建参数查询

参数查询就是将选择查询中的字段条件,确定为一个带有“参数”的条件,其参数值,在创建查询时不需要定义,当运行查询时再提供,系统根据运行查询时给定的参数值确定查询结果。参数查询是一个特殊的选择查询,它由于参数的随机性,通过不同的参数值,可以在同一个查询中获得不同的查询结果,使查询具有较大的灵活性,因此,参数查询常常作为窗体、报表的数据来源。

操作步骤如下。

(1) 打开数据库。

(2) 打开“创建”选项卡,单击“查询设计”按钮,进入“查询设计”窗口。

(3) 定义查询所需的字段。

(4) 单击“参数”按钮,进入“查询参数”窗口,定义参数。

(5) 单击“生成器”按钮,打开“表达式生成器”对话框,确定字段条件。

(6) 保存查询,结束参数查询的创建。

5.2.2　动作查询的创建

在 Access 中,创建动作查询是数据库操作的一项很重要的应用。前面所介绍的选择查询,是按照用户的需求,根据一定的筛选条件,从已有的数据资源中选择满足特定"条件"的数据形成一个动态的数据集,它只是将已有的数据源再组织,或增加新的统计结果,不改变数据源中原有的数据状态;而动作查询是在选择查询的基础上创建的,可以对原有的数据源中的数据进行更新、追加、删除等操作,还可以在选择查询基础上创建新的数据表,通过动作查询可以更方便、高效率地使用和维护数据库中的数据资源。

创建动作查询,包括创建生成表查询、更新查询、追加查询、新字段查询和删除查询。

1. 创建生成表查询

使用"生成表查询",可以使查询的运行结果以表的形式存储,生成一个新表,这样就可以实现利用一个表,或多个表,或已知查询,再创建新表,从而使数据库中的表可以再创建新表,实现数据资源的多次利用及重组数据集合。

操作步骤如下。

(1) 打开数据库。

(2) 在 Access 系统窗口中,打开"创建"选项卡,单击"查询设计"按钮,进入"查询设计"窗口。

(3) 定义查询所需的字段及其他相关参数。

(4) 在"查询设计"窗口,单击"生成表"按钮,进入"生成表"窗口。

(5) 定义生成表名。

(6) 保存查询。

(7) 运行查询。

2. 创建更新查询

在数据库操作中,如果只对表中少量的数据进行修改时,通常是在表操作环境下进行,通过手工完成的。但如果有大量的数据需要进行修改,利用手工编辑手段要困难得多,效率很低,准确性也很差。在 Access 中,系统提供的更新查询可以完成对大批量数据的修改。

操作步骤如下。

(1) 打开数据库。

(2) 在 Access 系统窗口中,打开"创建"选项卡,单击"查询设计"按钮,进入"查询设计"窗口。

(3) 定义查询所需的字段及其他相关参数。

(4) 单击"更新"按钮,在字段列表框中增加一个"更新到"列表行,输入更新内容及条件。

(5) 保存查询。

(6) 运行查询。

3. 创建追加查询

在数据库操作中,对大量的数据进行更新可以使用更新查询,而给表中增加大量的数据,最好使用追加查询。追加查询要求数据源与待追加的表结构完全相同,换句话说,追加查询就是将一个表中的数据追加到与之具有相同字段及属性的表中。

操作步骤如下。

(1) 打开数据库。

(2) 在"查询设计"窗口中,定义查询所需的字段及其他相关参数。

(3) 单击"追加"按钮,进入"追加"窗口,输入待追加数据的表名,确定是在当前数据库还是在另一个数据库中,再单击“确定”按钮。

(4) 保存查询,结束更新查询的创建。

4. 创建删除查询

在数据库操作中,不仅需要对大量的数据进行更新和追加,也时常需要对一些“无用”的数据进行清除。使用删除查询,可以将满足于某一特定条件的记录或记录集进行删除,从而保证表中数据的有效性和有用性。

利用删除查询删除数据表中的数据,可以有效、有目的地减少操作误差,同时还可以提高数据的删除效率。

操作步骤如下。

(1) 打开数据库。

(2) 定义查询所需的字段及其他相关参数。

(3) 单击“删除”按钮,在字段列表框中增加一个“删除”列表行。

(4) 在“字段”列表框中的“条件”行输入要删除记录的条件。

(5) 保存查询,结束删除查询的创建。

5.2.3　SQL 查询的创建

在 Access 中,创建 SQL 查询可以使用 SQL 视图,在这个窗口中可以维护和编辑 SQL 语句。

操作步骤如下。

(1) 打开数据库。

(2) 打开“查询设计”窗口。

(3) 单击“SQL 视图”按钮,打开“SQL 语句编辑”窗口。

(4) 保存查询,结束 SQL 查询的创建。

5.3　修改查询

查询创建完成后,有时可能没有完全满足用户的需求,这时可以在“查询设计”窗口中修改查询。

操作步骤如下。

(1) 打开数据库。

(2) 打开“查询设计”窗口。

(3) 根据要求修改“字段”列表框中各字段的参数。

(4) 保存查询,结束查询的修改。

本章的知识点结构

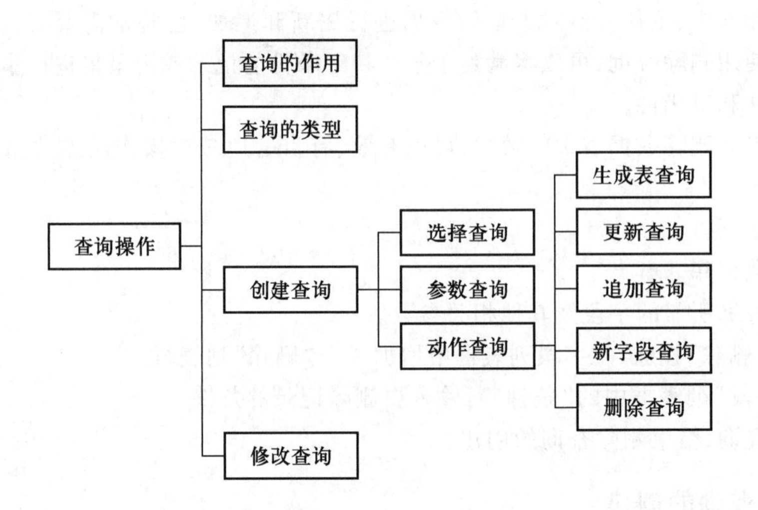

习　题　5

一、简答题

1. 简述查询的定义。
2. 简述查询的作用。
3. 简述查询与表比较的优点。
4. 叙述“动作查询”与“选择查询”的不同。
5. 叙述“参数查询”的特点。
6. 简述“更新查询”的数据源的作用。
7. 简述创建查询的数据来源。
8. 叙述创建多表查询的好处。
9. 创建“选择查询”的向导有几个？它们的不同之处是什么？
10. 简述创建“生成表查询”的作用。

二、填空题

1. 查询是专门用来进行________,以及进行数据加工的一种重要的数据库对象。
2. 查询结果可以作为其他数据库对象________。
3. 查询不仅可以重组表中的数据,还可以增加________。
4. 查询也是一个“表”,只不过它是以表或查询为________的再生表,是________的数据集合。
5. 利用参数查询,通过不同的参数值,可以在同一个查询中________的查询结果。
6. 创建“追加查询”的前提,是要具有两个表,且两个表有________。
7. 查询的结果总是使用数据源中的________。
8. 动作查询、SQL 查询必须在________基础上创建。
9. 在“选择查询”窗口中的“条件”文本框中,输入查询条件,查询结果中只有________的记录。
10. 创建“生成表查询”,是用于________。

三、单选题

1. 创建“追加查询”的数据来源是(　　)。

A. 一个表　B. 没有限制　C. 多个表　D. 两个表

2. 在“查询设计”窗口中,以下不是字段列表框中的选项的是(　　)。

A. 排序　B. 显示　C. 类型　D. 条件

3. 创建“参数查询”定义查询参数,除定义查询参数的类型外,还要定义查询参数的(　　)。

A. 参数值　B. 标识符　C. 什么也不定义　D. 参数值域

4. 动作查询不包括(　　)。

A. 参数查询　B. 生成表查询　C. 更新查询　D. 删除查询

5. 关于查询与表之间的关系,说法正确的是(　　)。

A. 查询的结果是创建了一个新表

B. 查询的记录集存于用户保存的地方

C. 查询中所存储的只是在数据库中筛选数据的条件

D. 每次运行查询时,便调出查询形成的记录集

6. 查询可以分为如下几类,正确的分类方法是(　　)。

A. 选择查询和删除查询　B. 选择查询和追加查询

C. 选择查询和动作查询　D. 选择查询和更新查询

7. 如果所要创建的查询,检索的是某字段值(字段长度为5)以“A”开头,以“Z”结尾的所有记录,则查询条件是(　　)。

A. Like A * Z　B. Like A#Z　C. Like A?Z　D. Like A$Z

8. 查询向导不能创建(　　)。

A. 选择查询　B. 重复项查询　C. 交叉表查询　D. 参数查询

9. 关于更新表查询,以下说法不正确的是(　　)。

A. 使用更新查询可以更新表中满足条件的所有记录

B. 使用更新查询一次只能对表中一条记录进行更改

C. 使用更新查询更新数据比使用数据表更新数据效率高

D. 使用更新查询更新数据后数据不能再恢复

10. 若有一个“学生档案”表,以其创建一个查询,检索“年龄”在18~21岁之间的记录,则查询条件是(　　)。

A. Between 21 And 18　B. Between 18 And 21

C. 年龄>18,年龄<21　D. 18<年龄<21

第6章 SQL 语言

6.1 SQL 概述

SQL(Structured Query Language,结构化查询语言)是数据库查询和程序设计语言。

1. SQL 的特点

(1) 语言功能的一体化

SQL 集数据操纵语言(DML)、数据定义语言(DDL)和数据控制语言(DCL)功能于一体,语言风格统一,可以独立完成数据库生命周期的全部活动。

(2) 非过程化

SQL 是一个高度非过程化的语言,在使用 SQL 进行数据操作时,只要提出“做什么”,无须指明“怎么做”。

(3) 采用面向集合的操作方式

SQL 采用集合操作方式,用户只要使用一条操作命令,其操作对象和操作结果都可以是行的集合。无论是查询操作,还是插入、删除、更新操作的对象都面向行集合的操作方式。

(4) 一种语法结构两种使用方式

SQL 是具有一种语法结构,两种使用方式的语言。既是自含式语言,又是嵌入式语言。其中:自含式 SQL 能够独立地进行联机交互,用户只需在终端键盘上直接输入 SQL 命令就可以对数据库进行操作;嵌入式 SQL 能够嵌入到高级语言的程序中,如可嵌入 C、C++、PowerBuilder、Visual Basic、Visual C++、Delphi、ASP、JSP 等程序中,用来实现对数据库中数据的操作。尽管在自含式 SQL 和嵌入式 SQL 不同的使用方式中,SQL 的语法结构基本上一致,因此给程序员设计应用程序提供了很大的方便。

(5) 语言结构简洁

SQL 功能极强,且只有两种使用方式,但由于设计构思巧妙,语言结构简洁,能够完成数据操纵、数据定义和数据控制等功能。SQL 只用了 9 个动词,因此易学、易用。

数据操纵:Select,Insert,Update,Delete

数据定义:Create,Alter,Drop

数据控制:Grant,Revoke

(6) 支持三级模式结构

SQL 支持关系数据库三级模式结构。其中:查询和部分基本表,对应的是外模式,全体表结构对应的是模式,数据库的存储文件和它们的索引文件构成关系数据库的内模式。

2. SQL 的功能

(1) 数据定义语言

数据定义用来定义关系数据库的模式、外模式和内模式,以实现对基本表、查询以及索引文件的定义、修改和删除等操作。

(2) 数据操纵语言

数据操纵包括数据查询和数据维护两类操作。

数据查询:对数据库中的数据进行查询、统计、分组、排序等操作。

数据维护:数据的插入、删除、更新等数据维护操作。

(3) 数据控制语言

数据控制包括对基本表和查询的授权,完整性规则的描述,以及事务控制语句等。

(4) 系统存储过程

系统存储过程是 SQL Server 系统创建的存储过程,用于用户方便地从系统表中查询信息,或者完成与更新数据库表相关的管理任务,或其他的系统管理任务。

6.2 数 据 定 义

SQL 的数据定义功能包括定义表、视图和定义索引。本节所介绍的“定义”,实质上是指对表结构的创建和修改,对表进行删除等操作命令的使用。

6.2.1 SQL 的基本数据类型

SQL 在定义表时,要定义表有多少列,以及每一列的相关属性(列即是字段)。

定义列属性就是定义该列存取的数据类型和长度,它决定着数据的存储方式和需分配的数据长度,并且决定此数据的描述规则。

不同的 DBMS 支持的数据类型不尽相同,因此必须使用与具体的 DBMS 相关的数据类型,但其中有一些基本类型,各种 DBMS 都支持。

下面介绍几种常用的基本数据类型。

1. 数值型

(1) Integer 或 INT:长整数。

(2) Smallint:短整数。

(3) Float(n):浮点数。

(4) Real:取决于机器精度的浮点数。

(5) Double:取决于机器精度的双精度浮点数。

(6) Numberic(p,q):定点数,由 p 位数字组成,包括符号、小数点,小数点后面有 q 位数字,存储字节依赖于精度。

2. 字符型

(1) Char(n):长度为 n 的定长字符串,n 是字符串中字符的个数。

(2) Varchar(n):具有最大长度为 n 的变长字符串,所占空间与实际字符数有关。

(3) Text/Memo:长度可根据数据多少而定,最大为 2 GB。

(4) Binary(n):长度为 n 的定长二进制位串。

(5) VarBinary(n):具有最大长度为 n 的变长二进制位。

3. 日期、时间型

(1) Date:日期数据类型。

(2) Time:时间数据类型。

(3) DateTime:日期时间数据类型。

4. 逻辑型

Boolean:逻辑数据类型。

5. 货币型

(1) SmallMoney:货币数据类型。

(2) Money:货币数据类型。

6. OLE 型

General:通用型数据,所占空间可达 2 GB。

6.2.2　定义表结构

MOOC 视频
利用 SQL 创建和修改表

建立一个数据库,其中主要的操作就是定义表,在 SQL 中,可使用 Create Table 语句定义表(注意,Access 不区分大小写,例如 Creat Table、CREAT TABLE 均正确,故本书中均存在大小写形式,不影响读者阅读及正确性)。

1. 语句格式

Create Table <表名>
(<列名 1>　<数据类型 1>　[<列级完整性约束 1>]
[,<列名 2>] <数据类型 2>[<列级完整性约束 2>][,…]
[,<列名 n>] <数据类型 n>[<列级完整性约束 n>]
[<表级完整性约束 n>]);

2. 语句功能

创建一个以<表名>为名的、以指定的列属性定义的表结构。

3. 几点说明

(1) <表名>和<列名>:是所要定义的表的名字,表可以由一列(属性)或多列组成,每一列必须定义列名和数据类型。

(2) 建表的同时通常还可以定义与该表有关的完整性约束条件,这些完整性约束条件被存入系统的数据字典中,当用户对表中数据进行操作时,由 DBMS 自动检查该操作是否违背这些完整性约束条件;如果完整性约束条件涉及该表的多个属性列,则必须定义表级别完整性约束条件。

(3) <列级完整性约束 n>:Primary key 约束、Foreign key 约束、Unique 约束、Check 约束和 Not NULL 或 NULL 约束。

其中:

① Primary key 约束也称主关键字约束,用于定义实体完整性约束,该约束用于定义表中某列为主关键字,而且约束主关键字的唯一性和非空性。

该约束可在列级或表级上进行定义,但不允许同时在两个级别上进行定义。

列级约束:可直接写在列名及其列类型之后由 Primary key 短语定义。

表级约束:在所有列名及其类型之后由 Constraint <约束名> Primary key 短语定义。

② Foreign key 约束也称为外部关键字或参照表约束,用于定义参照完整性,即用来维护两个表之间的一致性关系。Foreign key 约束不仅可以与另一基本表上的 Primary key 约束建立联系,也可以与另一表上的 Unique 约束建立联系。该约束可在列级或表级上进行定义,但不允许同时在两个级别上进行定义。

列级约束:如果外部关键字只有一列,可在它的列名和类型后面直接由以下短语定义。

References <表名>(<列名>)

表级约束:在所有列名及其类型之后由以下短语定义。

Constraint <约束名> Foreign key (<列名 1>) References <表名>(<列名 2>)

其中,<列名 1>是外部关键字;<列名 2>是被参照基本表中的列名。

③ Unique 约束主要用在非主关键字的一列或多列上要求数据唯一的情况,可在一个表上设置多个 Unique 约束,而在一个表上只能设置一个主关键字,Unique 约束也可在列级或在表级上设置,若在多于一列的表上设置 Unique 约束,则必须设置表级约束。

列级约束:可直接写在列名及其类型之后由以下短语定义。

Unique 短语定义

表级约束:在所有列名及其类型之后由 Constraint <约束名> Unique 短语定义。

④ Check 约束是域完整性约束,它就像一个检查员,当输入列值时对每一个数据进行有效性的检查,只有符合约束条件的数据才可输入到表中,可在一列上设置多个 Check 约束,也可将一个 Check 约束应用于多列。

列级/表级约束可由以下短语定义。

Constraint <约束名> Check (<约束条件表达式>)

⑤ Not NULL 约束不允许列值为空,而 NULL 约束允许列值为空。

(4) < >:尖括号内的内容为用户必选项,不能为空。

(5) [ ]:方括号内的内容为可选择项,可以选也可以不选。

(6) [,…]:表示前面的项可以重复多次。

例 6.1:根据第 2 章表 2-5~表 2-12 的内容,创建 8 个表(学院、系、班级、学生、课程、成绩、教研室、教师)。

操作步骤如下。

(1) 设计创建 SQL 查询命令。

创建“学院”表的 SQL 命令如下:

```
CREATE TABLE 学院 (学院编号 CHAR(1),学院名称 CHAR(4),
  院长姓名 CHAR(6),电话 CHAR(13),地址 CHAR(5),
PRIMARY KEY (学院编号));
```

创建“系”表的 SQL 命令如下:

```
CREATE TABLE 系 (系编号 CHAR(4),系名称 CHAR(14) ,
```

```
    系主任姓名 CHAR(6), 教研室个数 SMALLINT ,
        班级个数 SMALLINT , 学院编号 CHAR(1),
PRIMARY KEY (系编号),
FOREIGN KEY (学院编号)REFERENCES  学院 (学院编号));
```

创建“班级”表的 SQL 命令如下：

```
CREATE TABLE 班级(班级编号 CHAR(8),班级名称 CHAR(4),
      班级人数 SMALLINT,  班长姓名  CHAR(6) ,
          专业 CHAR(10) ,系编号 CHAR(4) ,
PRIMARY KEY (班级编号),
FOREIGN KEY (系编号) REFERENCES 系(系编号));
```

创建“学生”表的 SQL 命令如下：

```
CREATE TABLE 学生 (学号 CHAR(6), 姓名 CHAR(6) ,
  性别  CHAR(2) , 出生年月 DATETIME , 籍贯 VARCHAR(50) ,
        班级编号 CHAR(8),
PRIMARY KEY (学号),
FOREIGN KEY (班级编号) REFERENCES 班级(班级编号));
```

创建“教研室”表的 SQL 命令如下：

```
CREATE TABLE 教研室 (教研室编号 CHAR(6) ,
        教研室名称 CHAR(14) ,教师人数 SMALLINT,
            系编号 CHAR(4) ,
    PRIMARY KEY  (教研室编号),
    FOREIGN KEY (系编号) REFERENCES 系(系编号));
```

创建“教师”表的 SQL 命令如下：

```
CREATE TABLE 教师(教师编号 CHAR(7),姓名 CHAR(6),
    性别 CHAR(2),职称 CHAR(8),教研室编号 CHAR(6),
PRIMARY KEY (教师编号),
FOREIGN KEY (教研室编号) REFERENCES 教研室(教研室编号));
```

创建“课程”表的 SQL 命令如下：

```
CREATE TABLE 课程 (课程编号 CHAR(5),课程名 CHAR(12),
      学时 SMALLINT, 学分 SMALLINT,
        学期 CHAR(1),教师编号 CHAR(7) ,教室 CHAR(5),
PRIMARY KEY (课程编号),
FOREIGN KEY (教师编号) REFERENCES 教师(教师编号));
```

创建“成绩”表的 SQL 命令如下：

```
CREATE TABLE 成绩  (学号 CHAR(6),课程编号 CHAR(5),
        成绩 SMALLINT,
```

FOREIGN KEY (学号) REFERENCES 学生 (学号),
FOREIGN KEY (课程编号) REFERENCES 课程(课程编号));

创建“教师授课”表的 SQL 命令如下:

CREATE TABLE 教师授课(教师编号 CHAR(6),课程编号 CHAR(5),教室编号 CHAR(5),
FOREIGN KEY(教师编号)REFERENCES 教师(教师编号),
FOREIGN KEY(课程编号)REFERENCES 课程(课程编号));

(2) 在 SQL 窗口中依次创建的表,如图 6-1 所示。

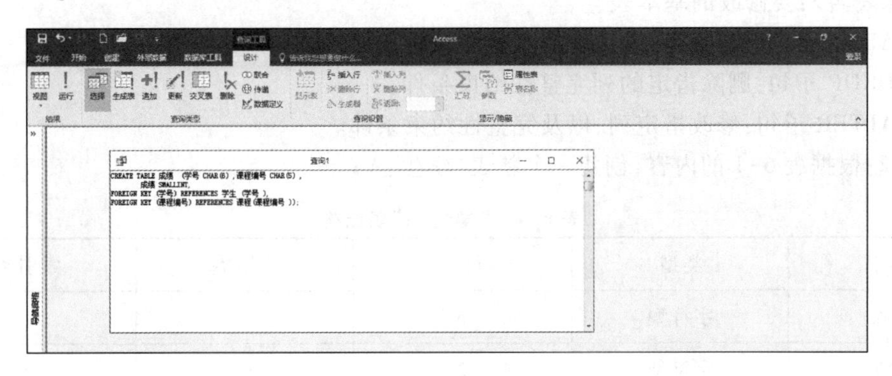

图 6-1 创建表

(3) 在 Access 系统窗口中,打开“数据库工具”选项卡,单击“编辑关系”按钮,进入“关系”窗口,如图 6-2 所示。

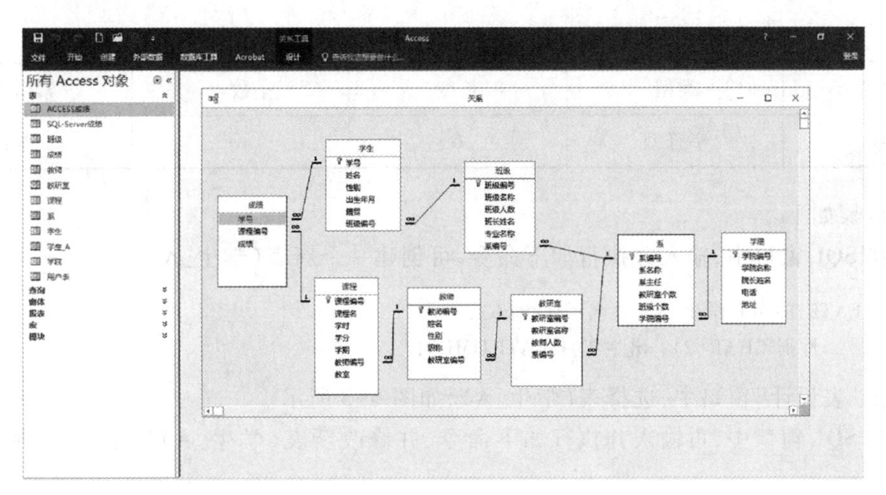

图 6-2 多个表关联关系

(4) 保存关系,结束创建 8 个表的操作。

6.2.3 修改表结构

修改表结构可使用 ALTER TABLE 语句。

格式:

ALTER TABLE <表名>

```
[ ADD <新列名> <数据类型> [ 完整性约束 ] ]
[ DROP <完整性约束名> ]
[ ALTER COLUMN <列名> <数据类型> [ 完整性约束 ]];
```

功能:

修改表结构。

几点说明:

(1) <表名>:要修改的基本表。

(2) ADD 子句:增加新列,以及新的完整性约束条件。

(3) DROP 子句:删除指定的列完整性约束条件。

(4) ALTER 子句:修改指定列,以及完整性约束条件。

例 6.2:根据表 6-1 的内容,创建一个新表(学生_A)。

表 6-1　“学生_A”表结构

字段名	类型	长度	小数点	索引类型
姓名	字符型	6	—	—
性别	字符型	2	—	—
出生年月	日期/时间	8	—	—

增加一个新列,如表 6-2 所示。

表 6-2　“学生_A”表结构补充

字段名	类型	长度	小数点	索引类型
学号	字符型	6	—	主键

操作步骤如下。

(1) 在 SQL 窗口中,输入并执行如下命令,可创建一个新表(学生_A)。

```
CREATE TABLE 学生_A (姓名 CHAR(6),
        性别 CHAR(2), 出生年月 DATETIME);
```

(2) 在“表设计”窗口中,选择表(学生_A),如图 6-3 所示。

(3) 在 SQL 窗口中,再输入并执行如下命令,并修改新表(学生_A)的结构,增加一个新列(学号)。

```
ALTER TABLE 学生_A
ADD 学号 CHAR(6), UNIQUE(学号);
```

(4) 在“表设计”窗口中,再次选择表(学生_A),如图 6-4 所示。

可以看到新表(学生_A)的结构已修改,从而结束修改表的结构的操作。

6.2.4　删除表

删除表可使用 DROP TABLE 语句。

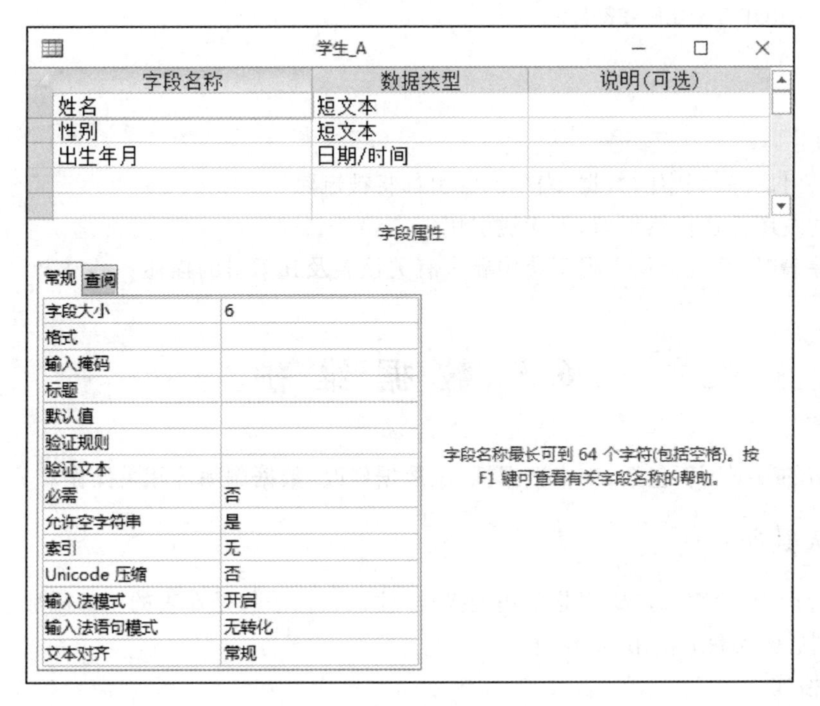

图 6-3 表(学生_A)结构

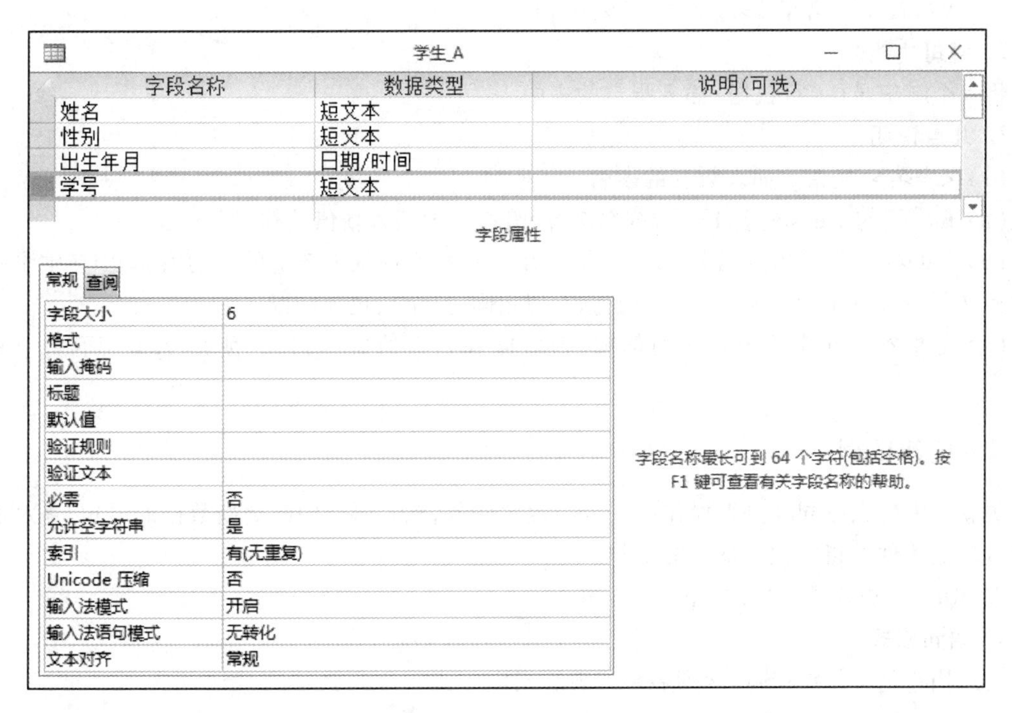

图 6-4 修改表(学生_A)结构

格式：

　　DROP TABLE <表名>;

功能：

删除表。

几点说明：

(1) 表一旦删除，表中的数据、表中的索引都将被删除。

(2) 表的视图往往仍然保留，但无法引用。

(3) 删除表时，系统会从数据字典中删去有关该表及其索引的描述。

6.3 数据维护

SQL 语句的数据更新包括，表中数据插入、数据修改、数据删除等相关操作。

6.3.1 插入数据

对表进行操作，给表添加数据是常用的操作，插入数据语句是在表的尾部添加一个记录。

在 SQL 中，插入数据使用 Insert 语句。

1. 语句格式

　　Insert Into <表名>[(<列名 1>[,<列名 2>,…])]

　　Values ([<常量 1>[,<常量 2>,…])

2. 语句功能

将一个新纪录(一行数据)插入指定的表中。

3. 几点说明

(1) <表名>:是指要插入数据的表名。

(2) Into 子句中的<列名 1>[,<列名 2>,…]指表中插入新值的列。

(3) Values 子句中的[<常量 1>[,<常量 2>,…]指表中插入新值的列的值，其中各常量的数据类型必须与 Into 子句中所对应列的数据类型相同，且个数也要匹配。

(4) 如果省略 Into 子句后面的选项，则新插入元组的每一列，必须在 Values 子句中有值对应。

6.3.2 更新数据

更新表中的数据同样是表操作的一个经常性任务，SQL 语句中的更新数据的语句，是对所有记录或满足条件的指定记录操作的语句。

在 SQL 中，更新数据使用 Update 语句。

1. 语句格式

　　Update <表名> Set　<列名>=<表达式>

　　[,<列名>=<表达式>]　[,…]

　　[Where <条件>]

2. 语句功能

更新以<表名>为名的表中数据。

3. 几点说明

(1) <表名>指要更新数据的表的名字。

(2) <列名>=<表达式>:用<表达式>的值取代对应<列名>的列值,且一次可以修改多个列的列值。

(3) Where 子句指出表中需要更新列值的记录应满足的条件是什么,如果省略 Where 子句,则更新表中的全部记录指定的列值。

(4) Where 子句也可以嵌入子查询。

6.3.3 删除数据

SQL 语句的删除数据语句,是对表中所有记录或满足条件的指定记录进行删除操作。

在 SQL 中,删除数据使用 Delete 语句。

1. 语句格式

```
Delete From <表名> [Where <条件>]
```

2. 语句功能

删除以<表名>为名的表中满足<条件>的数据。

3. 几点说明

(1) <表名>指要删除数据的表的名字。

(2) Delete 语句删除的是表中的数据,而不是表的定义。

(3) 省略 Where 子句,表示删除基本表中的全部数据。

(4) Where 子句也可以嵌入子查询。

6.4 数据查询

MOOC 视频
数据查询

本节将介绍使用 Select 语句,实现简单查询、连接查询和嵌套查询。

6.4.1 查询语句

格式:

```
SELECT [ALL|DISTINCT] <目标列表达式>
        [,<目标列表达式>] …
FROM <表名或视图名>[, <表名或视图名> ] …
[ WHERE <条件表达式> ]
[ GROUP BY <列名> [ HAVING <条件表达式> ] ]
[ ORDER BY <列名> [ ASC|DESC ] ];
```

功能:

从指定的表或查询中,选择满足条件的记录,并对它们进行分组、统计、排序和投影,形成查询结果集。

几点说明：

（1）All：查询结果是表的全部记录。

（2）Distinct：查询结果是不包含重复行的记录集。

（3）From <表名或视图名>：查询的数据来源。

（4）Where <条件表达式>：查询结果是满足<条件表达式>的记录集。

（5）Group By <分组列名>：查询结果是按<分组列名>分组的记录集。

（6）Having <条件表达式>：是将指定满足<条件表达式>，并且按<分组列名>进行计算的结果组成的记录集。

（7）Order By <排序选项>：查询结果是否按某一列值排序。

（8）Asc：查询结果按某一列值升序排列。

（9）Desc：查询结果按某一列值降序排列。

（10）<函数>：进行查询计算的函数。

查询计算函数的格式及功能如表 6-3 所示。

表 6-3　查询计算函数的格式及功能

函数格式	函数功能
COUNT(*)	计算记录个数
SUM(字段名)	求字段名所指定字段值的总和
AVG(字段名)	求字段名所指定字段的平均值
MAX(字段名)	求字段名所指定字段的最大值
MIN(字段名)	求字段名所指定字段的最小值

（11）<条件表达式>：可以是关系表达式，也可以是逻辑表达式，如表 6-4 所示的内容是组成<条件表达式>常用的运算符。

表 6-4　查询条件中常用的运算符

运算符	实例
=、>、<、>=、<=、<>	应发工资>3000
NOT、AND、OR	应发工资<5000 AND 应发工资>3000
LIKE	性别 LIKE "男"
BETWEEN AND	应发工资 BETWEEN 3000 AND 5000
IS NULL	应发工资 IS NULL

6.4.2 简单查询

简单查询是指数据来源是一个表或一个视图的查询操作,它是最简单的查询操作,如选择某表中的某些行,或某表中的某些列等。

MOOC 视频
条件查询

1. 检索表中所有的行和列

例 6.3:查看英才大学各个学院的全部信息。

在 SQL 窗口中,输入如下命令。

```
SELECT  学院编号,学院名称,院长姓名,电话,地址
    FROM  学院;
```

运行结果如图 6-5 所示。

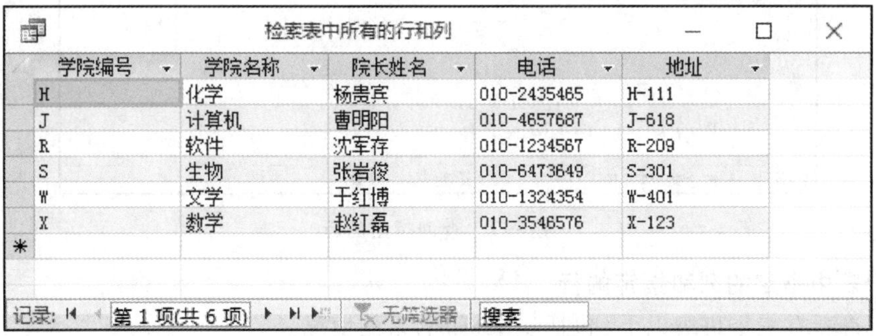

检索表中所有的行和列

学院编号	学院名称	院长姓名	电话	地址
H	化学	杨贵宾	010-2435465	H-111
J	计算机	曹明阳	010-4657687	J-618
R	软件	沈军存	010-1234567	R-209
S	生物	张岩俊	010-6473649	S-301
W	文学	于红博	010-1324354	W-401
X	数学	赵红磊	010-3546576	X-123

记录: 第 1 项(共 6 项) 无筛选器 搜索

图 6-5 查询所有的行和列

2. 检索表中指定的列

例 6.4:查看每个系的班级个数,以及系主任姓名。

在 SQL 窗口中,输入如下命令。

```
SELECT  系名称,班级个数,系主任
   FROM  系;
```

运行结果如图 6-6 所示。

检索表中指定的列

系名称	班级个数	系主任
软件工程	2	张三
信息安全	1	赵强
生物技术	4	王月
汉语言文学	3	刘博
西方文学	3	李旭
应用数学	3	陈红
计算数学	2	谢东

记录: 第 8 项(共 8 项) 无筛选器 搜索

图 6-6 查询指定的列

3. 检索表中满足指定条件的行

例 6.5:查看女教师的职称情况。

在 SQL 窗口中,输入如下命令。

```
SELECT  教师编号,姓名, 性别, 职称, 教研室编号
    FROM     教师
    WHERE   性别 = '女';
```

运行结果如图 6-7 所示。

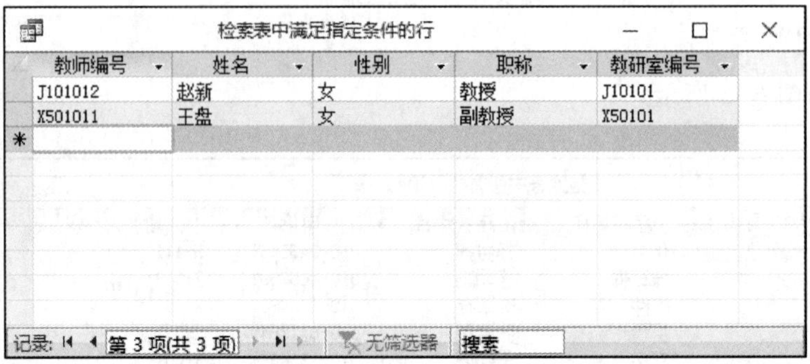

检索表中满足指定条件的行

教师编号	姓名	性别	职称	教研室编号
J101012	赵新	女	教授	J10101
X501011	王盘	女	副教授	X50101

记录: 第 3 项(共 3 项) 无筛选器 搜索

图 6-7 查询指定的行

4. 检索表中指定的列和指定的行

例 6.6:查看有三个班级以上(包括三个班)的系的情况。

在 SQL 窗口中,输入如下命令。

```
SELECT  系编号, 系名称, 系主任, 教研室个数, 班级个数, 学院编号
    FROM   系
    WHERE  班级个数 >=3;
```

运行结果如图 6-8 所示。

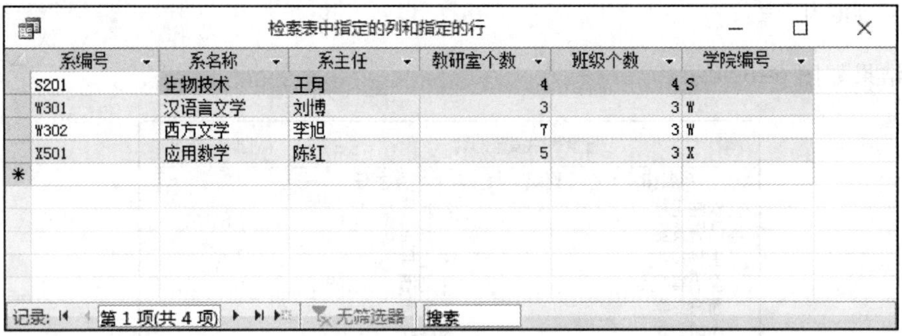

检索表中指定的列和指定的行

系编号	系名称	系主任	教研室个数	班级个数	学院编号
S201	生物技术	王月	4	4	S
W301	汉语言文学	刘博	3	3	W
W302	西方文学	李旭	7	3	W
X501	应用数学	陈红	5	3	X

记录: 第 1 项(共 4 项) 无筛选器 搜索

图 6-8 查询指定的列和行

5. 检索表中排序结果

例 6.7:按班级人数多少查看各班级的情况。

在 SQL 窗口中,输入如下命令。

```
SELECT  班级编号,班级名称, 班级人数, 班长姓名, 专业名称, 系编号
    FROM  班级
    ORDER BY  班级人数  ASC;
```

运行结果如图 6-9 所示。

检索表中排序结果

班级编号	班级名称	班级人数	班长姓名	专业名称	系编号
J1021004	1104	32	李言	信息安全	J102
J1021002	1102	35	王鹏	信息安全	J102
J1011003	1003	35	刘盘	软件工程	J101
J1021001	1101	36	王盘	信息安全	J102
J1011002	1002	36	赵鑫	软件工程	J101
J1011001	1001	36	江强	软件工程	J101
J1011004	1004	37	李强	软件工程	J101
J1021003	1103	38	刘鑫	信息安全	J102

记录: 第 9 项(共 9 项) 无筛选器 搜索

图 6-9 查询排序结果

6. 检索表中指定条件记录的个数

例 6.8:统计来自“上海”和“北京”的学生的人数。

在 SQL 窗口中,输入如下命令。

```
SELECT  COUNT ( * )  AS 上海和北京学生人数
    FROM  学生
    WHERE  籍贯  IN ('上海','北京') ;
```

运行结果如图 6-10 所示。

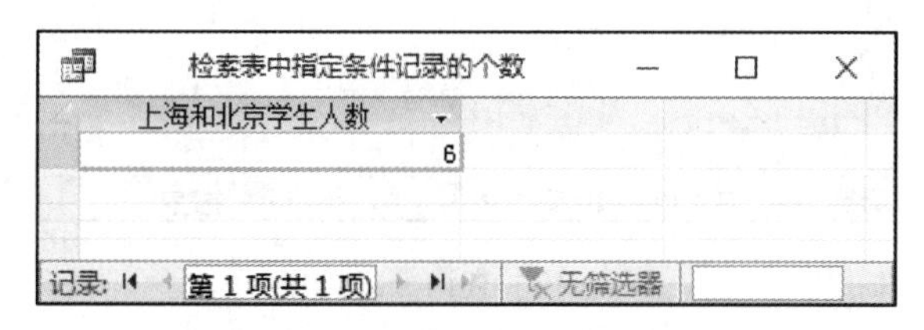

检索表中指定条件记录的个数

上海和北京学生人数
6

记录: 第 1 项(共 1 项) 无筛选器

图 6-10 查询指定条件的记录数

7. 对表中数据进行分组统计

例 6.9:查看每门课程的选修人数。

在 SQL 窗口中,输入如下命令。

```
SELECT  课程编号, COUNT ( * ) AS 选修人数
    FROM  成绩
    GROUP BY 课程编号;
```

运行结果如图 6-11 所示。

8. 对表中数据按指定列排序

例 6.10:查看学生成绩,并将成绩乘以系数 0.8,结果按成绩降序、学号升序排列。

MOOC 视频
排序与分组

在 SQL 窗口中,输入如下命令。

```
SELECT  学号,成绩 * 0.8 AS 期末成绩
    FROM  成绩
    ORDER BY  成绩 DESC,学号;
```

运行结果如图 6-12 所示。

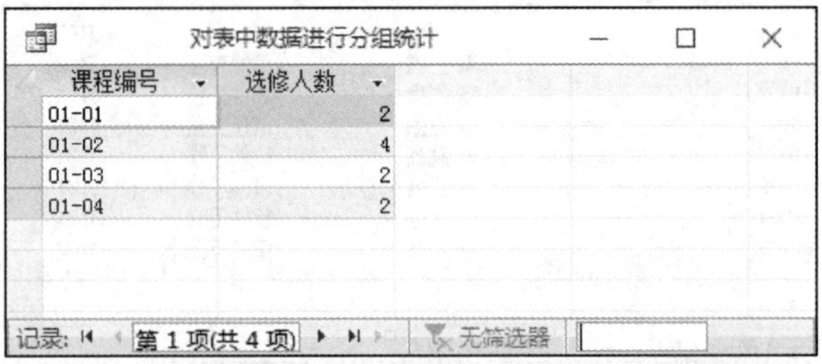

对表中数据进行分组统计

课程编号	选修人数
01-01	2
01-02	4
01-03	2
01-04	2

记录: 第 1 项(共 4 项)　无筛选器

图 6-11　查询分组统计

对表中数据按指定列排序

学号	期末成绩
100103	78.4
100101	77.6
100101	77.6
100101	76
100102	71.2
100104	69.6
100101	68.8
100102	68
100102	67.2
100102	60.8

记录: 第 1 项(共 10 项　无筛选器　搜索

图 6-12　查询分组排序

MOOC 视频
连接查询

6.4.3 连接查询

把多个表的信息集中在一起,就要用到“连接”操作,SQL 的连接操作是通过关联表间行的匹配而产生的结果。创建连接查询,要在 FROM 子句中列出多个表名,各表名之间用“逗号”隔开,特别地,也可以用 WHERE 子句给定表的连接条件。

1. 两表连接

例 6.11:查看全体学生选修课程的情况。

在 SQL 窗口中,输入如下命令。

```
SELECT  学生.学号, 学生.姓名,
        课程.课程编号, 课程.课程名, 课程.学时,
        课程.学分, 课程.学期, 课程.教师编号
```

```
FROM    学生,课程
ORDER  BY 学生.学号   ASC;
```

运行结果如图 6-13 所示。

两表连接

学号	姓名	课程编号	课程名	学时	学分	学期	教师编号
100101	江敏敏	01-02	软件工程	72	4	2	J101012
100101	江敏敏	01-03	数据库原理	90	5	4	J101013
100101	江敏敏	01-04	程序设计	72	4	3	J101014
100101	江敏敏	02-01	离散数学	90	5	5	X501011
100101	江敏敏	02-02	概率统计	90	5	7	X501012
100101	江敏敏	02-03	高等数学	72	4	6	X501013
100101	江敏敏	01-01	软件制作	54	3	1	J101011
100102	赵盘山	01-01	软件制作	54	3	1	J101011
100102	赵盘山	02-02	概率统计	90	5	7	X501012
100102	赵盘山	02-01	离散数学	90	5	5	X501011
100102	赵盘山	01-04	程序设计	72	4	3	J101014
100102	赵盘山	01-02	软件工程	72	4	2	J101012
100102	赵盘山	02-03	高等数学	72	4	6	X501013
100102	赵盘山	01-03	数据库原理	90	5	4	J101013
100103	刘鹏宇	02-01	离散数学	90	5	5	X501011

记录: 第 1 项(共 56 项 无筛选器

图 6-13　两表连接

2. 等值连接

例 6.12:查看每个学生所选课程的成绩。

在 SQL 窗口中,输入如下命令。

```
SELECT  学生.学号, 学生.姓名, 成绩.课程编号, 成绩.成绩
FROM   学生 INNER JOIN 成绩
 ON   学生.学号 = 成绩.学号;
```

运行结果如图 6-14 所示。

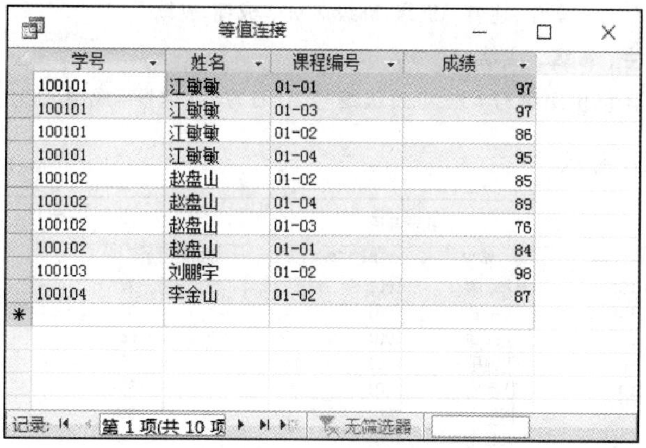

等值连接

学号	姓名	课程编号	成绩
100101	江敏敏	01-01	97
100101	江敏敏	01-03	97
100101	江敏敏	01-02	86
100101	江敏敏	01-04	95
100102	赵盘山	01-02	85
100102	赵盘山	01-04	89
100102	赵盘山	01-03	76
100102	赵盘山	01-01	84
100103	刘鹏宇	01-02	98
100104	李金山	01-02	87
*			

记录: 第 1 项(共 10 项 无筛选器

图 6-14　等值连接

3. 外连接

例 6.13:查看每个学生所选课程的成绩。

在 SQL 窗口中,输入如下命令。

```
SELECT  学生.学号,学生.姓名,成绩.课程编号,成绩.成绩
```

```
FROM 学生 LEFT OUTER JOIN 成绩
ON 学生.学号=成绩.学号;
```

运行结果如图 6-15 所示。

外连接

学号	姓名	课程编号	成绩
100101	江敏敏	01-01	97
100101	江敏敏	01-03	97
100101	江敏敏	01-02	86
100101	江敏敏	01-04	95
100102	赵盘山	01-02	85
100102	赵盘山	01-04	89
100102	赵盘山	01-03	76
100102	赵盘山	01-01	84
100103	刘鹏宇	01-02	98
100104	李金山	01-02	87
100201	罗旭候		
100202	白涛明		
100203	邓平军		
100204	周健翔		

记录: 第 1 项(共 14 项 无筛选器

图 6-15 外连接

4. 多表连接

例 6.14:查看每个班级,每个学生所选课程的成绩。

在 SQL 窗口中,输入如下命令。

```
SELECT 学生.学号, 学生.姓名, 班级.班级名称, 成绩.成绩
  FROM 学生, 班级, 成绩
  WHERE 学生.班级编号=班级.班级编号 AND 学生.学号=成绩.学号;
```

运行结果如图 6-16 所示。

多表连接

学号	姓名	班级名称	成绩
100101	江敏敏	1001	97
100101	江敏敏	1001	97
100101	江敏敏	1001	86
100101	江敏敏	1001	95
100102	赵盘山	1001	85
100102	赵盘山	1001	89
100102	赵盘山	1001	76
100102	赵盘山	1001	84
100103	刘鹏宇	1001	98
100104	李金山	1001	87

记录: 第 1 项(共 10 项 无筛选器

图 6-16 多表连接

6.4.4 嵌套查询

MOOC 视频
嵌套查询

SQL 中,一个 SELECT…FROM…WHERE 语句产生一个新的数据集,一个查询语句完全嵌套到另一个查询语句中的 WHERE 或 HAVING 的"条件"短语中,这种查询称为嵌套查询。

通常把内部的、被另一个查询语句调用的查询叫"子查询",调用子查询的查询语句叫"父查询",子查询还可以调用子查询。

SQL 允许由一系列简单查询构成嵌套结构,实现嵌套查询,从而大大增强了 SQL 的查询能力,使得用户视图的多样性也大大提升。

从语法上讲,子查询就是一个用括号括起来的特殊"条件",它完成的是关系运算,这样子查询就可以出现在允许表达式出现的地方。

嵌套查询的求解方法是"由里到外"进行的,从最内层的子查询做起,依次由里到外完成计算。即每个子查询在其上一级查询未处理之前已完成计算,其结果用于建立父查询的查询条件。

1. 用于相等(=)判断的子查询

例 6.15:查看与 J1011001 班级人数相等的班级名称,班长姓名。

在 SQL 窗口中,输入如下命令。

```
SELECT  班级名称,班长姓名
    FROM  班级
    WHERE  班级人数  =
            (SELECT COUNT ( * )
                FROM  学生
                WHERE 班级编号='J1011001');
```

运行结果如图 6-17 所示。

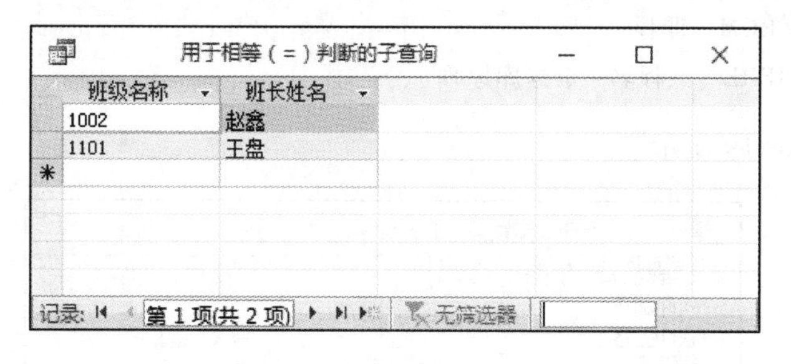

图 6-17 相等判断子查询

2. 带有 IN 谓词的子查询

例 6.16:查看数据库原理、软件工程两门课程的成绩。

在 SQL 窗口中,输入如下命令。

```
SELECT  学号,成绩, 课程编号
    FROM  成绩
```

```
WHERE 成绩.课程编号 IN
    (SELECT 课程编号
        FROM 课程
         WHERE 课程名='数据库原理' OR 课程名='软件工程');
```

运行结果如图 6-18 所示。

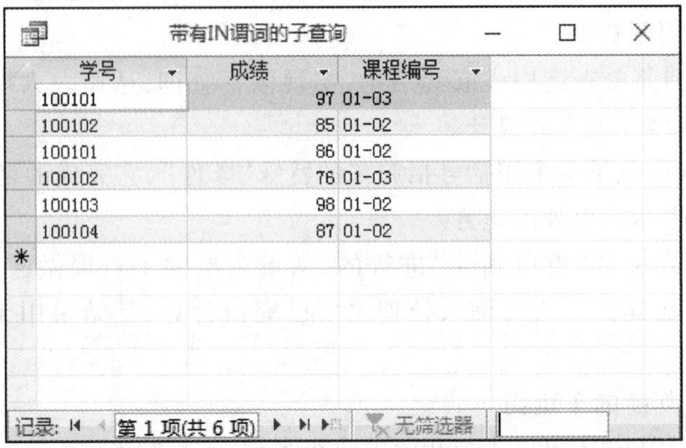

带有IN谓词的子查询

学号	成绩	课程编号
100101	97	01-03
100102	85	01-02
100101	86	01-02
100102	76	01-03
100103	98	01-02
100104	87	01-02
*		

记录: 第 1 项(共 6 项) 无筛选器

图 6-18 IN 谓词子查询

3. 带有比较运算符的子查询

例 6.17:查看少于数据库原理课程学时数的课程。

在 SQL 窗口中,输入如下命令。

```
SELECT 课程名,学时
   FROM 课程
 WHERE 学时 <
    (SELECT 学时
        FROM 课程
      WHERE 课程名='数据库原理');
```

运行结果如图 6-19 所示。

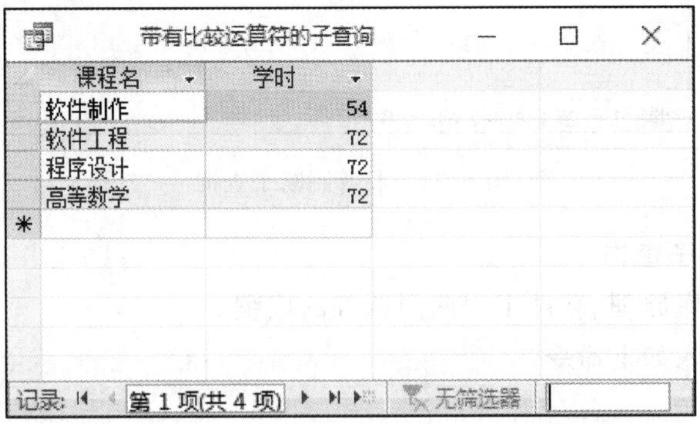

带有比较运算符的子查询

课程名	学时
软件制作	54
软件工程	72
程序设计	72
高等数学	72
*	

记录: 第 1 项(共 4 项) 无筛选器

图 6-19 比较运算符子查询

4. 带有 ALL 谓词的子查询

例 6.18:查看超过 100102 同学所有课程成绩的同学成绩。

在 SQL 窗口中,输入如下命令。

```
SELECT  学号, 成绩
    FROM  成绩
    WHERE  成绩 >  ALL
          (  SELECT  成绩
                 FROM  成绩
                 WHERE  学号 =' 100102');
```

运行结果如图 6-20 所示。

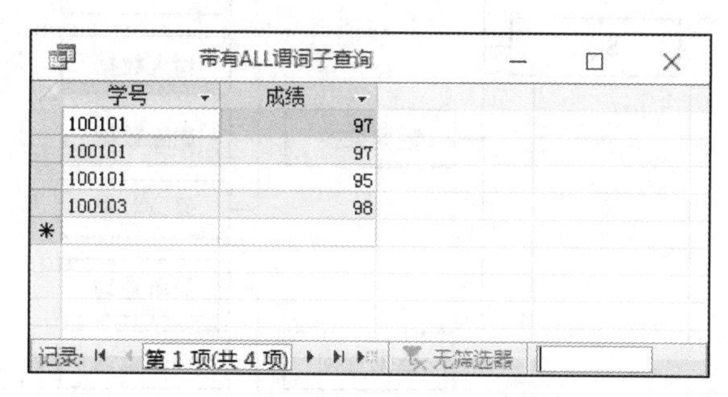

带有ALL谓词子查询

学号	成绩
100101	97
100101	97
100101	95
100103	98

记录: 第 1 项(共 4 项) 无筛选器

图 6-20 ANY 谓词子查询

5. 带有 ANY 谓词的子查询

例 6.19:查看超过 100102 同学各门课程成绩的同学成绩。

在 SQL 窗口中,输入如下命令。

```
SELECT  学号, 成绩
    FROM  成绩
    WHERE  成绩>  ANY
            (  SELECT  成绩
                   FROM  成绩
                   WHERE  学号 =' 100102')
            AND  NOT 学号 =' 100102';
```

运行结果,如图 6-21 所示。

带有ANY谓词的子查询

学号	成绩
100101	97
100101	97
100101	86
100101	95
100103	98
100104	87

记录: 第 1 项(共 6 项) 无筛选器

图 6-21 ALL 谓词子查询

本章的知识点结构

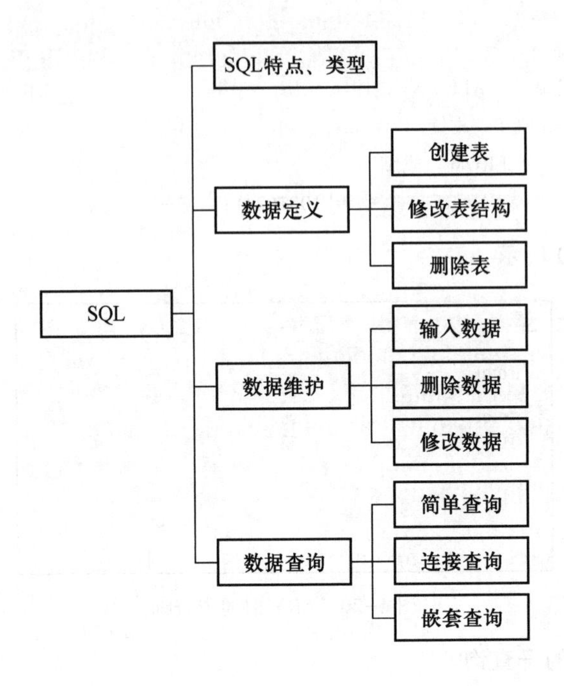

习 题 6

一、简答题

1. 什么是 SQL 语句?
2. 简述 SQL 的特点。
3. SQL 语句有何操作功能?
4. 标准的 SQL 的数据定义功能一般包括什么?
5. 用 SQL 语句对表中记录进行操作的命令有几个？分别是什么?
6. 简述如何用 SQL 语句修改表结构。
7. 简述 SQL 语句有几个集函数,其功能有何不同。
8. 简述嵌套查询的作用。
9. 简述什么是左连接,什么是右连接,它们有什么不同。
10. 简述 Where 子句和 Having 子句的异同。

二、填空题

1. SQL 语句支持________、________和________。
2. SQL 的数据定义包括定义表名和________。
3. Select 语句的 Where 中,空值用________表示,非空值用________表示。
4. SQL 的删除记录语句,是对表中所有记录或满足条件的指定记录进行________。

5. 在 SQL 中,用________命令向表中插入数据,用________命令查询表中的数据。
6. 使用 SQL 语句对表中记录进行操作,________表。
7. 查询成绩高于 90 分的学号,使用 Select 学号 From 成绩________。
8. 查询所有北京籍的学生,使用 Select ________ From 学生 Where　籍贯="北京"。
9. 在 SQL 的 Select 语句中,用于实现关系的选择运算的短语是________。
10. 已知使用命令 Select 1,3,5,7 From 学生,其查询结果的字段数是________。

三、单选题

1. SQL 的数据操作语句不包括(　　)。
   A. Insert　　B. Delete
   C. Update　　D. Change
2. SQL 是(　　)英文的缩写。
   A. Standard Query Language
   B. Structured Query Language
   C. Select Query Language
   D. Special Query Language
3. 成绩 Between 80 and 90 的含义是(　　)。
   A. 成绩 > 80 and 成绩 < 90
   B. 成绩 >= 80 and 成绩 <= 90
   C. 成绩 > 80 or 成绩 < 90
   D. 成绩 >= 80 or 成绩 <= 90
4. 表示国籍不等于"中国",如下不正确的是(　　)。
   A. 国籍!="中国"　　B. Not(国籍="中国")
   C. 国籍><"中国"　　D. 国籍 Not Like "中国"
5. SQL 语句中删除表的命令是(　　)。
   A. Delete Table　　B. Erase Table
   C. Delete Dbf　　D. Drop Table
6. SQL 语句中不是用于计算检索的函数是(　　)。
   A. Abs　　B. Sum
   C. Max　　D. Avg
7. 关于 SQL 的短语,下列说法正确的是(　　)。
   A. Order By 子句必须在 Group By 子句之后用
   B. Desc 子句与 Group By 子句必须连用
   C. Having 子句与 Group By 子句必须连用
   D. Order By 子句与 Group By 子句必须连用
8. 向表中插入数据的 SQL 命令是(　　)。
   A. Insert into　　B. Insert
   C. Insert in　　D. Insert blank
9. 查询学生成绩大于 90 分的学生的姓名的正确命令是(　　)。
   A. Select 姓名 From 学生 Where　学生.学号　=
      (Select 学号 From 成绩 Where 成绩>90)
   B. Select 姓名 From 学生 Where　学生.学号　In
      (Select 学号 From 成绩 Where 成绩>90)

C. Select 姓名 From 学生 Where　学生.学号　>

　　(Select 学号 From 成绩 Where 成绩>90)

D. Select 姓名 From 学生 Where　学生.学号　<

　　(Select 学号 From 成绩 Where 成绩>90)

10. 嵌套查询的子查询结果记录个数一定是(　　)。

A. 一个记录

B. 多个记录

C. 由子查询中的 Where 子句而定

D. 与 From 子句指定的表的记录个数相同

第7章　设计窗体

窗体是 Access 数据库中应用最为广泛的数据库对象，它是数据库中数据输入、输出的常用界面。利用窗体可以完成对数据库的多种操作，如数据输入、输出、编辑、接收随机的输入信息等；窗体可以为用户提供一个形式美观、内容丰富的数据库操作界面；通过窗体可以方便、快捷地为备注型字段输入数据，可以直接浏览 OLE 字段中的数据；窗体背景与前景内容的设置会给用户提供一个极其友好的数据库操作环境。

大多数窗体是由表和查询作为基础数据源而创建的，基于窗体的功能不同，窗体可分为数据窗体、控制面板窗体及自定义对话窗体等类型。

7.1　引入面向对象编程的概念

在 Access 中，设计窗体、报表和模块时，引入了面向对象编程技术，本节将结合窗体设计介绍对象、控件、属性、事件和方法这些与面向对象编程技术相关的概念。

7.1.1　对象

对象(Object)是独立于主体的现实世界中某个客观存在的事物，同时对象又是被主体所认识的对象，是主体对特定客观事物属性及行为特征的描述。每个对象都具有描述其特征的属性及附属于它的行为。

对象是主体视野中的对象，对象总是一个或大或小，范畴不同的，具有相对整体性的事物。在现实世界中，如果把某一台电视机看成是一个对象，用一组名词就可以描述电视机的基本特征：如 34 英寸(1 英寸=2.54 cm)、高彩色分辨率和超薄体积等，这是电视作为对象的物理特征；按操作说明对电视机进行开启、关闭、调节亮度、调节色度、接收电视信号等操作，这是对象的可执行的动作，是电视机的内部功能。而这一现实世界中的物理实体在计算机中的逻辑映射，则被称为“对象”，其具体体现，就是对象所具有的描述其特征的属性(属性)及附属于它的行为，即对象的操作(方法)和对象的响应(事件)。

对象把事物的属性和行为封装在一起，是一个动态的概念，对象是面向对象编程的基本元素，是基本的运行实体，如窗体、各种控件等。

如果把窗体看成是一个对象，窗体可以有如下属性和行为特征。

(1) 窗体的标题。

(2) 窗体的大小。

(3) 窗体的前景和背景颜色。

(4) 窗体中所显示信息的内容及格式。

(5) 窗体中容纳的控件。

(6) 窗体的事件、方法。

另外,将命令按钮也可以看成是窗体容纳的一个对象,命令按钮可以有如下属性和行为特征。

(1) 命令按钮在窗体中的位置。

(2) 命令按钮的标题。

(3) 命令按钮的大小。

(4) 命令按钮的事件、方法。

任何一个对象都有属性、事件和方法三个要素,它们各自从不同的角度表达了对象的构成,通过三者有机的结合,便构成面向对象方式应用程序的基本元素。

根据对象是否自身能容纳其他对象特性,一般将其分为容器、控件两类对象。通常窗体和报表包含的对象是控件类对象,简称为控件。如一般把窗体、报表称为容器类对象(简称对象),而把窗体和报表包含的按钮、标签等称为控件类对象(简称控件)。有些控件可以与表中字段“绑定”在一起,也有一些控件独立于窗体和报表,如形状、线段控件;有些控件可以通过内存变量赋值,实现数据/输出操作,如图片、图像、文本框、列表框和组合框等。

7.1.2 属性

属性(Attribute)是对象的物理性质,是用来描述和反映对象特征的参数,一个对象的诸多属性所包含的信息,反映了这个对象的状态,属性不仅决定了对象的外观,而且有时也决定了对象的行为。

1. 利用“属性”窗口设置对象属性

打开“窗体设计”窗口,选中要设置属性的“对象”,打开快捷菜单,选择“属性”命令,进入“属性表”窗格,如图 7-1 所示。

2. 利用命令语句设置对象属性

设置属性语句格式 1:

```
[<集合名>].<对象名>.属性名=<属性值>
```

设置属性语句格式 2:

```
With <对象名>
<属性值表>
End with
```

其中:<集合名>通常是一个容器类的对象,它本身包含一组相关的对象,如窗体、报表和数据访问页等。

表 7-1 所示的是对象常用属性,详细内容见附录 B。

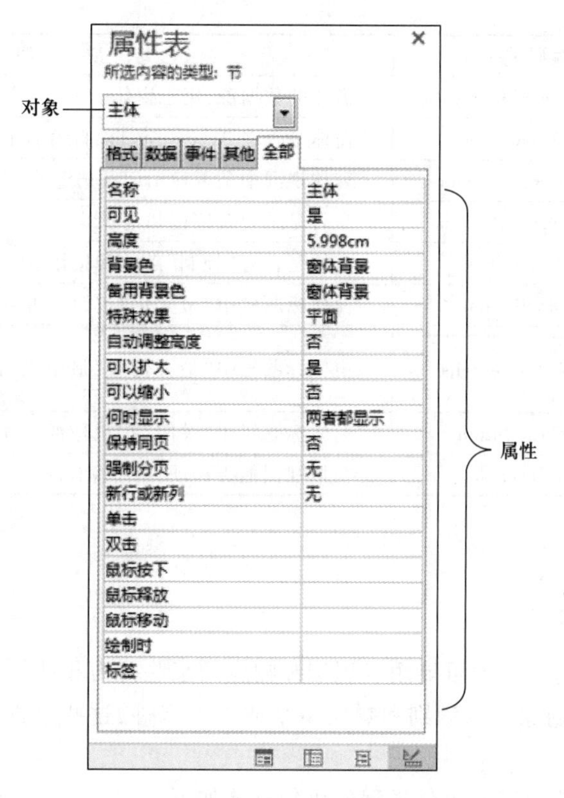

图 7-1 “属性表”窗格

表 7-1 对象常用属性

属 性 名 称	编码关键字	说 明
标题	Caption	对象的显示标题，用于窗体、标签、命令按钮等控件
名称	Name	对象的名称，用于节、控件
控件来源	ControlSource	控件显示数据，编辑绑定到表、查询和 SQL 命令的字段，也可显示表达式的结果，用于表框、组合框、绑定对象框等控件
背景色	BackColor	对象的背景色，用于节、标签、文本框、列表框等控件
前景色	ForeColor	对象的前景色，用于标签、文本框、命令按钮等控件
字体名称	FontName	对象的字体，用于标签、文本框、命令按钮、列表框等控件
字体大小	FontSize	对象的文字大小，用于标签、文本框、命令按钮等控件
字体粗细	FontBold	对象的文本粗细，用于标签、文本框、命令按钮等控件
倾斜字体	FontItalic	指定对象的文本是否倾斜，用于标签、文本框等控件
背景风格	BackStyle	对象的显示风格，用于标签、文本框、图像等控件
边框风格	BorderStyle	对象的风格，用于窗体、标签、文本框等控件
图片	Picture	是否用图形作为对象的背景，用于窗体、命令按钮等控件
宽度	Width	对象的宽度，用于窗体、所有控件
高度	Height	对象的高度，用于窗体、所有控件

续表

属 性 名 称	编码关键字	说　　明
记录源	RecordSource	窗体的数据源,用于窗体
自动居中	AutoCenter	窗体是否在 Access 窗口内自动居中,用于窗体
记录选定器	RecordSelectors	窗体视图中是否显示记录选定器,用于窗体
导航按钮	NavigationButtons	是否显示导航按钮和记录编号框,用于窗体
控制框	Controlbox	窗体是否有“控制”菜单和按钮,用于窗体
“最大化”按钮	MaxButtons	窗体标题栏中“最大化”按钮是否可见,用于窗体
“最大化”、“最小化”按钮	MinMaxButtons	窗体标题栏中“最大化”、“最小化”按钮是否可见,用于窗体
“关闭”按钮	CloseButton	窗体标题栏中“关闭”按钮是否有效,用于窗体
可移动的	Moveable	窗体视图能否移动,用于窗体

7.1.3　事件与方法

1. 事件

事件(Event)就是每个对象可能用以识别和响应的某些行为和动作。

在 Access 中,一个对象可以识别和响应一个或多个事件,这些事件是通过宏和 Visual Basic 事件代码定义的。

利用 Visual Basic 代码定义事件过程的语句格式如下:

```
Private Sub 对象名称_事件名称([(参数列表)])
<程序代码>
End Sub
```

其中:

对象名称:指的是对象(名称)属性定义的标识符,这一属性必须在“属性表”窗格中进行定义。

事件名称:指的是某一对象能够识别和响应的事件。

程序代码:指的是 Visual Basic 提供的操作语句序列。

表 7-2 所示的是对象核心事件及功能。

表 7-2　对象核心事件及功能

事　　件	触 发 时 机
打开(Open)	打开窗体,但第一条记录尚未显示时
加载(Load)	窗体打开并显示记录时
调整大小(Resize)	窗体打开后,窗体大小有所更改时
激活(Activate)	窗体变成活动窗口时
成为当前(Current)	窗体中焦点移到一条记录时,窗体刷新时,重新查询时
获得焦点(GotFocus)	对象获得焦点时
单击(Click)	单击鼠标左键时

续表

事　　件	触 发 时 机
双击(DbClick)	双击鼠标左键时
鼠标按下(MouseDown)	按下鼠标键时
鼠标移动(MouseMove)	移动鼠标时
鼠标释放(MouseUp)	释放鼠标键时
击键(KeyPress)	按下并释放某键盘键时
更新前(BeforeUpdate)	在控件或记录更新时
更新后(AfterUpdate)	控件中数据被改变或记录更新后
失去焦点(LostFocus)	对象失去焦点时
卸载(Unload)	窗体关闭后,但从屏幕上删除前
停用(Deactivate)	窗体变成不是活动窗口时
关闭(Close)	当窗体关闭,并从屏幕上删除时

2. 方法

方法(Method)是附属于对象的行为和动作,也可以将其理解为指示对象动作的命令。方法是在事件代码中被调用的。

调用方法的语句格式如下:

[<对象名>].方法名

方法是面向对象的,所以对象的方法调用一般要指明对象。

3. 利用"代码"窗口编辑对象的事件和方法

打开"窗体设计"窗口并右击,打开快捷菜单,选择"事件生成器"命令,进入"代码"窗口,如图 7-2 所示。

在"代码"窗口中,首先通过"对象"组合框提供的参数选择对象,然后再通过"事件"组合框提供的参数选择事件,这时系统自动给出事件过程的开头和结束语句。

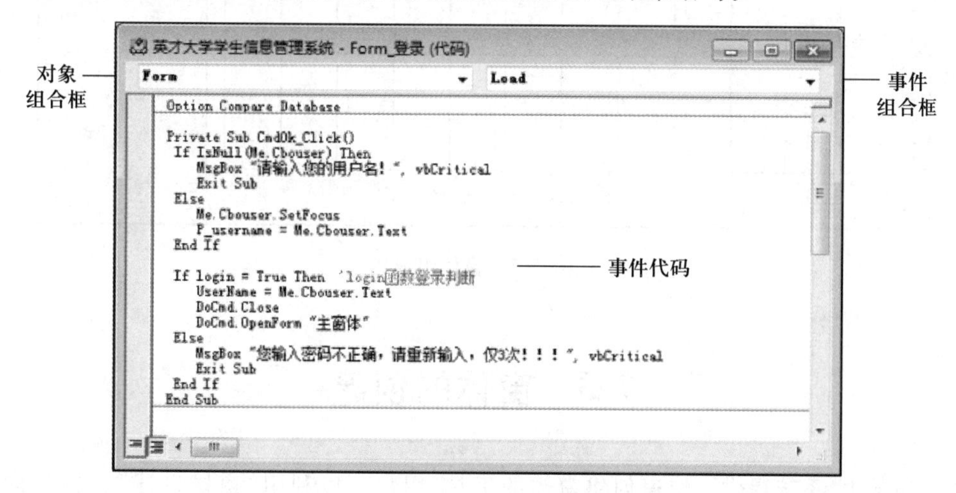

图 7-2 "代码"窗口

7.2　窗体的组成

窗体通常由页眉、页脚及主体三部分组成。

页眉位于窗体的最上方，又称页眉节，分为窗体页眉和页面页眉，窗体页眉在执行窗体时可显示，页面页眉只有在打印时输出。

页脚位于窗体的最下方，又称页脚节，分为窗体页脚和页面页脚，窗体页脚在执行窗体时可显示，页面页脚只有在打印时输出。

页眉与页脚中间部分称为主体，又称为主体节，它是窗体的核心内容。

窗体组成如图 7-3 所示。

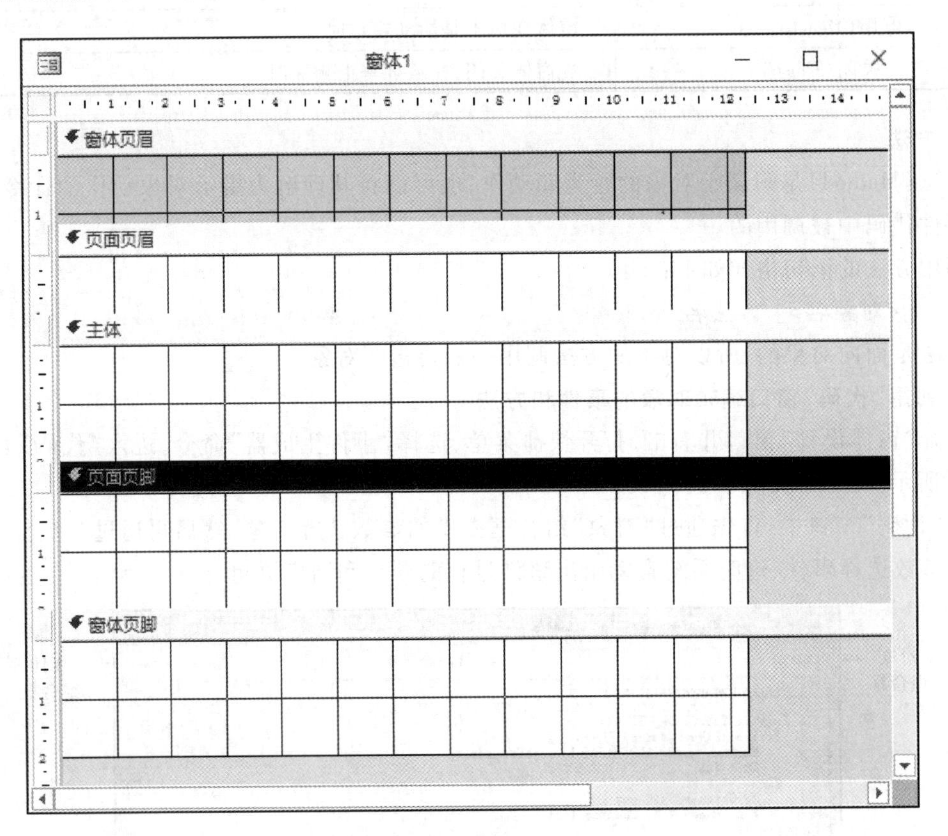

图 7-3　窗体组成

7.3　窗体的创建

在 Access 中，系统提供了快速创建窗体的工具，用户可以利用“窗体设计”、“窗体向导”等系统工具，方便、快捷地完成数据窗体的创建。

1. 使用“窗体向导”创建窗体

使用“窗体向导”创建窗体，用户可以选择窗体包含的字段个数，还可以定义数据窗体布局和样式。

操作步骤如下。

（1）打开数据库。

（2）在Access系统窗口中，打开“创建”选项卡，打开“其他窗体”下拉菜单，如图7-4所示。

（3）选择“窗体向导”命令，进入“窗体向导”窗口。

（4）在“窗体向导”窗口中，选择数据源，确定窗体所需的字段。

（5）在“窗体向导”窗口中，选择窗体的布局格式。

（6）在“窗体向导”窗口中，选择窗体的样式。

（7）保存并打开窗体，结束窗体的创建。

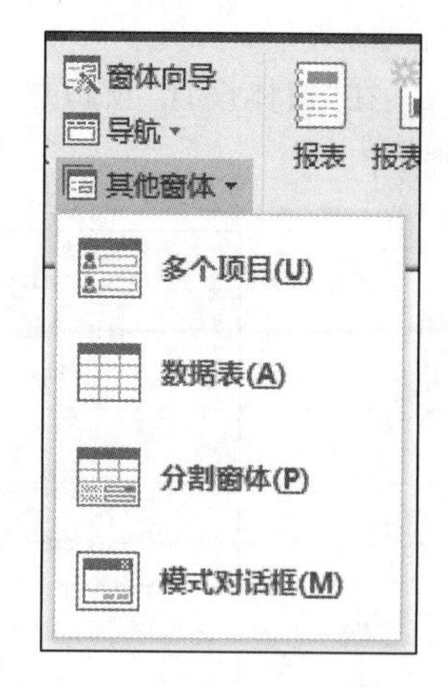

图7-4　“其他窗体”下拉菜单

2. 使用“窗体设计”视图创建窗体

使用“窗体设计”视图，一是可以创建窗体，二是可以修改窗体。利用“窗体设计”视图可以不受系统约束，从而最大限度地满足需求，自主地设计窗体。通常“数据维护窗体”、“开关面板窗体”及“自定义对话窗体”都是在“窗体设计”视图中设计完成的。

操作步骤如下。

（1）打开数据库。

（2）在Access系统窗口中，打开“创建”选项卡，单击“窗体设计”按钮，进入“窗体设计”窗口，如图7-5所示。

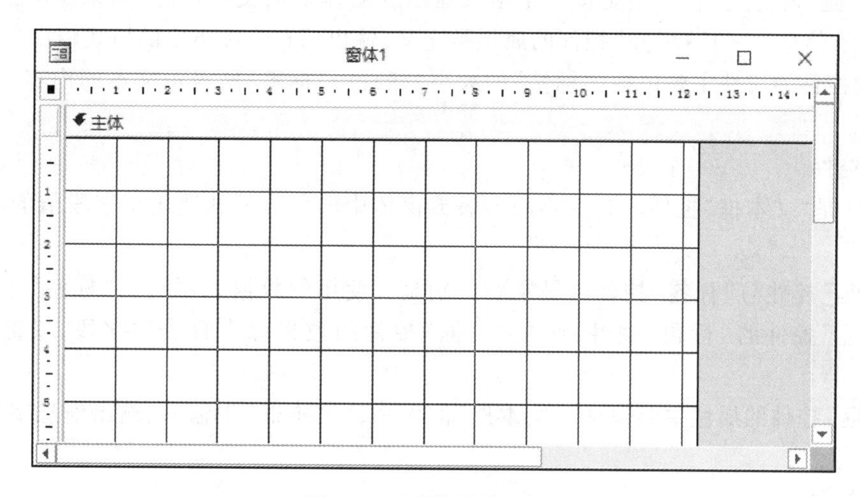

图7-5　“窗体设计”窗口

（3）在“窗体设计”窗口中，确定数据来源，或为窗体添加控件。

（4）在“属性表”窗格中，设计窗体或控件属性。

（5）在“代码”窗口中，设计窗体或控件事件和方法代码。

（6）保存窗体，结束窗体的创建。

7.4　窗体控件与应用

在“窗体设计”窗口中，打开“设计”子选项卡，可以打开窗体“控件”子功能区，如图 7-6 所示。

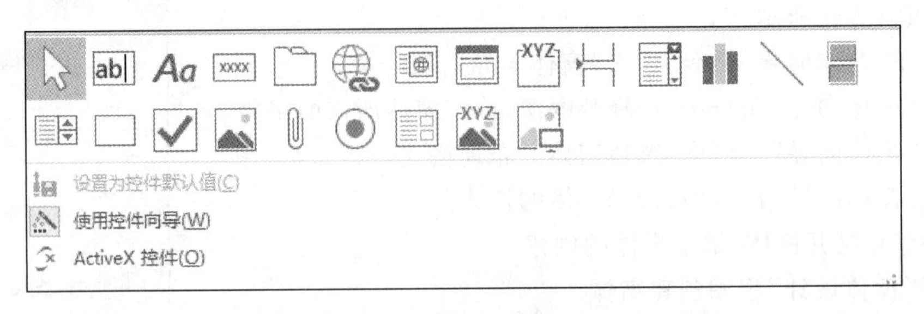

图 7-6　“控件”子功能区

用鼠标将“控件”中的任意一个按钮拖（或双击）到窗体中，将在窗体中添加一个新的控件，用户只有对新控件的属性加以定义，窗体的控件才能发挥其应有的作用。

7.4.1　常用的窗体控件

常用的窗体控件的功能及其属性的设置如下。

1. Aa 控件

Aa 控件是“标签”控件。它是按一定格式显示在窗体上的文本信息，用来显示窗体中的各种说明和提示信息。一旦“标签”控件的属性被定义，输出信息将按指定的格式输出。

“标签”控件的属性主要包括：“标签”的大小及颜色，“标签”所显示文本的内容、字体、大小和风格等。

2. ab| 控件

ab| 控件是“文本框”控件。它主要用于表或窗体中非备注型和通用型字段值的输入、输出等操作。

“文本框”控件与“标签”控件的最主要区别是其使用的数据源不同。“标签”控件的数据源来自“标签”控件的“标题”属性，而“文本框”控件的数据源来自表中字段，或键盘输入的信息。

“文本框”控件的属性主要包括：“文本框”的大小，“文本框”中输入、输出信息字体的大小、风格和颜色等。

3. XXXX 控件

XXXX 控件是“命令按钮”控件。它主要用来控制程序的执行过程，以及控制窗体中数据的操作等。

在设计应用系统程序时，程序设计者经常在窗体中添加具有不同功能的“命令按钮”，供用户选择各种不同的操作。触发“命令按钮”控件事件，将执行该“命令按钮”的事件代码，完成指定的操作。

“命令按钮”控件的属性主要包括：“命令按钮”的大小，“命令按钮”显示文本的内容，显示文本字体的大小、字体风格和颜色等。

“命令按钮、控件的动作响应，主要由“命令按钮”的事件中的代码决定。利用“命令按钮向导”或“宏命令编辑”窗口，可以输入和编辑“命令按钮”的事件代码，也可以通过 VBA 编程设计“命令按钮”的事件代码。

在窗体中选择一个“命令按钮”控件，系统将自动启动“命令按钮向导”，如图 7-7 所示。

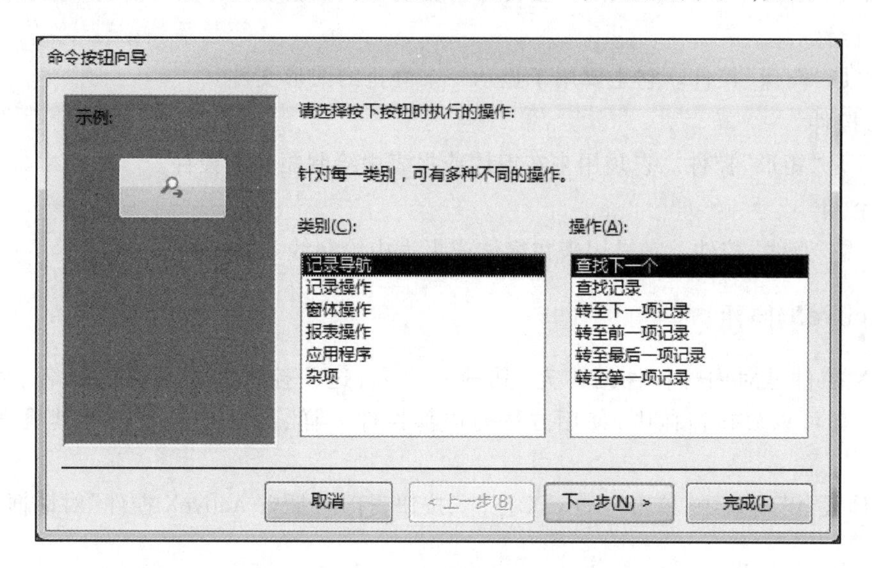

图 7-7　命令按钮向导

4. 控件

控件是“列表框”控件。它是以一种表格式的显示方式输入、输出数据的，表格中分为若干行和列。在打开窗体时，可以从列表中选择一个值作为新记录的字段值，或更改记录的已有字段值。“列表框”控件的主要属性是表格的列数和列的数据源。

5. 控件

控件是“组合框”控件。它是由一个“列表框”和一个“文本框”组成，主要用于从列表项中选取数据，并将数据显示在编辑窗口中的操作。“组合框”控件的属性主要包括：“组合框”控件的大小，以及“组合框”输出信息值、字体大小和风格等。

6. 控件

控件是“选项按钮”控件。它是用来显示数据源中“是/否”字段的值。如果选择了“选项按钮”，其值为“是”，如果未选择“选项按钮”，其值为“否”。

7. 控件

控件是“选项卡”控件。用于设置包含多个选项卡的窗体界面。

8. 控件

控件是“选项组”控件。它是用来控制在多个选项卡中，只选择其中一个选项卡的操作。一般情况下，在应用系统程序中“选项组”控件是成组出现在窗体中的，用户可以从一系列的选项中，选择其中的一个选项完成系统程序的某一操作。

9. ☑ 控件

☑ 控件是“复选框”控件。它与“选项按钮”控件作用相同。

10. 控件

控件是“绑定对象框”控件。它主要用于绑定的 OLE 对象的输出。

11. 控件

控件是“子窗体”控件。它是在主窗体中显示与其数据来源相关的子表中数据的窗体。

12. 控件

控件是“图像”控件。它主要用于显示一个静止的图形文件。

13. □ 控件

□ 控件是“矩形”控件。它是用来在窗体或报表中绘制矩形的控件。

14. ＼ 控件

＼ 控件是“直线”控件。它是用来在窗体或报表中绘制线条的控件。

7.4.2　ActiveX 控件

ActiveX 控件是对内部控件的扩充，其种类很多，这些控件以.ocx 为扩展名。它们和基本内部控件都可以放在窗体中，使用方法与内部控件一样，同样也是要设计其属性、事件和方法。

在“窗体设计”窗口中，单击“ActiveX 控件”按钮，打开“插入 ActiveX 控件”对话框，如图 7-8 所示。

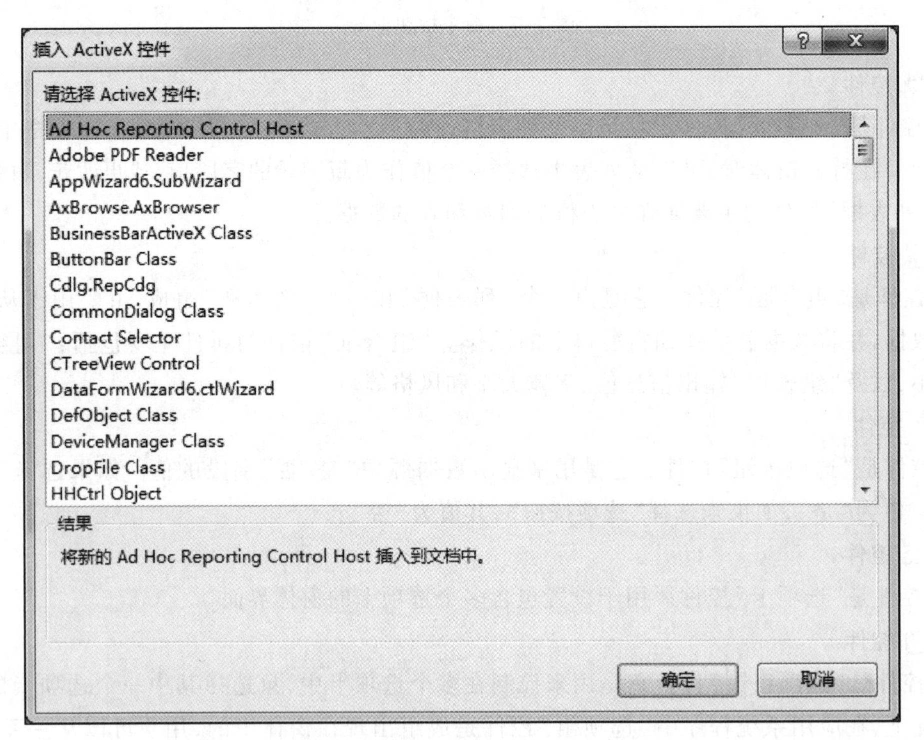

图 7-8　“插入 ActiveX 控件”对话框

选择要添加的 ActiveX 控件，便可将选中的 ActiveX 控件添加到“窗体”中。

在 Access 数据库应用系统中，常用的 ActiveX 控件如下。

1. “树视图”控件

“树视图”(TreeView)控件用于创建具有结点层次风格的用户界面。在这个控件中，每个结点还可以包含若干子结点，每个结点具有展开或折叠两种风格，它放置在 Microsoft TreeView Control，Version 6.0 部件之中。

2. “图像列表”控件

“图像列表”(ImageList)控件用于保存图形文件，它放置在 Microsoft ImageList Control，Version 6.0 部件之中。

3. “工具栏”控件

“工具栏”(ToolBar)控件是用于存放工具栏中 CommandBotton 控件的容器，它放置在 Microsoft ToolBar Control，Version 6.0 部件之中。

4. “多媒体”控件

Windows Media Player 控件为多种媒体设备提供了一个公共接口，将多媒体设备“绑定”在窗体上，实现对多媒体的操作，它放置在 Windows Media Player 部件之中。

7.4.3 ADO 数据对象

ADO(ActiveX Data Object，ActiveX 数据对象)作为数据访问接口，可用编程方法操纵本地或远程数据库中的数据，可实现数据查询、更新、索引等操作，它的核心是 Connection、Recordset 和 Command 对象。

对数据库进行访问时，首先需要用 Connection 对象与数据库建立联系，然后用 Recordset 对象来操作、维护数据记录，利用 Command 对象实现存储过程和参数的查询。

使用 ADO 之前，首先要用 Dim 语句声明 ADO 变量，然后通过方法控制数据访问。

ADO 的常用方法如下。

1. Set　Database 方法

语句格式：

Set <Database> = <WorkSpace>.OpenDatabase　(<dbname>，[<options>]，[<readonly>]，[<connect>])

功能：

以指定的方式打开数据库。

其中：

(1) <Database>：Database 对象变量。

(2) <WorkSpace>：WorkSpace 对象变量。

(3) <dbname>：数据库文件名。

(4) <options>：决定是以独占方式打开数据库，还是以共享方式打开数据库，当 options 值为 True 时以独占方式打开数据库，当 options 值为 False 时以共享方式打开数据库，默认值为 False。

(5) <readonly>：决定是以只读方式，还是以读写方式打开数据库，当 readonly 值为 True 时以只读方式打开数据库，当 readonly 值为 False 时以读写方式打开数据库，默认值为 False。

（6）<connect>：用来指定数据库的类型以及打开数据库的口令等。

2. Set　Recordset 方法

语句格式：

Set <Recordset> = <Database>. OpenRecordset　(<source>, [<type>] [<options>], <lockedits>)

功能：

从数据库中读取数据赋给指定记录。

其中：

（1）<Recordset>：记录对象变量。

（2）<Database>：Database 对象变量。

（3）<source>：数据表文件名。

（4）<options>：决定是以独占方式打开数据库，还是以共享方式打开数据库，当 options 值为 True 时以独占方式打开数据库，当 options 值为 False 时以共享方式打开数据库，默认值为 False。

（5）<type>：数据表字段类型。

（6）<lockedits>：数据表中记录不能修改。

3. MoveFirst 方法

语句格式：

<对象>.Recordset.MoveFirst

功能：

设置第一个记录为当前可操作记录。

4. MovePrevious 方法

语句格式：

<对象>.Recordset.MovePrevious

功能：

设置当前可操作记录的前一个记录为当前可操作记录。

5. MoveNext 方法

语句格式：

<对象>.Recordset.MoveNext

功能：

设置当前可操作记录的下一个记录为当前可操作记录。

6. MoveLast 方法

语句格式：

<对象>.Recordset.MoveLast

功能：

设置最后一个记录为当前可操作记录。

7. AddNew 方法

语句格式：

<对象>.Recordset.AddNew

功能:

在表的最后一个记录后添加新记录。

8. Delete 方法

语句格式:

<对象>.Recordset.Delete

功能:

删除当前可操作记录。

9. BOF 方法

语句格式:

<对象>.Recordset.BOF

功能:

返回记录指针是否移到第一个记录前。

10. EOF 方法

语句格式:

<对象>.Recordset.EOF

功能:

返回记录指针是否移到最后一个记录后。

7.4.4 窗体常用控件的使用

在设计窗体时,要考虑的问题很多,但主要有窗体自身的属性、窗体容纳控件的属性,以及窗体和控件的事件、方法,还有就是窗体的布局。窗体的布局主要取决于窗体容纳的控件及其属性设置。

1. 选择控件

在创建窗体时,通过对选中的控件进行设计,完成窗体的设计。

在"窗体设计"窗口中,打开"设计"选项卡,可通过"控件"子功能区控制对控件的操作。一旦控件被选中,在控件周围(角落和边缘的中间)将显示 8 个句柄(句柄是 Windows 用来标识被应用程序所建立或使用的对象的唯一整数),左上角的句柄比其他的句柄大,用于移动控件,其他的句柄用于改变控件的大小。

(1) 选中单个控件:单击某一个控件的任何地方都可以选中该控件,并显示控件的句柄,如图 7-9 所示。

(2) 选中多个控件:选中多个控件有以下两种方法。

方法一:按住 Shift 键的同时单击所有要选择的控件。

方法二:拖动鼠标使它经过所有要选择的控件,如图 7-10 所示。

2. 取消控件

一般情况下,在选择另一个控件前,要取消对已选中控件的控制。单击窗体上不包含任何控件的区域,可取消对已选中控件的句柄。

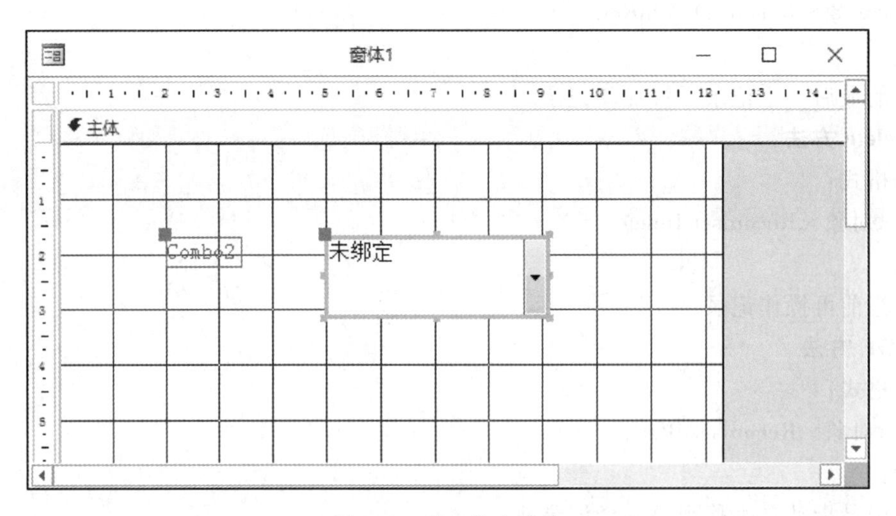

图 7-9　选中单个控件

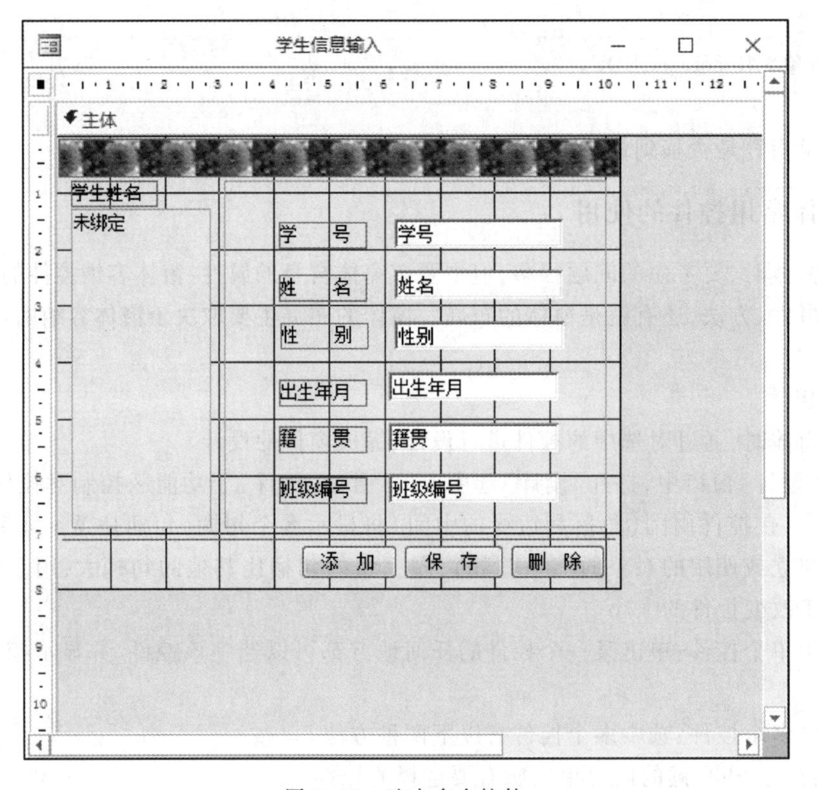

图 7-10　选中多个控件

3. 移动控件

方法一：当选中某个控件后，用鼠标把它拖到指定的位置。

方法二：把鼠标指针放在控件左上角的移动句柄上，用鼠标把它拖到指定的位置，这种方法只能移动单个控件。

4. 控件布局

在“窗体设计”窗口中,打开“排列”选项卡,可通过“位置”子功能区控制窗体控件的位置,如图 7-11 所示。

5. 控件对齐

在“窗体设计”窗口中,打开“排列”选项卡,可通过“调整大小和排序”子功能区选择控制控件对齐操作等,如图 7-12 所示。

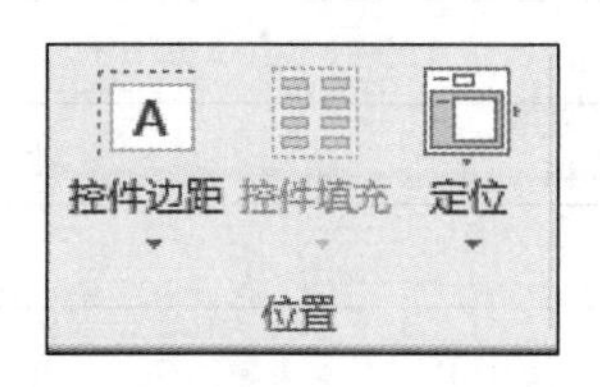

图 7-11 “位置”子功能区

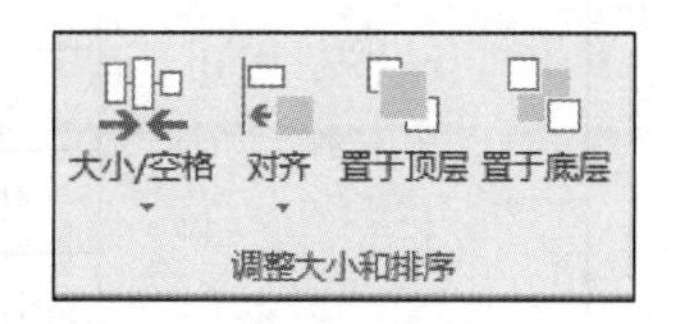

图 7-12 “调整大小和排序”子功能区

6. 复制控件

选中窗体中的某个控件,或选中多个控件,打开快捷菜单,选择“复制”命令,然后再确定要复制的控件位置,重新打开快捷菜单,选择“粘贴”命令,将已选中的控件粘贴到指定的位置上,修改副本的相关属性,可加快控件的设计。

7. 删除控件

选中窗体中的某个控件,或选中多个控件,打开快捷菜单,选择“删除”命令,可删除已选中的控件。

例 7.1:设计一个“关于”窗体,功能是将数据库应用系统相关的“信息”发布出去,窗体运行结果如图 7-13 所示。

图 7-13 “关于”窗体

操作步骤如下。

(1) 打开数据库。

(2) 在 Access 系统窗口中,打开“创建”选项卡,单击“窗体设计”按钮,进入“窗体设计”窗口。

(3) 添加窗体控件,打开快捷菜单,选择“属性”命令,进入“属性表”窗格。

(4) 窗体及主要控件的属性如表 7-3 所示。

表 7-3　“关于”窗体中各控件属性

对　　象	对　象　名	属　　性
窗体	关于	标题:关于
		滚动条:两者均无
		记录选择器:否
		导航条按钮:否
		自动居中:是
		边框样式:无
		图片:1.jpg
		缩放模式:拉伸
标签	Label1	标题:软件名称:英才大学学生管理系统
	Label2	标题:软件版本:Clw_V_1.0
	Label3	标题:版权所有:阳光软件工作室

(5) 在“窗体设计”窗口中,打开“文件”菜单,选择“保存”命令,结束“关于”窗体的创建。

例 7.2:设计一个“学生信息输入”窗体,功能是用于“学生”表数据的输入,窗体运行结果如图 7-14 所示。

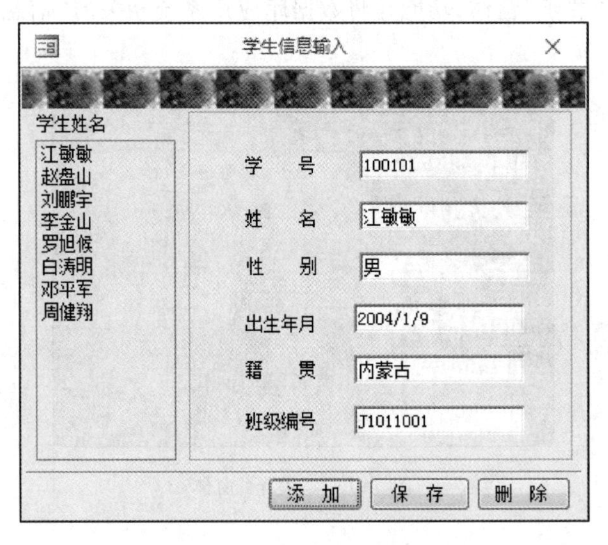

图 7-14　“学生信息输入”窗体

操作步骤如下。

(1) 打开数据库。

(2) 在 Access 系统窗口中,打开“创建”选项卡,单击“窗体设计”按钮,进入“窗体设计”窗口。

(3) 添加窗体控件,如图 7-15 所示。

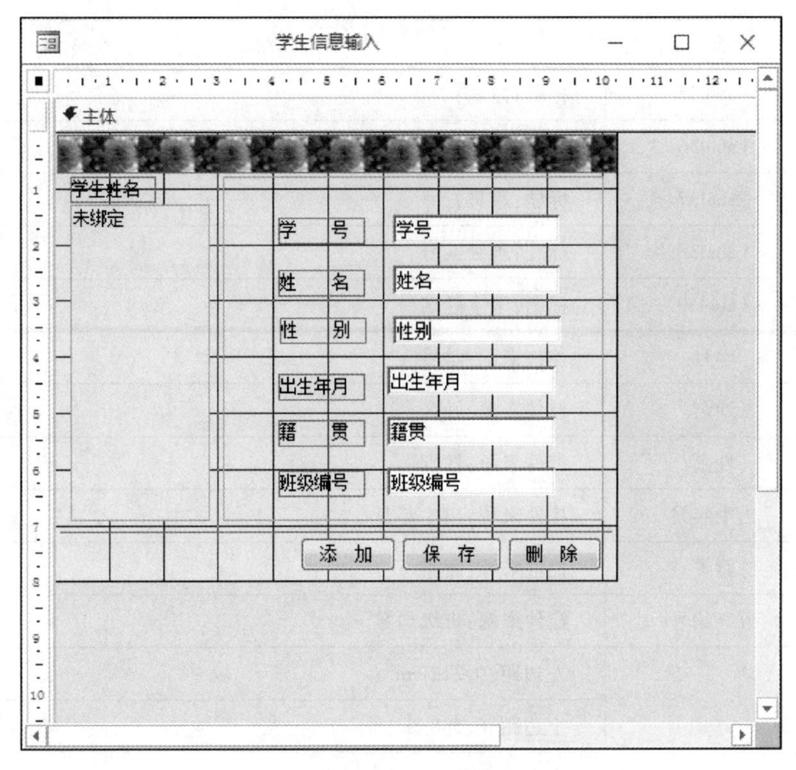

图 7-15 “学生信息输入”窗体控件

(4) 打开快捷菜单,选择“属性”命令,进入“属性表”窗格。

窗体及主要控件的属性如表 7-4 所示。

表 7-4 “学生信息输入”窗体中各控件属性

对 象	对 象 名	属 性	事 件
窗体	学生信息输入	标题:学生信息输入	无
		滚动条:两者均无	
		记录选择器:否	
		导航按钮:否	
		自动居中:是	
		自动调整:是	
		边框样式:对话框边框	
		记录源:学生	
图片	Image23	图片:2.JPG	无
标签	Label33	标题:学号:	
	Label34	标题:姓名:	

续表

对　　象	对 象 名	属　　性	事　　件
标签	Label35	标题:性别:	无
	Label36	标题:出生年月:	
	Label37	标题:籍贯:	
	Label38	标题:班级编号:	
	Label39	标题:学生姓名	
文本框	学号	控件来源:学号	无
	姓名	控件来源:姓名	
	性别	控件来源:性别	
	出生年月	控件来源:出生年月	
	籍贯	控件来源:籍贯	
	班级编号	控件来源:班级编号	
列表	List1	左边距:0. 212 cm	无
		上边距:0. 688 cm	
		高度:6. 901 cm	
		宽度:6. 111 cm	
		列宽:2. 54 cm	
		行来源:SELECT 学生.学号,学生.姓名 FROM 学生 ORDER BY[学号];	
直线	Line17	边框颜色:#0080FF	

(5) 在“窗体”窗口中,向窗体添加“命令按钮”控件,打开“命令按钮向导”对话框。

(6) 在“命令按钮向导”对话框中,选择命令按钮的操作类别和具体的操作。

(7) 在“命令按钮向导”对话框中,选择命令按钮的显示方式。

(8) 在“命令按钮向导”对话框中,定义命令按钮的名称(CmdAdd),单击“完成”按钮,结束一个命令按钮事件和名称的设计。

(9) 重复步骤(5)~(8)的操作,定义命令按钮(CmdSave)的名称及事件。

(10) 步骤重复(5)~(8)的操作,定义命令按钮(CmdDel)的名称及事件。

(11) 打开“设计”选项卡,设计命令按钮控件的其他属性。

命令按钮控件的属性如表7-5所示。

(12) 打开“Office 按钮”下拉菜单,选择“保存”命令,进入“另存为”对话框,输入窗体的文件名“学生信息输入”,窗体建立完成。

表 7-5 “学生信息输入”命令按钮控件属性

<table>
<tr><th>对 象</th><th>对 象 名</th><th>属 性</th><th>事 件</th></tr>
<tr><td rowspan="10">命令
按钮</td><td rowspan="5">CmdAdd</td><td>标题:添加</td><td rowspan="10">Click
代码是系统
自动生成的</td></tr>
<tr><td>左边距:4.497 cm</td></tr>
<tr><td>上边距:7.222 cm</td></tr>
<tr><td>高度:0.582 cm</td></tr>
<tr><td>宽度:1.72 cm</td></tr>
<tr><td rowspan="3">CmdSave</td><td>标题:保存</td></tr>
<tr><td>左边距:6.349 cm</td></tr>
<tr><td>其他与 CmdAdd 相同</td></tr>
<tr><td rowspan="3">CmdDel</td><td>标题:删除</td></tr>
<tr><td>左边距:8.28 cm</td></tr>
<tr><td></td><td>其他与 CmdAdd 相同</td></tr>
</table>

本章的知识点结构

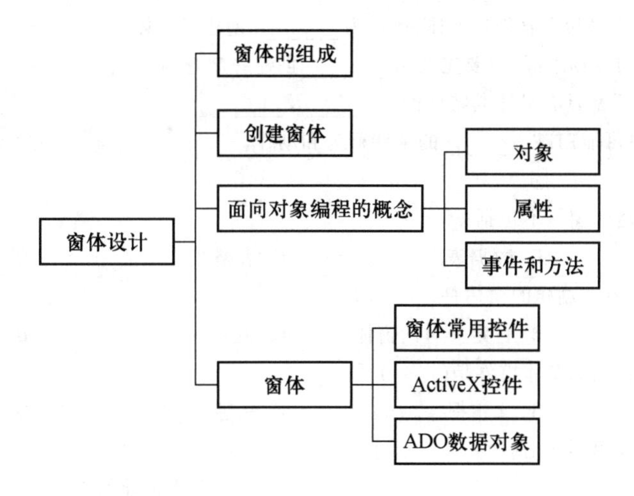

习　题　7

一、简答题

1. 叙述对象的概念。

2. 叙述属性、事件和方法的概念。

3. 简述窗体的定义与作用。

4. 简述数据窗体的数据来源有几类。

5. 简述窗体是由什么组成的。

6. 叙述 ActiveX 控件的使用方法。

7. 简述 ADO 控件的作用。

8. 叙述数据输入窗体应具有的基本功能。

9. 叙述设计窗体时,主要考虑哪些问题。

10. 简述窗体常用的事件有哪些。

二、填空题

1. 窗体控件的属性决定了窗体的________及控件自身的结构、外观和行为,以及它所包含文本或数据的特性。

2. 创建窗体的数据来源是________。

3. 窗体的主体位于窗体的中心部分,是工作窗口的核心部分,由多种________组成。

4. 设置窗体的属性实际上是设计窗体的________。

5. 使用窗体设计器,一是可以创建窗体,二是可以________。

6. “图像”控件主要用于显示一个________。

7. “窗体向导”不仅可以为主表创建窗体,还可为________创建子窗体。

8. 用多表作为窗体的数据来源,就要先利用________创建一个查询。

9. 窗体中每个“对象”都具有描述其特征的________及________。

10. 事件是每个对象可能用以________的某些行为和动作。

三、单选题

1. 自动窗体向导创建的窗体不包括(　　)。

A. 纵栏式　　B. 数据表　　C. 表格式　　D. 新奇式

2. 使用窗体设计器,不能创建的窗体是(　　)。

A. 开关面板窗体　　B. 自定义对话窗体　　C. 报表　　D. 数据维护窗体

3. 能够接受数值型数据的窗体控件是(　　)。

A. 图形　　B. 文本框　　C. 标签　　D. 命令按钮

4. 创建窗体的数据来源不能是(　　)。

A. 多个表　　B. 一个多表创建的查询

C. 一个单表创建的查询　　D. 一个表

5. 以下不是窗体控件的是(　　)。

A. 组合框　　B. 文本框　　C. 表　　D. 命令按钮

6. 以下不是窗体组成部分的是(　　)

A. 窗体设计视图　　B. 窗体页眉　　C. 窗体主体　　D. 窗体页脚

7. 能够输出“图像”的窗体控件是(　　)。

A. 标签　　B. 复选按钮控件　　C. 图形控件　　D. 列表框控件

8. 下列说法错误的是(　　)。

A. 事件既可以由用户引发,也可以由系统引发

B. 事件代码既能在事件引发时执行,也可以显式调用

C. 在容器对象的嵌套层里,事件的处理具有独立性,每个对象只识别并处理属于自己的事件

D. 事件名称不能由用户创建,是系统提供的

9. 在窗体中,标签的“标题”是标签控件的(　　)。

A. 自身宽度　　B. 名字　　C. 大小　　D. 数据来源

10. 窗体中容纳的控件的“上边距”属性,表示的是控件的(　　)。

A. 上边界与容器下边界的距离　　B. 上边界与容器上边界的距离

C. 下边界与容器下边界的距离　　D. 下边界与容器上边界的距离

第8章　设　计　宏

一个实用的数据库系统,其数据库中的数据大多数都是有多种操作和管理需求的,具有数据输入、数据维护、数据处理及数据输出等一系列的功能,是一个有着紧密联系的连贯系统,若想将数据库中所有的对象紧密联系起来,并能够协调统一地管理,就需要数据库具备一种对较大、较多的对象在宏观上实施控制的功能。宏、模块则是能够完成这一重要"使命"的特殊的数据库操作对象。

8.1　什么是宏

宏是一种特定的编码,是一个或多个操作命令的集合。

宏以动作为基本单位,一个宏命令能够完成一个操作动作,每一个宏命令是由动作名和操作参数组成的。

宏可以是包含一个或多个宏命令的宏集合,若是由多个宏命令组成在一起的宏,其操作动作的执行是按宏命令的排列顺序依次完成的。另外,还可以在宏中加入条件表达式,限制宏在满足一定的条件下完成某种操作。

宏也可以定义成为宏组,把多个宏保存在一个宏中。使用时可以分别调用,这样更便于数据库中宏的管理。

宏的使用一般是通过窗体、报表中的命令按钮控件实现的。

具体做法是:在窗体或报表中添加部分"命令按钮"控件,定义"命令按钮"控件的单击或双击事件,执行指定的"宏"操作。只要打开窗体或报表,再触发"命令按钮"控件,将实现所对应的宏操作命令的指定动作。

在 Access 中,"宏"与"模块"相比,更容易掌握,用户不必去记忆命令代码、命令格式及语法规则,只要了解有哪些宏命令,这些宏命令能够实现什么操作,完成什么操作任务。具体内容可参见附录 C(常用的宏命令)。

在 Access 中,宏的作用非常强大,它可以单独控制数据库对象的操作,也可以作为窗体或报表中控件中的事件代码控制数据库对象的操作,还可以成为实用的数据库管理系统的操作命令,从而控制整个管理系统的操作流程。因为有了宏,在 Access 中,用户甚至在一定条件下不用编程,就能够完成数据库应用系统开发与设计。

8.2　宏与宏组的创建

在 Access 中,“宏”视图是创建宏的唯一环境。在“宏”窗口,可以完成选择宏,设置宏条件、宏操作、宏操作参数,添加或删除宏,更改宏顺序等操作。

(1) 在“宏”窗口,可以编辑单一的宏命令或多个顺序排列的宏命令,如图 8-1 所示。

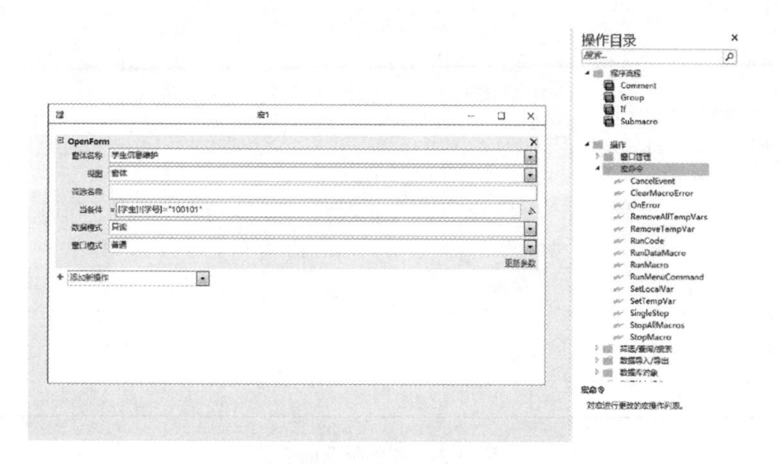

图 8-1　“宏”窗口

在“添加新操作”部分对应的下拉框,将列出 Access 中的所有宏命令,“操作”栏的宏操作一经确定,在“宏”窗口的下方,就打开一个对应的操作参数输入窗口。

“操作参数”部分,每选择一个参数项,“宏”编辑窗口就有一组参数选项供用户选择,提醒用户正确输入操作参数,以便于使用和修改宏操作系数。

(2) 在“宏”窗口,打开“当条件”选项界面,单击“条件”按钮,可以定义带有条件表达式,约束宏命令的执行,如图 8-2 所示。

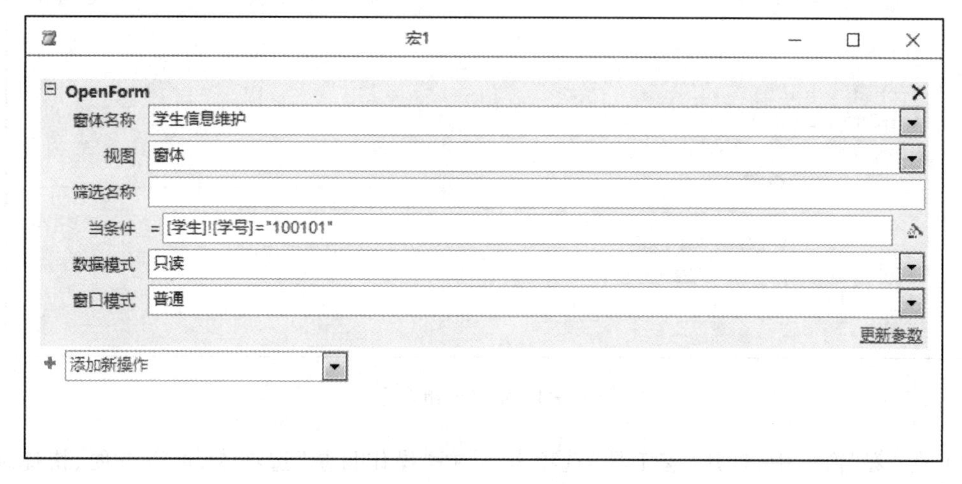

图 8-2　条件宏设置

(3) 在“宏”窗口中,可以定义单一的宏命令,也可以定义多个顺序排列的宏命令,如图 8-3 所示。

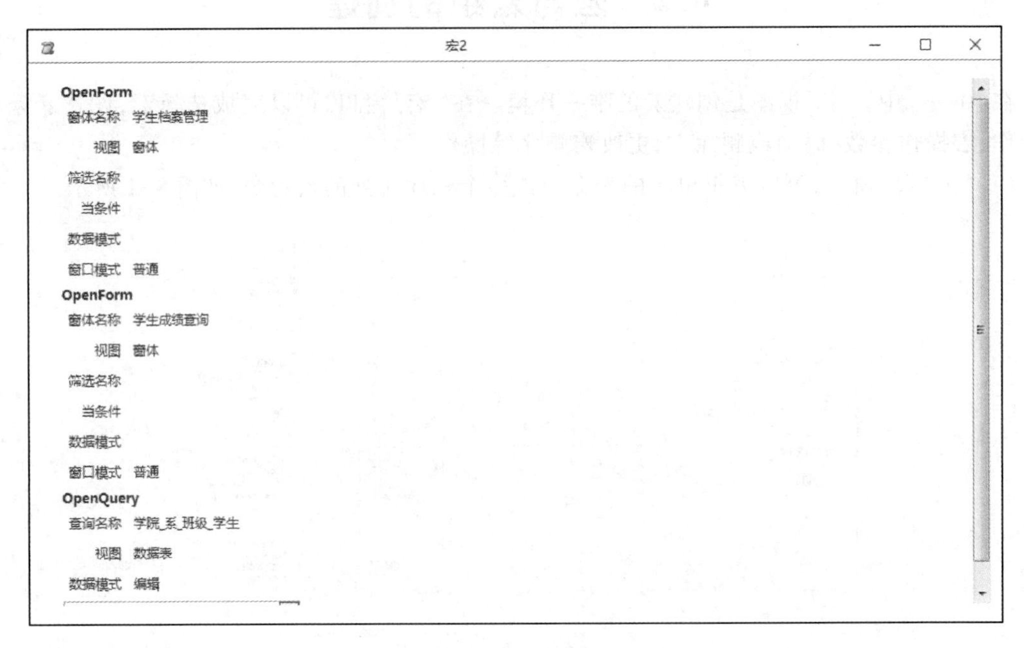

图 8-3　多个命令的宏

(4) 在“宏”窗口中,可以利用定义宏组命令定义宏组,如图 8-4、图 8-5 所示。

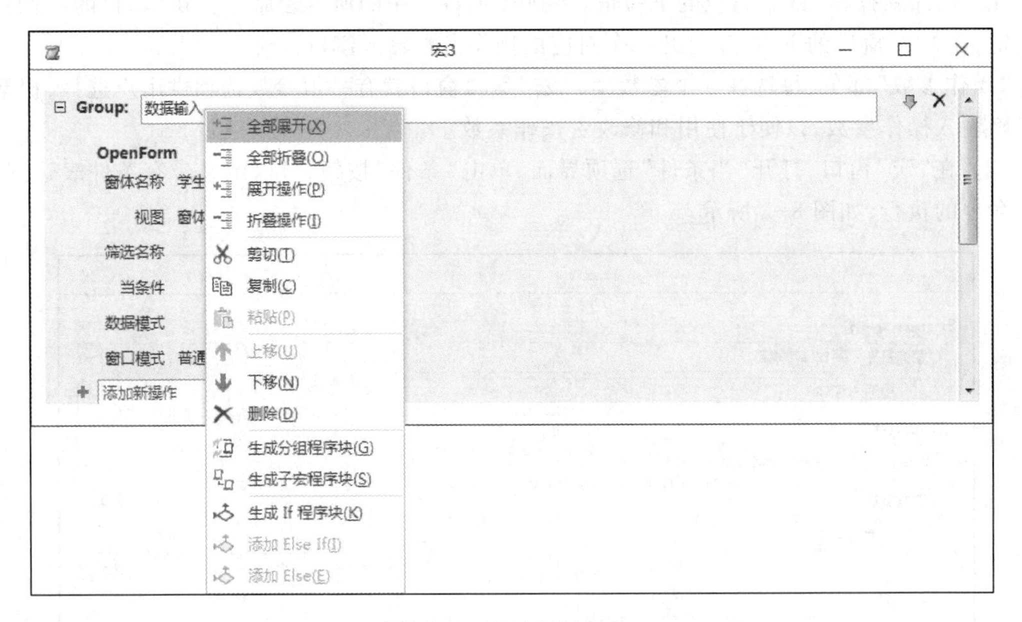

图 8-4　定义宏组命令

(5) 在“宏”窗口中,打开“宏工具”选项卡,选择“操作目录”选项卡,可以方便、快捷地定义宏或宏组,如图 8-6 所示。

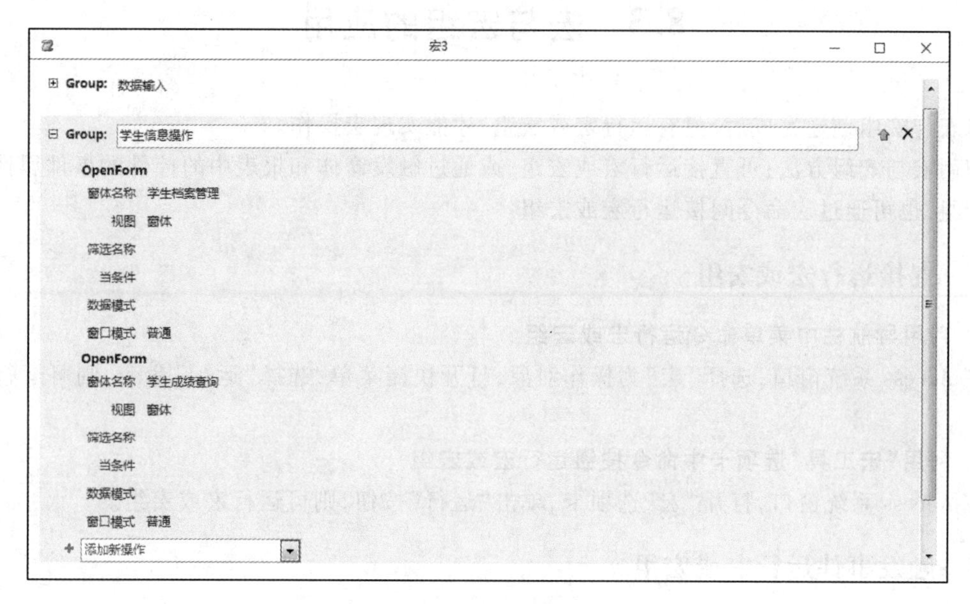

图 8-5 定义宏组

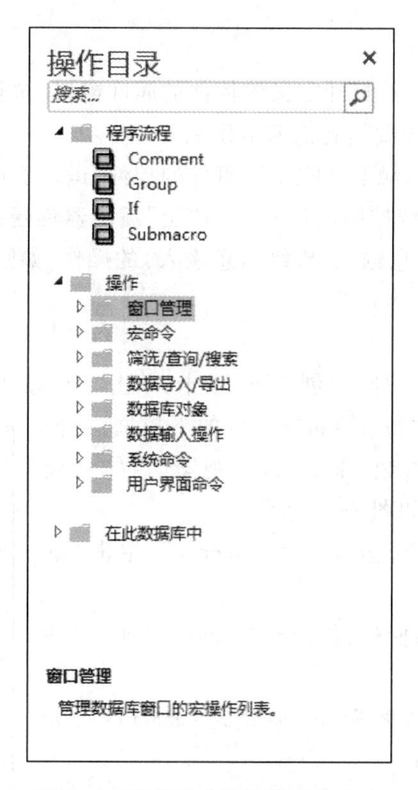

图 8-6 定义宏或宏组的操作命令

8.3 宏与宏组的应用

当宏与宏组创建完成后,只有运行宏或宏组,才能实现宏操作。

使用宏与宏组方法:可直接运行宏或宏组,或通过触发窗体和报表中的控件的事件属性运行宏或宏组,也可通过宏命令间接运行宏或宏组。

8.3.1 直接运行宏或宏组

1. 利用导航栏中菜单命令运行宏或宏组

在 Access 系统窗口,选择“宏”为操作对象,打开快捷菜单,选择“运行”命令,则可运行宏或宏组。

2. 利用“宏工具”选项卡中命令按钮运行宏或宏组

在 Access 系统窗口,打开“宏”选项卡,单击“运行”按钮,则可运行宏或宏组。

8.3.2 触发事件运行宏或宏组

在 Access 中,经常使用的宏运行方法是将宏赋给某一窗体或报表控件的事件属性值,通过触发事件运行宏或宏组。

操作步骤如下。

(1) 打开包含控件的对象,并打开定义该控件的属性窗口,再选择“事件”选项卡,选择触发动作(单击或双击)属性,再选择要运行的宏或宏名。

(2) 使用包含控件的对象,触发已赋予宏事件的控件,运行宏或宏组。

例 8.1:设计一个窗体(系统控制面板),利用“宏”编辑器创建一个宏组(控制面板),可用于打开窗体(学院信息输入、系信息输入、班级信息输入)的操作,如图 8-7 所示。

操作步骤如下。

(1) 打开数据库。

(2) 在 Access 系统窗口中,打开“创建”选项卡,单击“宏”按钮,进入“宏”窗口。

(3) 在“宏”窗口中,打开“操作”部分对应的下拉框,选择宏操作(OpenForm),在“操作参数”部分,选择视图(窗体),确定窗体名称(学院信息输入),如图 8-8 所示。

(4) 在“另存为”对话框中,输入宏名“macro1”,单击“确定”按钮,保存宏。

(5) 重复步骤(2)~(4)的操作,创建宏“macro2”,如图8-9所示。

(6) 重复步骤(2)~(4)的操作,创建宏“macro3”,如图 8-10 所示。

(7) 在 Access 系统窗口中,打开“创建”选项卡,单击“窗体设计”按钮,进入“窗体设计”窗口。

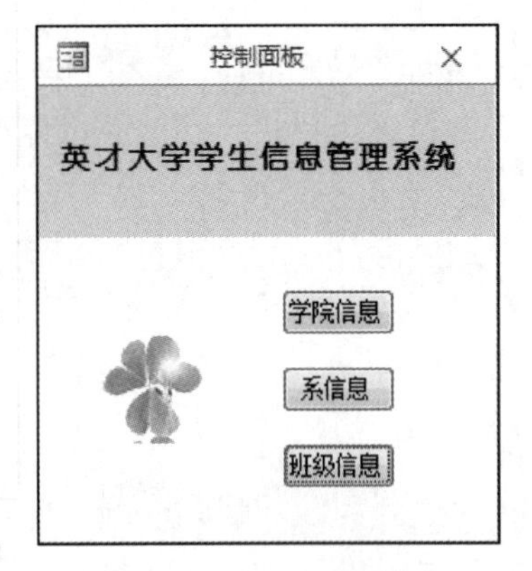

图 8-7 “控制面板”窗体

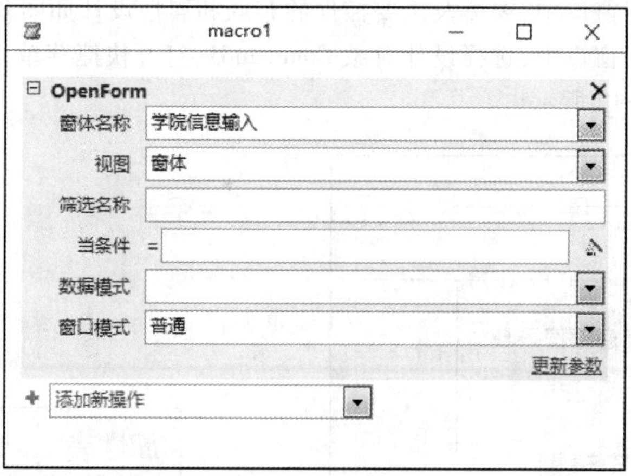

macro1

OpenForm
窗体名称 学院信息输入
视图 窗体
筛选名称
当条件 =
数据模式
窗口模式 普通
更新参数
添加新操作

图 8-8 宏“macro1”

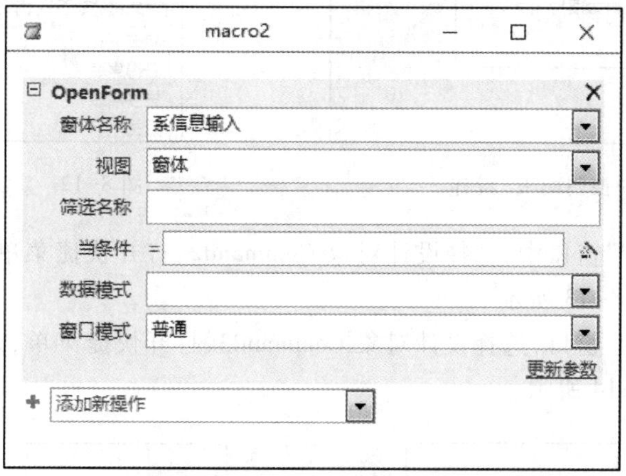

macro2

OpenForm
窗体名称 系信息输入
视图 窗体
筛选名称
当条件 =
数据模式
窗口模式 普通
更新参数
添加新操作

图 8-9 宏“macro2”

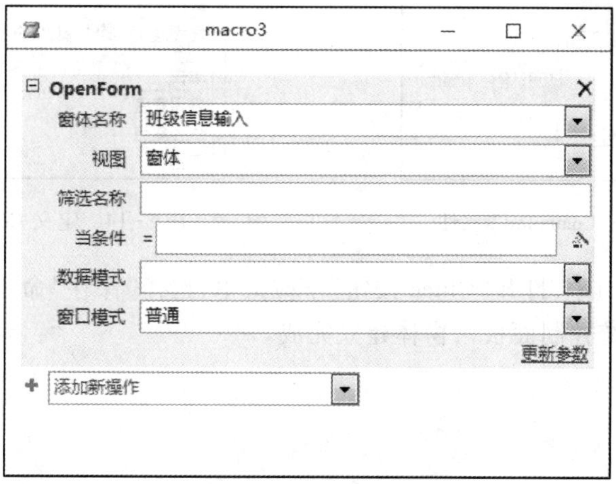

macro3

OpenForm
窗体名称 班级信息输入
视图 窗体
筛选名称
当条件 =
数据模式
窗口模式 普通
更新参数
添加新操作

图 8-10 宏“macro3”

(8) 在"窗体设计"窗口中,窗体及主要控件的布局和属性设计如图 8-11 所示。

(9) 在"窗体设计"窗口中,选择设计对象 Command1,打开快捷菜单,选择"属性"命令,进入"属性表"窗口,如图 8-12 所示。

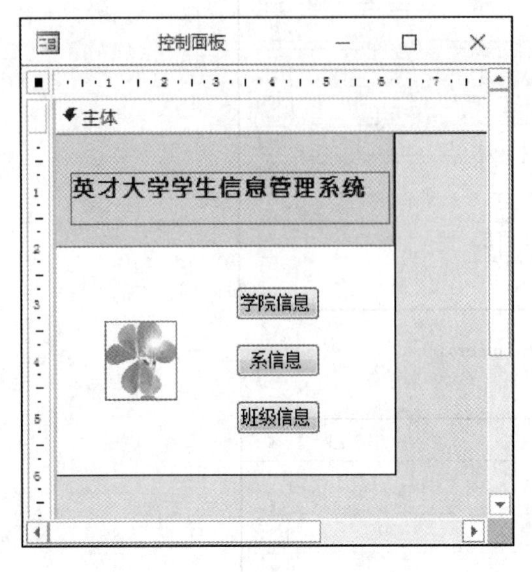

图 8-11　"控制面板"设计

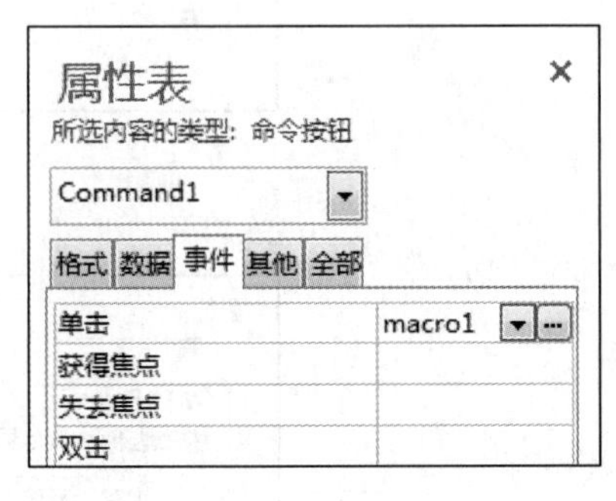

图 8-12　定义 Command1 属性

(10) 在"窗体设计"窗口中,选择设计对象 Command2,打开快捷菜单,选择"属性"命令,进入"属性表"窗口,如图 8-13 所示。

(11) 在"窗体设计"窗口,选择设计对象 Command3,打开快捷菜单,选择"属性"命令,进入"属性表"窗口,如图 8-14 所示。

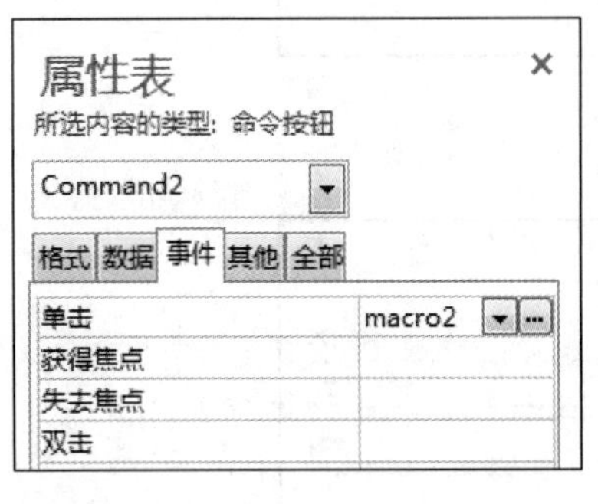

图 8-13　定义 Command2 属性

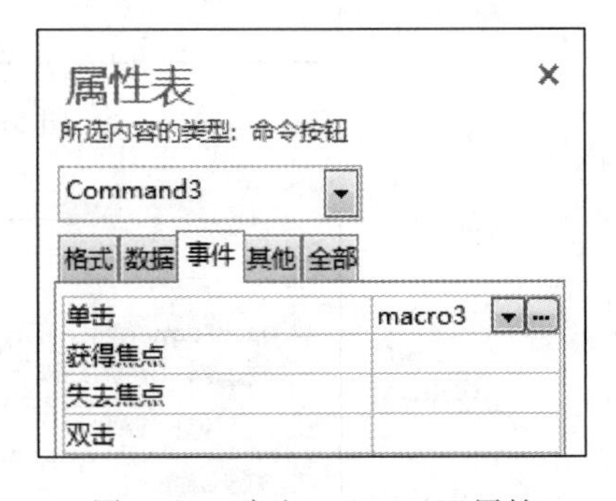

图 8-14　定义 Command3 属性

(12) 在"窗体"窗口中,打开"Office 按钮"下拉菜单,选择"保存"命令,进入"另存为"窗口,输入窗体的文件名"系统控制面板",窗体建立完成。

本章的知识点结构

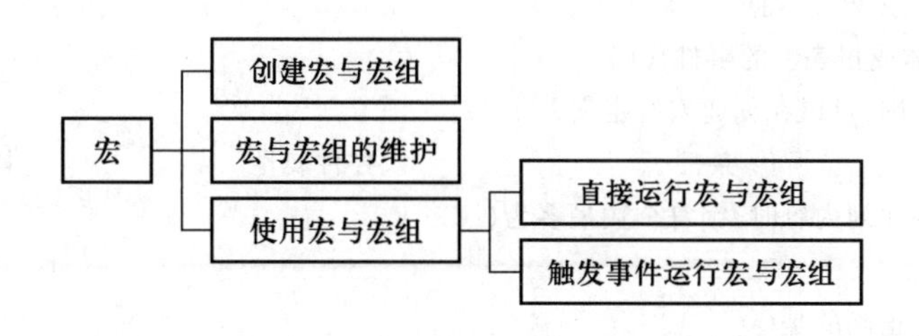

习　题　8

一、简答题

1. 简述宏的定义。
2. 简述宏与宏组的区别。
3. 简述宏组的用途。
4. 叙述常用的宏命令功能。
5. 叙述多个数据库对象中,宏的作用与其他对象有什么根本区别。

二、填空题

1. 宏是数据库操作代码序列,其中每一个________,完成一个特定的数据库操作。
2. 一旦运行宏,系统将从________依次执行宏中的所有操作命令。
3. 宏也可以是由几个宏名组织在一起的________。
4. 利用________可以创建一个宏。
5. 当宏与宏组创建完成后,只有________,才能产生宏操作。
6. 宏的使用一般是通过窗体、报表中的________引发操作。
7. 在宏中加入________,可以限制宏在满足一定的条件下才能完成某种操作。
8. 宏组事实上是一个冠有________的多个宏的集合。
9. 直接运行宏组,事实上执行的只是________所包含的所有宏命令。

三、单选题

1. 在 Access 数据库系统中,不是数据库对象的是(　　)。

A. 报表　　B. 宏　　C. 数据库　　D. 窗体

2. 以下能产生宏操作的是(　　)。

A. 创建宏组　　B. 编辑宏　　C. 创建宏　　D. 运行宏或宏组

3. 能够创建宏的视图是(　　)。

A. 窗体视图　　B. 宏视图　　C. 报表视图　　D. 表视图

4. 不能使用宏的数据库对象是(　　)。

A. 表　　B. 窗体　　C. 宏　　D. 报表

5. 创建宏时,以下不用定义的内容是(　　)。

A. 宏名　　B. 窗体或报表控件属性

C. 宏操作目标　　D. 宏操作对象

6. 关于宏的说明正确的是(　　)。

A. 宏可以是独立的数据库对象,可以提供独立的操作动作

B. 宏与表操作无关

C. 定义宏时可直接更新数据

D. 宏不能是窗体或报表上的事件代码

7. 限制宏操作的范围,可以在创建宏时定义(　　)。

A. 操作对象　　B. 条件　　C. 控件属性　　D. 操作目标

8. 在编辑宏中的备注列内容时,字符个数最多为(　　)。

A. 256　　B. 127　　C. 255　　D. 250

9. 关于宏的描述不正确的是(　　)。

A. 宏是为了响应已定义的事件去执行一个操作

B. 可以利用宏打开或执行查询

C. 宏命令没有打开或执行窗体的操作

D. 使用宏可以提供一些更为复杂的自动处理操作

10. 运行一个包含多个操作的宏,操作顺序是(　　)。

A. 从上到下　　B. 可指定先后　　C. 随机　　D. 从下到上

第9章 设计报表

报表是数据库中数据信息和文档信息输出的另一种形式,它可以将数据库中的数据信息和文档信息以多种样式通过屏幕显示出来,或通过打印机打印出来。

在报表设计的过程中,可以设计数据输出的内容、输出对象的显示或打印格式,还可以设计数据的统计计算规则。借助于报表可以按用户需求重新组织数据,以不同的输出样式提供信息。

在 Access 中,创建报表的方法很多,有许多方法与创建窗体相似,如果掌握了窗体的创建和设计方法,学习报表设计将是一件较容易实现的事情。

9.1 报表的组成

报表通常由报表页眉、报表页脚、页面页眉、页面页脚及主体 5 个主要部分组成,这些部分称为报表的“节”,每个“节”都有其特定的功能。

报表各节的分布如图 9-1 所示。

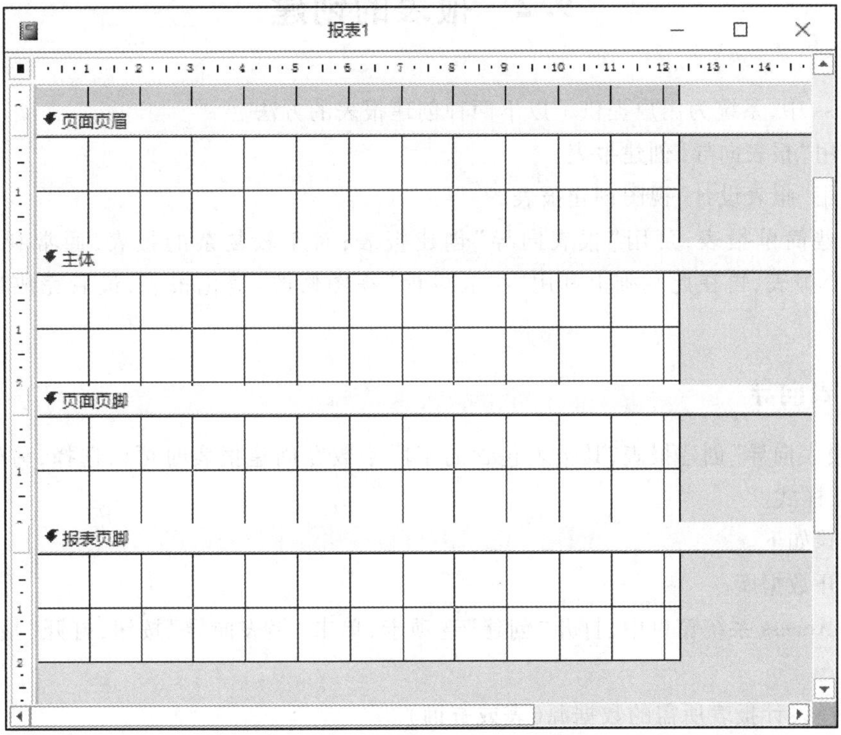

图 9-1 报表各节的分布

1. 报表页眉

报表页眉仅在报表的首页打印输出。报表页眉主要用于打印报表的封面、报表的制作时间、制作单位等只需输出一次的内容。通常把报表页眉设置为单独一页,可以包含图形和图片。

2. 页面页眉

页面页眉的内容在报表每页头部打印输出,它主要用于定义报表输出的每一列的标题,也包含报表的页标题。

3. 主体

主体是报表打印数据的主体部分。可以将数据源中的字段直接拖到“主体”节中,或者将报表控件放到“主体”节中用来显示数据内容。

“主体”节是报表的关键内容,是不可缺少的项目。

4. 页面页脚

页面页脚的内容在报表的每页底部打印输出。主要用来打印报表页号、制表人和审核人等信息。

5. 报表页脚

报表的页脚是整个报表的页脚,它的内容只在报表的最后一页底部打印输出。主要用来打印数据的统计结果信息。

9.2　报表的创建

在 Access 中,系统为用户提供了以下两种创建报表的方法。

(1) 利用“报表向导”创建报表。

(2) 利用“报表设计”视图创建报表。

对于一些简单报表,可用“报表向导”创建报表;对于较复杂的报表,通常利用“报表向导”创建一个报表,再在此基础上利用“报表设计”视图修改、美化报表,最后完成最佳的报表设计。

9.2.1　报表向导

使用“报表向导”创建报表,其报表包含的字段个数在创建报表时可以选择,另外还可以定义报表布局、样式。

操作步骤如下。

(1) 打开数据库。

(2) 在 Access 系统窗口中,打开“创建”选项卡,单击“报表向导”按钮,打开“报表向导”对话框。

(3) 选择设计报表所需的数据源(表或查询)。

(4) 确定所需的字段。

(5) 选择报表的分组级别。

(6) 选择报表中数据的排列顺序。

(7) 选择创建报表的布局方式。

(8) 选择创建报表的样式。

(9) 输入“报表”标题,保存报表。

9.2.2 报表设计视图

操作步骤如下。

(1) 打开数据库。

(2) 在 Access 系统窗口中,打开“创建”选项卡,单击“报表设计”按钮,打开“报表设计”对话框。

(3) 单击“添加现有字段”按钮,选择创建报表所需的数据来源和字段,设计报表控件的属性。

(4) 预览报表,结束报表的创建。

例 9.1:使用已知表(学院、系、班级、学生、课程、成绩),创建一个“学生成绩单”多表报表。

操作步骤如下。

(1) 打开数据库。

(2) 在 Access 系统窗口中,打开“创建”选项卡,单击“报表设计”按钮,进入“报表设计”窗口。

(3) 选择查询(学院_系_班级_学生_课程_成绩)为数据源。

(4) 单击“添加现有字段”按钮,选择创建报表所需的字段,设计其字段的位置和显示标题,如图 9-2 所示。

(5) 保存和预览报表,结束“学生成绩单”报表的创建,如图 9-3 所示。

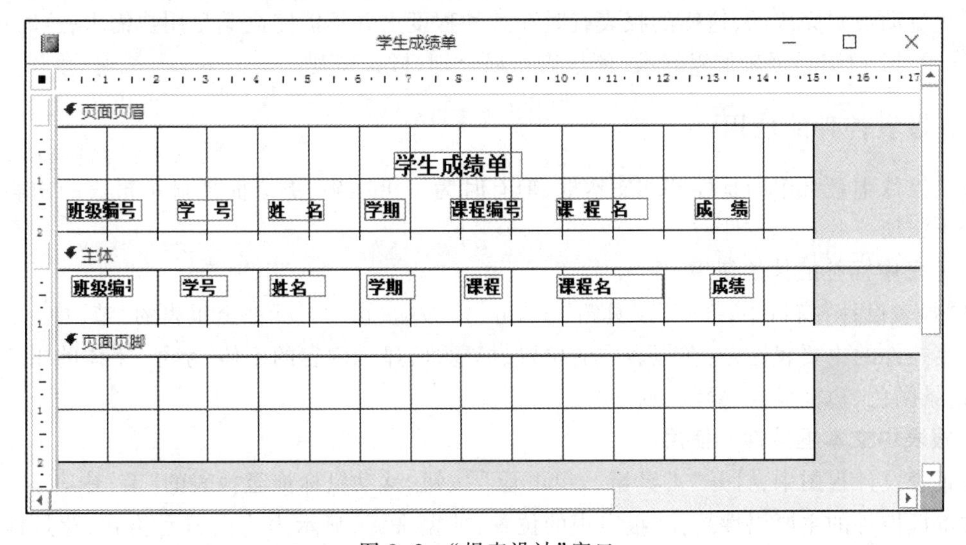

图 9-2 “报表设计”窗口

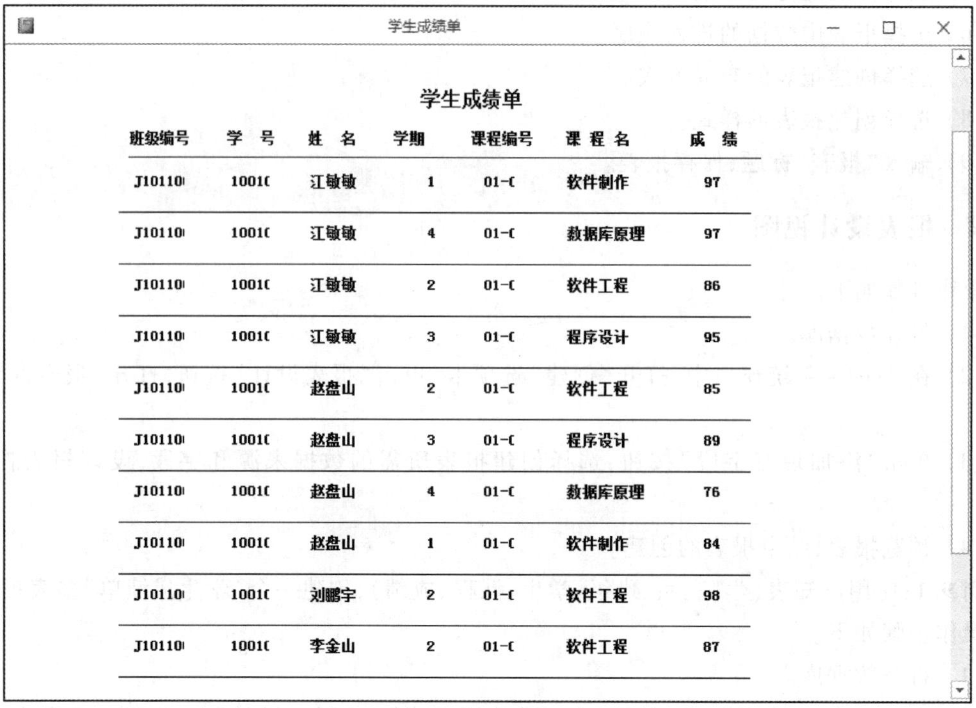

学生成绩单

学生成绩单

班级编号	学 号	姓 名	学期	课程编号	课 程 名	成 绩
J10110	1001(	江敏敏	1	01-(	软件制作	97
J10110	1001(	江敏敏	4	01-(	数据库原理	97
J10110	1001(	江敏敏	2	01-(	软件工程	86
J10110	1001(	江敏敏	3	01-(	程序设计	95
J10110	1001(	赵盘山	2	01-(	软件工程	85
J10110	1001(	赵盘山	3	01-(	程序设计	89
J10110	1001(	赵盘山	4	01-(	数据库原理	76
J10110	1001(	赵盘山	1	01-(	软件制作	84
J10110	1001(	刘鹏宇	2	01-(	软件工程	98
J10110	1001(	李金山	2	01-(	软件工程	87

图 9-3　预览报表

9.3　报表布局与种类

一般情况下,创建报表多数是用 Access 系统提供的报表设计工具完成的,它的许多参数都是由系统自动设置完成的,这样的报表有时在某种程度上并不能完全满足用户需求,这时可以使用“报表设计”视图对报表加以修改,使报表布局合理,样式美观。

9.3.1　报表控件的使用

报表控件中最常用的是标签和文本框,但有时为了更准确、更全面地显示报表的内容,也可在报表中添加一些其他控件。

1. 报表中标签控件的使用

在“报表设计”窗口中,打开“工具箱”,单击 Aa 按钮,移动鼠标拖至报表的“节”中。

标签控件的主要属性是:在报表中的位置、标题,所显示内容的字体、字号、字体的粗细、背景颜色、前景颜色、边框样式、颜色、宽度等。

2. 报表中文本框控件的使用

在报表设计视图中,打开“工具箱”,单击 ab| 按钮,移动鼠标拖至报表的“节”中。

文本框控件的主要属性是:在报表中的位置,数据来源,显示内容的显示格式、背景样式、颜色,边框样式、颜色、宽度等。

3. 报表中图像控件的使用

在报表设计视图中，打开“工具箱”，单击 按钮，移动鼠标拖至报表的“节”中。

图像控件的主要属性是：在报表中的位置，图像来源，缩放模式等。

9.3.2 报表的页面设置

报表的页面设置是用来确定报表页的大小，以及页眉、页脚的样式。这些内容还要根据所使用的打印机的特性来设置。

在“报表设计”窗口中，打开“报表设计工具”选项卡，再打开“页面设置”选项卡，打开“页面布局”子功能区，有多个命令按钮可用于页面布局设计，如图 9-4 所示。

图 9-4 “页面布局”子功能区

单击“页面设置”按钮，进入“页面设置”窗口，有三个选项卡，可以用来设置报表的页面。其中：

“打印选项”选项卡如图 9-5 所示。

“页”选项卡如图 9-6 所示。

“列”选项卡如图 9-7 所示。

图 9-5 “打印选项”选项卡

图 9-6　"页"选项卡

图 9-7　"列"选项卡

9.3.3　设计汇总报表

对报表进行统计汇总是要依照 Access 系统提供的计算函数完成的。在报表中可以对已有的数据源按某一字段值分组,对相同字段值的各组记录进行统计汇总,也可以对已有的数据源中的全部记录进行统计汇总。

表 9-1 所示的是报表统计汇总的计算函数。

表 9-1　常用的统计计算函数

函　　数	功　　能
Avg	计算指定范围内的多个记录中,指定字段值的平均值
Count	计算指定范围内的记录个数
First	返回指定范围内的多个记录中,第一个记录指定字段值的值
Last	返回指定范围内的多个记录中,最后一个记录指定字段值的值
Max	返回指定范围内的多个记录中的最大值
Min	返回指定范围内的多个记录中的最小值
StDev	计算标准偏差
Sum	计算指定范围内的多个记录中,指定字段值的和
Var	计算总体方差

操作步骤如下。

(1) 打开数据库。

(2) 在 Access 系统窗口中,打开“创建”选项卡,单击“报表设计”按钮,进入“报表设计”窗口。

(3) 打开“设计”菜单选项卡,单击“分组与排序”按钮,打开“分组、排序和汇总”窗口。

(4) 选择指定的字段为分组字段。

(5) 添加若干文本框控件,输入显示标题及统计汇总公式。

(6) 保存并预览报表,结束对报表进行的统计汇总的操作。

本章的知识点结构

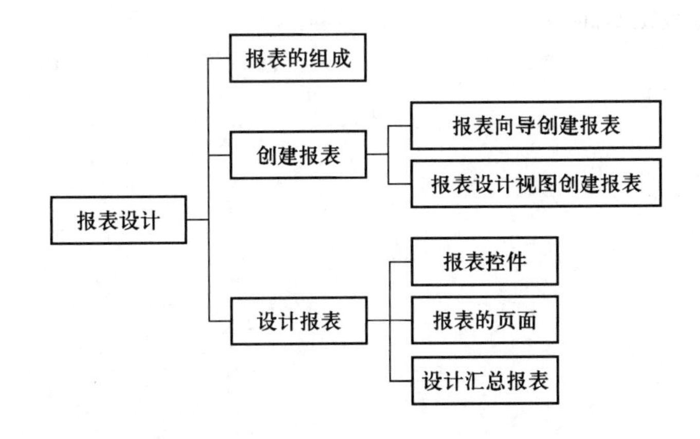

习 题 9

一、简答题

1. 叙述什么是报表,报表有什么作用。
2. 简述报表是由哪些部分组成,各部分的作用是什么。
3. 简述报表的数据来源有几类。
4. 叙述报表的报表页眉、字段页眉有什么用途。
5. 叙述报表的报表页脚、字段页脚有什么用途。
6. 叙述创建报表的方法有几种,各有什么优点。
7. 叙述窗体与报表有什么不同。
8. 简述设置报表的页面要考虑哪些内容。
9. 简述 Access 有几种形式的报表。
10. 叙述报表的数据来源有哪些。

二、填空题

1. 报表是数据库中________和文档信息输出的另一种形式。
2. 报表的页面设置是用来确定报表页的大小,以及________的样式。
3. 页面页脚的内容在报表的每页________打印输出。
4. “页面设置”窗口中的三个选项卡是________、“页”和“列”选项卡。
5. 对报表进行统计汇总是要依照 Access 系统提供的________完成的。

三、单选题

1. 以下不是报表组成部分的是(　　)。
   A. 报表设计视图　B. 主体　C. 报表页脚　D. 报表页眉
2. 在报表的最后一页底部要输出的信息,通过什么设置?(　　)
   A. 页面页眉　B. 报表页脚　C. 报表页眉　D. 页面页脚
3. 以下不是“页面设置”窗口中的选项卡的是(　　)。
   A. “页”选项卡　B. “列”选项卡　C. “打印选项”选项卡　D. “排列”选项卡
4. 下列不是报表汇总函数的是(　　)。
   A. Add　B. Avg　C. Sum　D. Count
5. 下列选项中不是报表来源的是(　　)。
   A. 查询　B. 表　C. SQL 语句　D. 窗体

第 10 章　VBA 程序设计基础

Visual Basic 是在 Windows 环境下运行的、支持可视化编程的、面向对象的、采用事件驱动方式的结构化程序设计语言,也是进行数据库应用系统开发最简单、易学的程序设计工具。VBA (Visual Basic For Applications)是 Visual Basic 简化的编程语言,包含 Visual Basic 语言主要功能,它可作为一种嵌入式语言,与 Access 配套使用。

10.1　标 准 模 块

MOOC 视频
程序设计
概述

标准模块是独立于窗体与报表的程序单元,用于以过程形式保存代码,这些代码是由 Visual Basic 程序设计语言编写的语句的集合。

标准模块通过嵌入在 Access 中的 Visual Basic For Applications 程序设计语言编辑器,实现了与 Access 的完美结合,对于熟悉 Visual Basic 程序设计语言的用户,可以用其编写数据库应用系统程序的前台界面,再依靠 Access 的后台支持,完成数据库应用系统程序的开发。

在 Access 系统窗口中,打开“创建”选项卡,打开“宏”按钮的下拉菜单,如图 10-1 所示。

图 10-1　“宏”下拉菜单

选择“模块”命令,便可打开 Visual Basic 程序设计语言编辑器,进入“代码”编辑窗口,如图 10-2 所示。

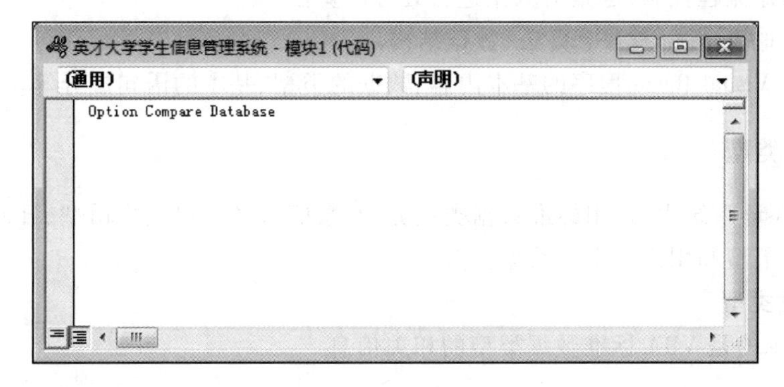

图 10-2　“代码”编辑窗口

在“代码”编辑窗口中，可以输入、编辑用 Visual Basic 程序设计语言编写的“事件过程”，如图 10-3 所示。

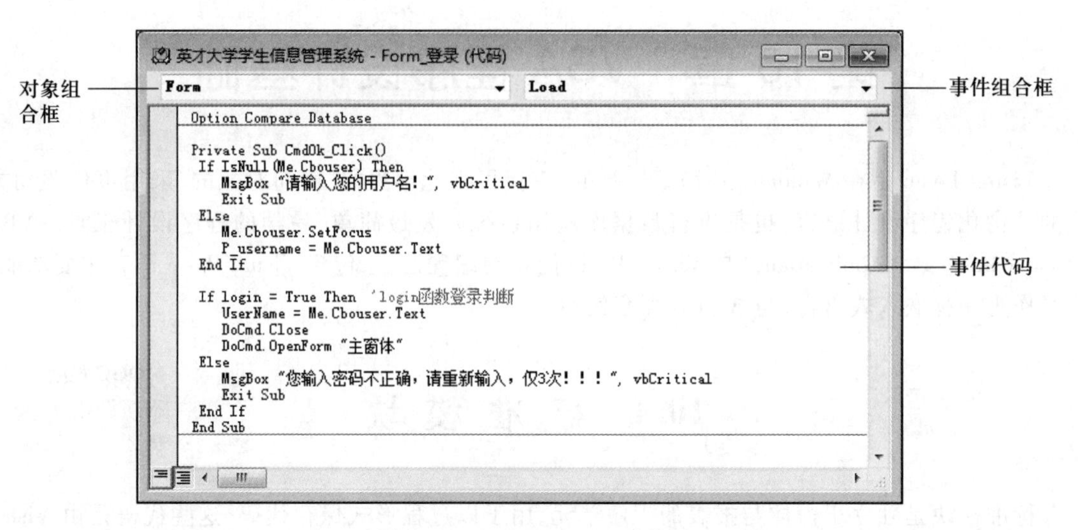

图 10-3　Visual Basic 程序代码

因为模块是基于 Visual Basic 程序设计语言而创建的，如果要使用模块这一数据库对象，就要对 Visual Basic 程序设计语言有一定程度的了解。

有关 Visual Basic 程序设计语言的详细内容，因受篇幅的限制，本章只做简单介绍，希望读者参考有关书籍。

当然，如果不熟悉 Visual Basic 程序设计语言也不必担心，因为在 Access 中，若不使用模块，使用“宏”仍可完成应用系统的开发。

10.2　VBA 程序基本要素

任何一个由高级语言编写的应用程序所表达的内容均有两个重要的方面，一是数据，二是程序控制。其中数据是程序的处理对象，由所创建的数据类型决定其结构、存储方式及运算规则；程序控制则是程序流程控制，也是对数据进行处理的算法。

程序可抽象地表示为：程序 = 算法+数据结构。

本节将介绍 Visual Basic 程序的基本内容、数据的类型、基本的语句成分等。

10.2.1　数据类型

在 Visual Basic 系统中，常用标准数据类型分为：数值型、字符型、货币型、日期型、布尔型、对象型、变体型、字节型和用户自定义数据类型。

1. 标准数据类型

表 10-1 所示的是 VBA 标准数据类型的相关信息。

表 10-1 常用标准数据类型

数据类型	类型符号	占用字节	取值范围
整型(Integer)	%	2	-32 768~32 767
长整型(Long)	&	4	-2 147 483 648~2 147 483 647
单精度型(Single)	!	4	负数:-3.402 823E38~-1.401 298E-45 正数:1.401 298E-45~3.402 823E38
双精度型(Double)	#	8	负数:-1.797 693 134 862 32E308~-4.940 656 458 412 47E-324 正数:4.940 656 458 412 47E-324~1.797 693 134 862 32E308
字符型(String)	$	不定	0~65 400 个字符(定长字符型)
货币型(Currency)	@	8	-922 337 203 685 477.580 8~922 337 203 685 477.580 7
日期型(Date)	无	8	100-01-01~9 999-12-31
布尔型(Boolean)	无	2	True 或 False
对象型(Object)	无	4	任何引用的对象
变体型(Variant)	无	不定	由最终的数据类型而定
字节型(Byte)	无	1	0~255

2. 用户自定义数据类型

在 Visual Basic 系统中,除了为用户提供了标准数据类型之外,还允许用户自定义数据类型,这种数据类型可包含一个或多个标准数据类型的数据元素。

定义自定义数据类型语句格式如下:

```
Type 数据类型名
    数据元素名[([下标])]  As  类型名
    数据元素名[([下标])]  As  类型名
    ……
End Type
```

10.2.2 常量

常量是在程序中可直接引用的实际值,其值在程序运行中不变。

1. 文字常量

MOOC 视频
常量与变量

文字常量实际上就是常数,数据类型的不同决定了常量的表现也不同。例如:

-123.56,768,+3.256 767E3 为数值型常量

"A20103","北京市西城区"为字符型常量

#04/12/98#,#2004/02/19 10:01:01#为日期型常量

2. 符号常量

符号常量是命名的数据项,其类型取决于<表达式>值的类型。

定义符号常量语句格式如下:

Const　常量名　[As 类型|类型符号]=<表达式>
[,常量名　[As 类型|类型符号]=<表达式>]

例如:

Const S1%=32,PI As Single=3.141 59,S2%=S1+50

3. 系统常量

系统常量是 Visual Basic 系统预先定义好的,用户可直接引用。

例如:

vbRed　　vbOK　　vbYes

10.2.3　变量

变量(Variable)在程序运行中其值可以改变。这里所讲的是一般意义下的简单变量(又称内存变量)。

在 Visual Basic 系统中,每一个变量都必须有一个名称,用以标识该内存单元的存储位置,用户可以通过变量标识符使用内存单元存取数据;变量是内存中的临时单元,这就决定了它可以用来在程序的执行过程中保留中间结果与最后结果,或用来保留对数据进行某种分析处理后得到的结果;在给变量命名时,一定要定义好变量的类型,变量的类型决定了变量存取数据的类型,也决定了变量能参与哪些运算。

1. 变量的声明

变量声明就是给变量定义名称及类型。

1) 显式声明

声明局部变量语句格式如下:

Dim　变量名　[AS 类型/类型符]
[,变量名　[AS 类型/类型符]]

例如:Dim　I　As　integer 或 Dim　　I%,Sum!

2) 隐式声明

未进行显式声明而通过赋值语句直接使用,或省略了[AS 类型/类型符]短语的变量,其类型为变体(Variant)类型。

3) 强制声明

在 Visual Basic 程序的开始处,若出现(系统环境可设置)或写入下面语句:

Option Explicit

则程序中的所有变量必须进行显式声明。

2. 变量作用域

变量的作用域就是变量在程序中的有效范围。

能否正确使用变量,搞清变量的作用域是非常重要的,一旦变量的作用域被确定,使用时就要特别注意它的作用范围。当程序运行时,各对象间的数据传递就是依靠变量来完成的,若变量的作用范围定义不当,则对象间的数据传递就将导致失败。

通常将变量的作用域分为:局部变量,窗体、模块变量,全局变量三类。

3. 数组变量

数组不是一种数据类型,而是一组有序基本类型变量的集合,数组的使用方法与内存变量相同,但功能却远远超过内存变量。

1) 数组特点

Visual Basic 系统中的数组具有以下主要特点。

① 数组是一组相同类型的元素的集合。

② 数组中各元素有先后顺序,它们在内存中依照排列顺序连续存储在一起。

③ 所有的数组元素是用一个数组名命名的集合体,而且每一个数组元素在内存中独占一个内存单元,可视同为一个内存变量。为了区分不同的数组元素,每一个数组元素都是通过数组名和下标来访问的,如 A(1,2)、B(5)。

④ 使用数组时,必须对数组进行“声明”,即先声明后使用。

2) 数组声明

在计算机中,数组占有一组内存单元,数组用一个统一的名字(数组名)代表一组内存单元区域的名称,每个元素的下标变量用来区分数组元素在内存单元区域的位置。对数组进行声明,其目的就是确定数组占有内存单元区域的大小,是对数组名、数组元素的数据类型、数组元素的个数进行定义。

(1) 声明静态数组

语句格式如下。

格式一:

Dim|Public|Private 变量名(下标 1 的上界)
[AS 类型/类型符]
[,变量名(下标 2 的上界)[AS 类型/类型符]]
…[,变量名(下标 n 的上界)[AS 类型/类型符]]

格式二:

Dim|Public|Private 变量名([<下标的下界 1>to]下标 1 的上界)
[AS 类型/类型符]
[,变量名([<下标的下界 2>to]下标 2 的上界)[AS 类型/类型符]]
…[,变量名([<下标的下界 n>to]下标 n 的上界)[AS 类型/类型符]]

功能:定义静态数组的名称、数组的维数、数组的大小、数组的类型。

(2) 声明动态数组

动态数组声明要完成以下两步操作。

其一:用 Dim 语句声明动态数组。

语句格式如下:

Dim|Public|Private 变量名()

功能:定义动态数组的名称。

其二:用 ReDim 语句声明动态数组的大小。

语句格式如下：

ReDim[Preserve]变量名(下标 1 的上界)[AS 类型/类型符]
[,变量名(下标 2 的上界)[AS 类型/类型符]]
…[,变量名(下标 n 的上界)[AS 类型/类型符]]

功能：定义动态数组的大小。

MOOC 视频
函数与表达式

10.2.4 函数

内部函数是 Visual Basic 系统为用户提供的标准过程，使用这些内部函数，可以使某些特定的操作更加简便。在使用内部函数时，要了解函数的功能、书写格式、参数、函数结果的类型及表现形式。

根据内部函数的功能，将其分为数学函数、字符函数、转换函数、日期函数、测试函数、颜色函数、路径函数等。

1. 数学函数

常用数学函数的功能及示例如表 10-2 所示。

表 10-2　常用数学函数的功能及示例

函　数	功　能	示　例	函 数 值
Abs(N)	绝对值	ABS(-3)	3
Cos(N)	余弦	Cos(45×3.14/180)	0.707
Exp(N)	e 指数	Exp(2)	7.389
Int(N)	返回参数的整数部分	Int(1 234.567 8)	1 234
Log(N)	自然对数	Log(2.732)	1
Rnd(N)	返回一个包含随机数	Rnd	0~1 之间的数
Sgn(N)	返回一个正负号或 0	Sgn(5)	1
Sin(N)	正弦	Sin(45×3.14/180)	0.706 8
Sqr(N)	平方根	Sqr(25)	5
Tan(N)	正切	Tan(45×3.14/180)	0.999 2

注意： N 可以是数值型常量、数值型变量、数学函数和算术表达式，而且数学函数的返回值仍是数值型常量。

2. 字符函数

常用字符函数的功能及示例如表 10-3 所示。

3. 转换函数

常用转换函数的功能及示例如表 10-4 所示。

4. 日期函数

常用日期函数的功能如表 10-5 所示。

表 10-3 常用字符函数的功能及示例

函数	功能	示例	函数值
Instr(C1,C2)	在 C1 中查找 C2 的位置	Instr("ABCDE","DE")	4
Lcase $(C)	将 C 中的字母转换为小写	Lcase $("ABcdE")	"abcde"
Left($C,N)	取 C 左边的 N 个字符	Left $("ABCDE",3)	"ABC"
Len(C)	测试 C 的长度	Len("ABCDE")	5
LTrim $(C)	删除左边的空格	LTrim $(" AA"+"BB")	"AA BB"
Mid $(C,M,N)	从第 M 个字符起,取 C 中 N 个字符	Mid $("ABCDE",2,2)	"BC"
Right $(C,N)	取 C 右边 N 个字符	Right $("ABCDE",3)	"CDE"
RTrim $(C)	删除 C 右边的空格	RTrim $("AA"+"BB")	"AA BB"
Space $(N)	产生 N 个数的空格字符	Space(5)	" "
Trim $(C)	删除 C 首尾两端的空格	Trim $("AA"+"BB")	"AA BB"
Ucase $(C)	将 C 中的字母转换为大写	Ucase $("abcde")	"ABCDE"

注意:N 可以是数值型常量、数值型变量、数学函数和算术表达式,C 可以是字符型常量、字符型变量、字符函数和字符表达式,而且字符函数中,函数名后跟($)的返回值仍是字符型常量。

表 10-4 常用转换函数的功能及示例

函数	功能	示例	函数值
Asc(C)	返回 C 的第一个字符的 ASCII 码	Asc("A")	65
Chr(N)	返回 ASCII 码 N 对应的字符	Chr(97)	"a"
Str(N)	将 N 转换成 C 类型	Str(100010)	"100010"
Val(C)	将 C 转换成 N 类型	Val("123.567")	123.567

表 10-5 常用日期函数的功能

函数	功能
Date	返回当前系统日期(含年月日)
DateAdd(C,N,date)	返回当前日期增加 N 个增量的日期
DateDiff(C,date1,date2)	返回 date1,date2 间隔的时间
Day(Date)	返回当前日期
Hour(Time)	返回当前小时
Minute(Time)	返回当前分钟
Month(Date)	返回当前月份
Now	返回当前日期和时间(含年、月、日,时、分、秒)
Second(Time)	返回当前秒

续表

函　　数	功　　能
Time	返回当前时间(含时、分、秒)
Weekday	返回当前星期
Year(Date)	返回当前年份

注意:N 可以是数值型常量、数值型变量、数值型函数和算术表达式,C 是专门的字符串(YYYY——年、Q——季、M——月、WW——星期、D——日、H——时、N——分、S——秒)。

例如:

(1) 若系统时间为 2004-2-25 13:35:08,输出当前日期,当前日期时间的值。

表达式为:Date,Now

其值为:2004-2-25　　2004-2-25 13:35:08

(2) 若系统时间为 2004-2-25 13:35:08,输出当前日期及年、月、日的值。

表达式为:Date,Year(Date),Month(Date),Day(Date)

其值为:2004-2-25　　2004　　2　　25

(3) 若系统时间为 2004-2-25 14:03:40,输出当前时间及时、分、秒的值。

表达式为:Time,Hour(Time),Minute(Time),Second(Time)

其值为:14:03:40　　14　　3　　40

(4) 输出 2004-2-25 与 2004-7-30 相隔的天数。

表达式为:DateDiff("D",#2004-2-25#,#2004-7-30#)

其值为:176

(5) 输出当前时间与 2008-1-1 相隔的天数,小时数。

表达式为:DateDiff("D",Now,#2008-1-1#),DateDiff("H",Now,#2008-1-1#)

其值为:1406　　33730

5. 测试函数

常用的测试函数的功能如表 10-6 所示。

表 10-6　常用测试函数的功能

函　　数	功　　能
IsArray(E)	测试 E 是否为数组
IsDate(E)	测试 E 是否为日期类型
IsNumeric(E)	测试 E 是否为数值类型
IsNull(E)	测试 E 是否包含有效数据
IsError(E)	测试 E 是否为一个程序错误数据
Eof()	测试文件指针是否到了文件尾

注意:E 为各种类型的表达式,测试函数的结果为布尔型数据。

6. 颜色函数

1）QBColor 函数

QBColor 函数格式如下：

QBColor(N)

功能：通过 N(颜色代码)的值产生一种颜色。

颜色代码与颜色对应关系如表 10-7 所示。

表 10-7　颜色代码与颜色对应关系

颜色代码	颜　色	颜色代码	颜　色
0	黑	8	灰
1	蓝	9	亮蓝
2	绿	10	亮绿
3	青	11	亮青
4	红	12	亮红
5	洋红	13	亮洋红
6	黄	14	亮黄
7	白	15	亮白

2）RGB 函数

RGB 函数格式如下：

RGB(N1,N2,N3)

功能：通过 N1、N2、N3(红、绿、蓝)三种基本颜色代码产生一种颜色，其中 N1、N2、N3 的取值范围为 0~255 之间的整数。

例如：

(1) RGB(255,0,0)产生的颜色是“红”色。

(2) RGB(0,0,255)产生的颜色是“蓝”色。

(3) RGB(100,100,100)产生的颜色是“深灰”色。

10.2.5　表达式

表达式是由变量、常量、函数、运算符和圆括号组成的式子。根据运算符的不同，将表达式分为算术表达式、字符表达式、关系表达式、逻辑表达式等。

1. 算术表达式

算术表达式是由算术运算符和数值型常量、数值型变量、返回数值型数据的函数组成，其运算结果仍是数值型常数。

算术运算符及表达式的示例如表 10-8 所示。

在进行算术表达式计算时，要遵循以下优先顺序：先括号，在同一括号内，按先取负(-)、幂(^)，再乘除(*、/)，再模运算(%)，后加减(+、-)。

表 10-8　算术运算符及表达式示例

运　算　符	功　　能	示　　例	表达式值
^	幂	5^2	25
取负	-	-5^2	-25
*,/	乘、除	36 * 4/9	16
\	整除	25\2	12
Mod	模运算(取余)	97 Mod 12	1
+,-	加,减	3+8-6	5

2. 字符表达式

字符表达式是由字符运算符和字符型常量、字符型变量、返回字符型数据的函数组成,其运算结果是字符常数或逻辑型常数。

字符运算符及表达式的示例如表 10-9 所示。

表 10-9　字符运算符及表达式示例

运　算　符	功　　能	示　　例	表达式值
+	连接两个字符型数据	"计算机"+"软件"	"计算机软件"
&	连接两个字符型数据	"计算机"&"软件"	"计算机软件"

"+"和"&"两者均是完成字符串连接运算,不同的是前者既可以作加法运算又可以作字符串连接运算;后者则只能进行字符串连接运算。

3. 关系表达式

关系表达式可由关系运算符和字符表达式、算术表达式组成,其运算结果为逻辑型常量。关系运算是运算符两边同类型元素的比较,关系成立结果为真(True);反之结果为假(False)。

关系运算符及表达式的示例如表 10-10 所示。

表 10-10　关系运算符及表达式示例

运　算　符	功　　能	示　　例	表达式值
<	小于	3 * 5<20	True
>	大于	3>1	True
=	等于	3 * 6=20	False
<>、><	不等于	4<>-5、4><-5	True
<=	小于或等于	3 * 2<=6	True
>=	大于或等于	6+8>=15	False
Like	字符串是否匹配	"ABC"Like"ABC"	True

4. 逻辑表达式

逻辑表达式可由逻辑运算符和逻辑型常量、逻辑型变量、返回逻辑型数据的函数和关系表达式组成,其运算结果仍是逻辑型常量。

逻辑运算符及表达式的示例如表 10-11 所示。

表 10-11 逻辑运算符及表达式示例

运算符	功能	示例	表达式值
NOT	非	NOT 3+5>6	False
AND	与	3+5>6 AND 4 * 5=20	True
OR	或	6 * 8<=45 OR 4<6	True
Xor	异或	3>2 Xor 3<4	False
Eqv	等价	7>6 Eqv 7<8	True
Imp	蕴含	7>6Imp 7>8	False

逻辑表达式在运算过程中所遵循的运算规则如表 10-12 所示。

表 10-12 逻辑表达式运算规则

A	B	Not A	A and B	A or B
True	True	False	True	True
True	False	False	False	True
False	True	True	False	True
False	False	True	False	False

进行逻辑表达式计算值时要遵循以下优先顺序:括号、NOT、AND、OR。

以上各种类型的表达式,遵守的运算规则是:在同一个表达式中,如果只有一种类型的运算,则按各自的优先度来进行运算;如果有两种或两种以上类型的运算,则按照函数运算、算术运算、字符运算、关系运算、逻辑运算的顺序来进行运算。

10.2.6 编码规则

1. 标识符的命名规则

标识符是常量、变量、数组、控件、对象、函数、过程等用户命名元素的标识,在 Visual Basic 系统中,标识符的命名规则如下。

(1) 由字母或汉字开头,可由字母、汉字、数字、下划线组成。

(2) 长度小于 256 个字符。

(3) 不能使用 Visual Basic 系统中的专用关键字。

(4) 标识符不区分大小写。

(5) 在变量名前加一个缩写的前缀,用来表明该变量的数据类型。

2. 程序注释

程序注释是对编写的程序加以说明和注解,这样便于程序的阅读,便于程序的修改和使用。注释语句是以单引号(')开头的语句行,或以单引号(')为后段语句的语句段落。

3. 语句的构成

在 Visual Basic 系统中,语句是由保留字及语句体构成的,而语句体又是由命令短语和表达式构成的。

保留字和命令短语中的关键字,是系统规定的"专用"符号,用来指示计算机"做什么"动作,必须严格地按系统要求来写;语句体中的表达式,可由用户定义,用户要严格按"语法"规则来写。

4. 程序书写规则

在 Visual Basic 系统中,通常每条语句占一行,一行最多允许有 255 个字符;如果一行书写多个语句,语句之间用冒号":"隔开;如果某个语句一行写不完,可用连接符空格和下划线"_"连接。

10.3 顺序结构

顺序结构是在程序执行时,根据程序中语句的书写顺序依次执行的语句序列。

常用的顺序结构语句有:赋值语句(=)、输入输出语句(Print、Cls)、注释语句('或 Rem)、终止程序(End)等。

顺序结构语句的流程如图 10-4 所示。

例 10.1:输出字符串,如图 10-5 所示。

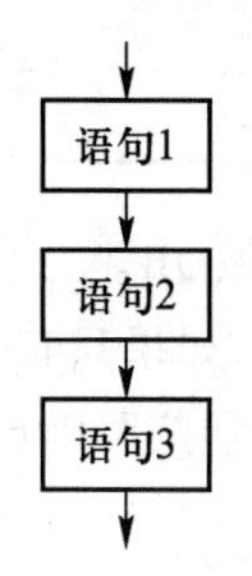

图 10-4　顺序结构语句的流程图

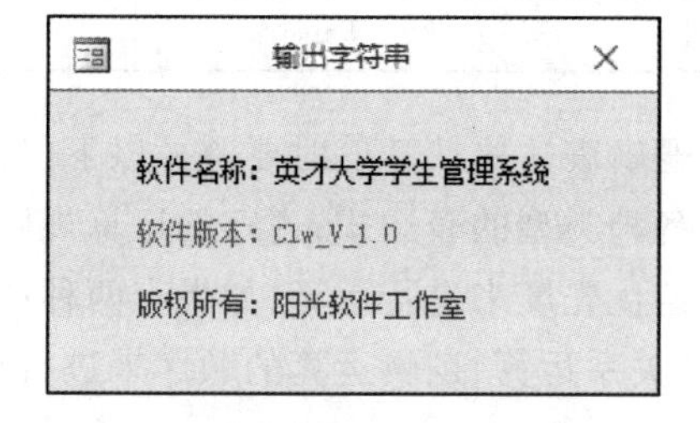

图 10-5　输出字符串

操作步骤如下。

(1) 设计窗体 Caption 属性为"输出字符串"。

(2) 设计三个标签控件。

(3) 打开"代码设计"窗口,输入程序代码。

Form_Load()事件代码如下:

```
Private Sub Form_Load()
    Label1.Caption = "软件名称:英才大学学生管理系统"
    Label2.Caption = "软件版本:Clw_V_1.0"
    Label3.Caption = "版权所有:阳光软件工作室"
End Sub
```

(4) 保存窗体,运行程序,结果如图 10-5 所示。

10.4　分 支 结 构

分支结构是在程序执行时,根据不同的“条件”,选择执行不同的程序语句,用来解决有选择、有转移的诸多问题。

分支结构是 Visual Basic 系统程序的基本结构之一,分支语句是非常重要的语句,其基本形式有如下几种。

10.4.1　If 语句

If 语句又称为分支语句,它有单路分支结构和双路分支结构两种格式。

1. 单路分支

单路分支的语句格式如下。

格式一:

```
If <表达式>Then
  <语句序列>
End If
```

格式二:

```
If<表达式>Then   <语句>
```

功能:先计算<表达式>的值,当<表达式>的值为 True 时,执行<语句序列>/<语句>中的语句,执行完<语句序列>/<语句>,再执行 If 语句的下一条语句;否则,直接执行 If 语句的下一条语句。

单路分支语句的流程如图 10-6 和图 10-7 所示。

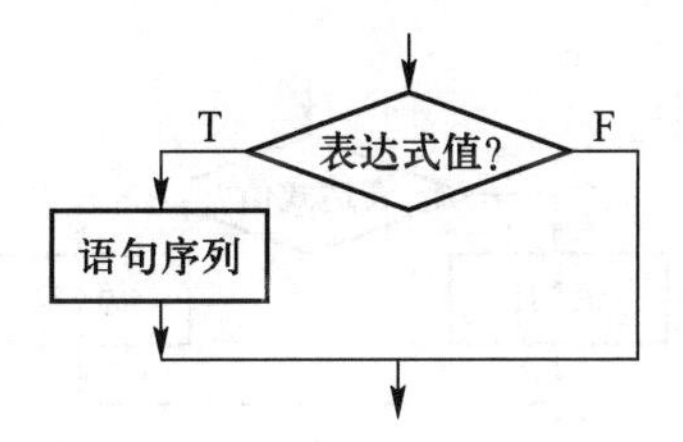

图 10-6　单路分支语句的流程图(格式一)

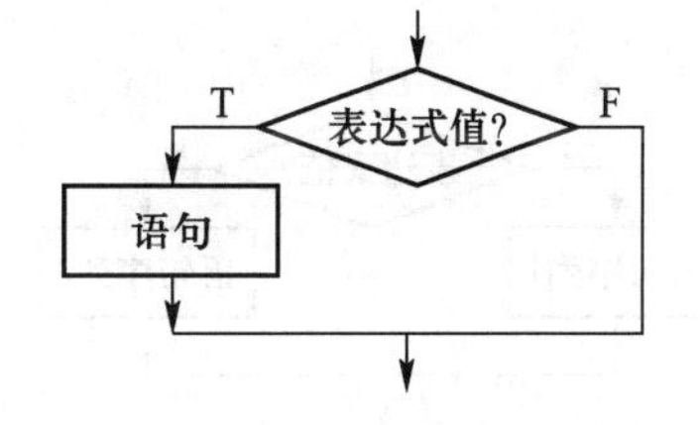

图 10-7　单路分支语句的流程图(格式二)

例 10.2:计算两个正数的和,如图 10-8 所示。

操作步骤如下。

(1) 设计窗体 Caption 属性为“计算两个正数的和”。

(2) 设计一个标签、两个文本框和一个命令按钮。

(3) 打开“代码设计”窗口,输入程序代码。

定义全局变量如下:

```
Dim I As Integer
```

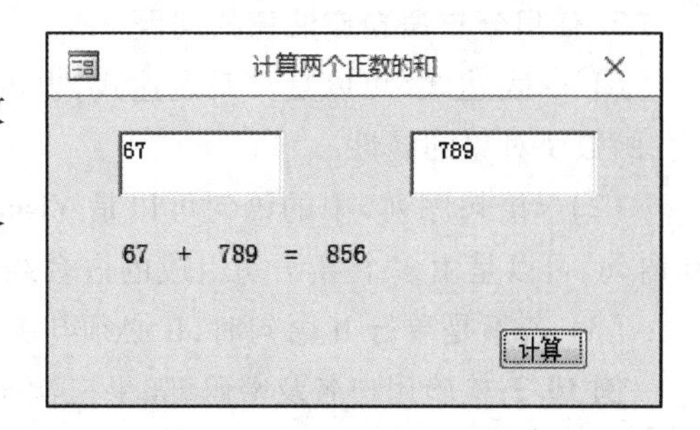

图 10-8　计算两个正数的和

Command1_Click( )事件代码如下：

```
Private Sub Command1_Click( )
    If Me.Text1>0 And Me.Text2>0 Then
        I=Val(Me.Text1)+Val(Me.Text2)
        Label1.Caption=Trim(Me.Text1)&"   +   "& Trim(Me.Text2)&"   =   "& I
    End If
End Sub
```

(4) 保存窗体,运行程序,结果如图 10-8 所示。

2. 双路分支

双路分支的语句格式如下：

格式一：

```
If <表达式>Then
    <语句序列 1>
Else
    <语句序列 2>
End If
```

格式二：

```
If<表达式>  Then  <语句 1>  Else  <语句 2>
```

功能:先计算<表达式>的值,当<表达式>的值为 True 时,执行<语句序列 1>/<语句 1>中的语句;否则,执行<语句序列 2>/<语句 2>中的语句;执行完<语句序列 1>/<语句 1>或<语句序列 2>/<语句 2>后再执行 If 语句的下一条语句。

双路分支语句的流程如图 10-9 和图 10-10 所示。

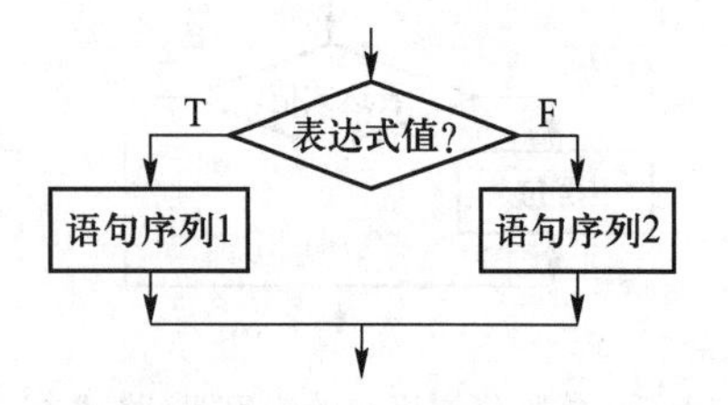

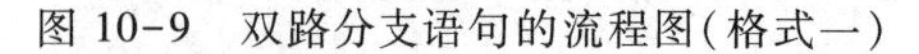

图 10-9 双路分支语句的流程图(格式一)

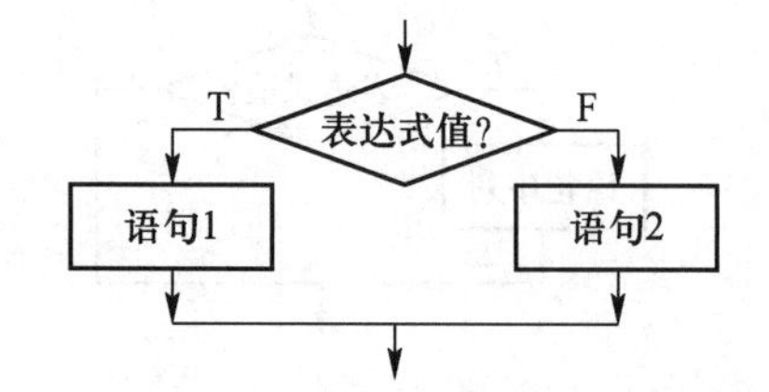

图 10-10 双路分支语句的流程图(格式二)

3. 使用分支语句应注意的问题

(1) <表达式>可以是关系表达式,也可以是逻辑表达式,还可以是取值为逻辑值的常量、变量、函数及对象的属性。

(2) <语句序列>中的语句可以是 Visual Basic 的任何一个或多个语句,因此,同样还可以有 If 语句,可以是由多个 If 语句组成的嵌套结构。

(3) 若不是单行 If 语句时,If 必须与 End If 配对使用。

例 10.3:检验用户名及密码,如果三次未通过检验,将提示“您无权使用本系统”,如图 10-11 所示。

操作步骤如下。

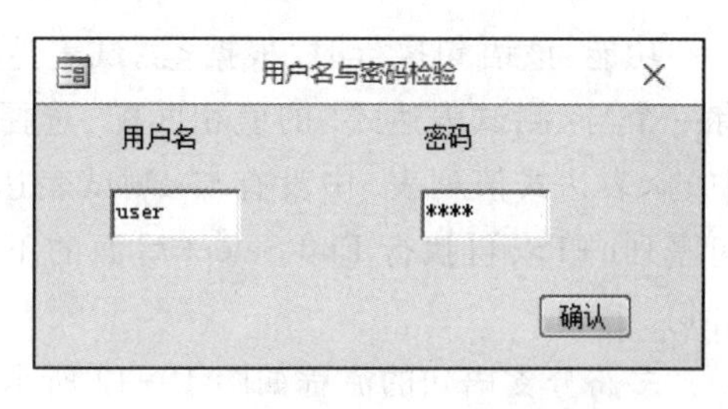

图 10-11 用户名与密码检验

(1) 设计窗体 Caption 属性为“用户名与密码检验”。

(2) 设计两个标签、两个文本框和一个命令按钮。

(3) 打开“代码设计”窗口,输入程序代码。

定义全局变量如下:

```
Dim I As Integer
```

Command1_Click( )事件代码如下:

```
Private Sub Command1_Click( )
    I = I + 1
    If Trim( Me.Text1) = "user" And Trim( Me.Text2) = "111" Then
      MsgBox "登录成功", 48 + 1, "提示"
    Else
      MsgBox "输入错误,请重新输入", 32 + 1, "提示"
      If I = 3 Then
        MsgBox "对不起,您无权使用本系统!", 16 + 1, "提示"
        End
      End If
    End If
End Sub
```

(4) 保存窗体,运行程序,结果如图 10-11 所示。

10.4.2 Select 语句

Select Case 语句又称多路分支语句,它是根据多个表达式列表的值,选择多个操作中的一个对应执行。

1. 多路分支

多路分支的语句格式如下:

```
Select  Case<测试表达式>
Case<表达式值列表 1>
<语句序列 1>
Case<表达式值列表 2>
<语句序列 2>
…
Case<表达式值列表 n>
<语句序列 n>
[Case Else
<语句序列 n+1>]
End Select
```

功能：该语句执行时，根据<测试表达式>，从上到下依次检查 n 个<表达式值列表>，如果有一个与<测试表达式>的值相匹配，选择 n+1 个<语句序列>中对应的一个执行，当所有 Case 中的<表达式值列表>中没有与<测试表达式>的值相匹配时，如果有 Case Else 项，则执行<语句序列n+1>，再执行 End Select 后面的下一条语句；否则，直接执行 End Select 后面的下一条语句。

多路分支语句的流程如图 10-12 所示。

2. 使用多路分支语句应注意的问题

（1）<测试表达式>可以是各类表达式，还可以是取值常数的常量、变量、函数及对象的属性。

（2）<语句序列>中的语句可以是任何语句，因此，同样还可以有 IF、Select…End Select 语句，可以是由多个 IF、Select…End Select 语句组成的嵌套结构。

（3）Select 与 End Select 必须配对使用。

例 10.4：设计一个窗体，通过文本框接收数据，计算期末平均成绩，再评定等级（等级评定标准是：平均分 91～100 为“优秀”，平均分 81～90 为“良好”，平均分 60～80 为“中等”，平均分 60 以下为“差”），如图 10-13 所示。

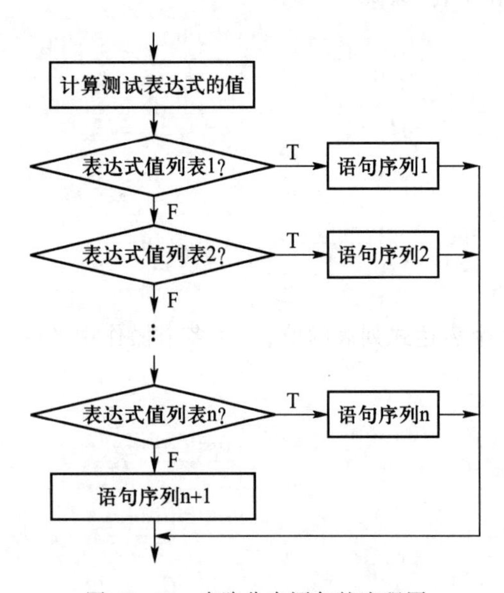

图 10-12　多路分支语句的流程图

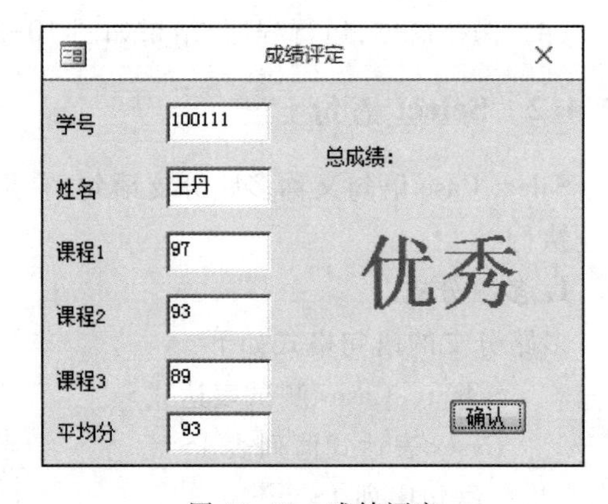

图 10-13　成绩评定

操作步骤如下。

（1）设计窗体 Caption 属性为“成绩评定”。

（2）设计 8 个标签、6 个文本框和一个命令按钮。

（3）打开“代码设计”窗口，输入程序代码。

定义全局变量如下：

```
Dim I As Integer
```

Command1_Click（）事件代码如下：

```
Private Sub Command1_Click( )
    I = ( Val( Me.Text3) + Val( Me.Text4) + Val( Me.Text5) ) /3
    Me.Text6 = Str( I)
    Select Case Int( I/10)
        Case 9
        Label0.Caption = "优秀"
        Case 8
        Label0.Caption = "良好"
        Case Is > 6
        Label0.Caption = "中等"
        Case Is < 6
        Label0.Caption = "差"
    End Select
End Sub
```

Form_Load( )事件代码如下:

```
Private Sub Form_Load( )
    Text1.SetFocus
End Sub
```

(4) 保存窗体,运行程序,结果如图 10-13 所示。

10.5 循 环 结 构

MOOC 视频
循环结构

顺序、分支结构在程序执行时,每个语句只能执行一次,循环结构则能够使某些语句或程序段重复执行若干次。如果某些语句或程序段需要在一个固定的位置上重复操作,使用循环语句是最好的选择。

10.5.1 For 语句

For 循环语句又称“计数”型循环控制语句,它以指定的次数重复执行一组语句。

1. For 语句的格式

For<循环变量>=<初值>to<终值>[Step <步长>]
<循环体>
[Exit For]
Next<循环变量>

功能:用循环计数器<循环变量>来控制<循环体>内的语句的执行次数。

执行该语句时,首先,将<初值>赋给<循环变量>,然后,判断<循环变量>是否“超过”<终值>,若结果为 True 时,则结束循环,执行 Next 后面的下一条语句;否则,执行<循环体>内的语句,再将<循环变量>自动按<步长>增加或减少,再重新判断<循环变量>当前的值是否“超过”<终值>,

若结果为 True 时,则结束循环,重复上述过程,直到其结果为真。

For 语句的流程如图 10-14 和图 10-15 所示。

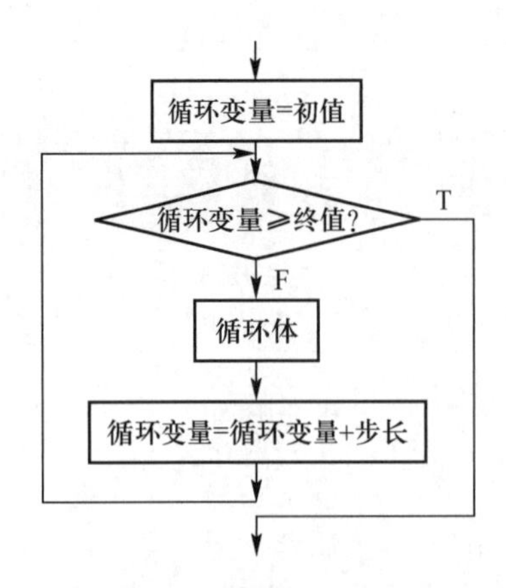

图 10-14　步长>0 For 语句的流程

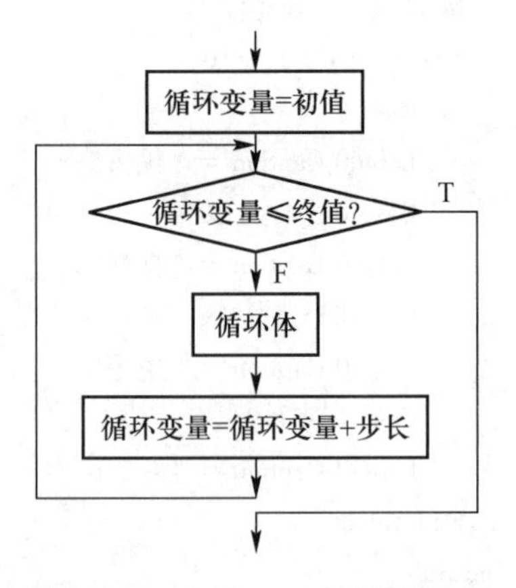

图 10-15　步长<0 For 语句的流程

2. 使用 For 语句应注意的问题

(1) <循环变量>是数值类型的变量,通常引用整型变量。

(2) <初值>、<终值>、<步长>是数值表达式,如果其值不是整数时,系统会自动取整,<初值>、<终值>、<步长>三个参数的取值,决定了<循环体>的执行次数(计算公式为:循环次数 = Int((<终值>-<初值>)/<步长>)+1)。

(3) <步长>可以是<循环变量>的增量,通常取大于 0 或小于 0 的整数,其中:

当<步长>大于 0 时,<循环变量>“超过”<终值>,意味着<循环变量>大于<终值>。

当<步长>小于 0 时,<循环变量>“超过”<终值>,意味着<循环变量>小于<终值>;

当<步长>等于 0 时,要使用分支语句和 Exit For 语句控制循环结束。

(4) <循环体>可以是 Visual Basic 中任何一个或多个语句。

(5) [Exit For]是出现在<循环体>内的退出循环的语句,它一旦在<循环体>内出现,就一定要有分支语句控制它的执行。

(6) Next 中的<循环变量>和 For 中的<循环变量>是同一个变量。

例 10.5:求 1~100 自然数之和,如图 10-16 所示。

操作步骤如下:

(1) 设计窗体 Caption 属性为“求自然数之和”。

(2) 设计两个标签和一个命令按钮。

(3) 打开“代码设计”窗口中,输入程序代码。

定义全局变量如下:

```
Dim I As Integer
Dim SUM As Integer
```

Command1_Click()事件代码如下:

```
Private Sub Command1_Click()
```

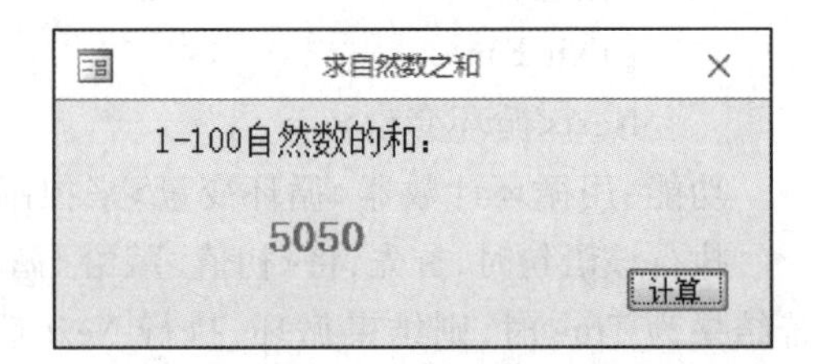

图 10-16　自然数之和

```
    For I = 1 To 100
        SUM = SUM + I
    Next I
    Label0.Caption = SUM
End Sub
```

(4) 保存窗体,运行程序,结果如图 10-16 所示。

10.5.2　While 语句

While 语句又称“当”型循环控制语句,它是通过“循环条件”控制重复执行一组语句。

1. While 语句的格式

While　<循环条件>

<循环体>

Wend

功能:当<循环条件>为 True 时,执行<循环体>内的语句,遇到 Wend 语句后,再次返回,继续测试<循环条件>是否为 True,直到<循环条件>为 False 时,执行 Wend 语句的下一条语句。

While 语句的流程如图 10-17 所示。

2. 使用 While 语句应注意的问题

(1) 当<循环条件>永为 True 时,<循环体>将无终止。

(2) 当第一次测试<循环条件>为 False 时,<循环体>一次也不执行。

(3) While 与 Wend 必须配对使用。

例 10.6:求 1~10 的阶乘(P=10!),如图 10-18 所示。

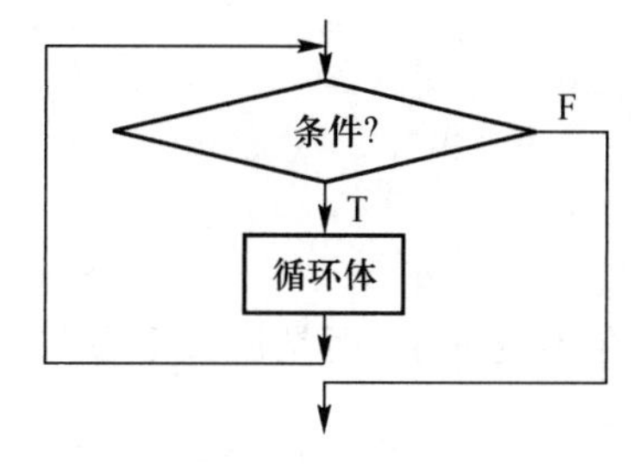

图 10-17　While 语句的流程图

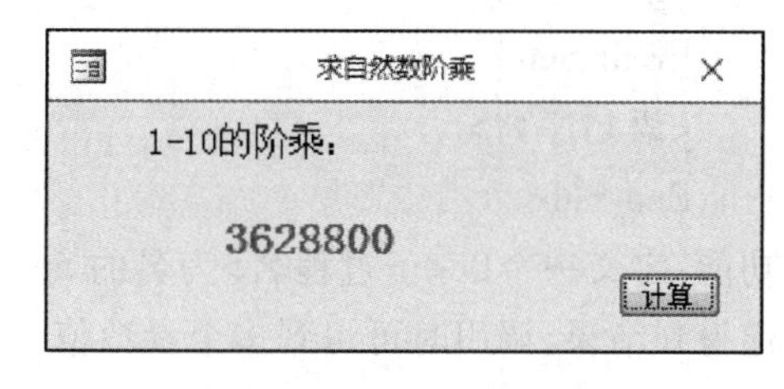

图 10-18　自然数阶乘

操作步骤如下。

(1) 设计窗体 Caption 属性为“求自然数阶乘”。

(2) 设计两个标签和一个命令按钮。

(3) 打开“代码设计”窗口,输入程序代码。

定义窗体变量代码如下:

```
Dim i As Integer
Dim P As Double
```

Command1_Click()事件代码如下:

```
Private Sub Command1_Click()
    P = 1
    I = 1
    While I <= 10
        P = P * I
        I = I + 1
    Wend
    Label0.Caption = P
End Sub
```

(4) 保存窗体,运行程序,结果如图 10-18 所示。

MOOC 视频
过程与函数

10.6 过　　程

在程序中,往往有一些程序段落要反复使用,通常将这些程序段落定义成“子过程”。在程序中引用子过程,可以有效地改善程序的结构,从而把复杂的问题分解成若干简单问题进行设计,即“化全局为局部”;还可以使同一程序段落重复使用,即“程序重用”。

在程序中引用子过程,首先要定义子过程,然后才能调用子过程。

1. 定义 Sub 过程

定义 Sub 过程的语句格式:

```
[Public|Private][Static] Sub<子过程名>([<参数表>])
<局部变量或常数定义>
<语句序列>
[Exit Sub]
<语句序列>
End Sub
```

功能:定义一个以<子过程名>为名的 Sub 过程,Sub 过程名不返回值,而是通过形参与实参的传递得到结果,调用时可得到多个参数值。

注意事项:

(1) <子过程名>的命名规则与变量名规则相同。

(2) <参数表>中的参数称为形参,表示形参的类型、个数、位置,定义时是无值的,只有在过程被调用时,实参传送给形参才能获得相应的值。

(3) <参数表>中可以有多个形参,它们之间要用逗号“,”隔开,每一个参数要按如下格式定义:

```
[ByVal|ByRef]　变量名[()][As 类型][,…]
```

其中:ByVal 表示当该过程被调用时,参数是按值传递的;缺省或 ByRef 表示当该过程被调用时,参数是按地址传递的。

(4) Static、Private 定义的 Sub 过程为局部过程,只能在定义它的模块中被其他过程调用。

（5）Public 定义的 Sub 过程为公有过程，可被任何过程调用。

（6）Exit Sub 是退出 Sub 过程的语句，它常常是与选择结构（If 或 Select Case 语句）联用，即当满足一定条件时，退出 Sub 过程。

（7）过程可以无形式参数，但括号不能省略。

2. 创建 Sub 过程

Sub 过程是一个通用过程，它不属于任何一个事件过程，因此它不能在事件过程中建立，通常 Sub 过程是在标准模块中，或在窗体模块中建立的。

3. 调用 Sub 过程

调用 Sub 过程的语句格式如下：

子过程名[<参数表>]

或：

Call　子过程名([<参数表>])

功能：调用一个已定义的 Sub 过程。

注意事项：

（1）参数表中的参数称为实参，它必须与形参保持个数相同，实参与对应的形参类型要一致。

（2）调用过程是把实参传递给对应的形参。其中值传递（形参前有 ByVal 说明）时实参的值不随形参的值变化而改变；而地址传递（形参前有 ByRef 说明）时实参的值随形参值的改变而改变。

（3）当参数是数组时，形参与实参在参数声明时应省略其维数，但括号不能省。

例 10.7：求任意个自然数之和的和（$S=1+(1+2)+(1+2+3)+(1+2+3+4)+\cdots+(1+2+3+4+\cdots+N)$（令 $N=50$）），如图 10-19 所示。

操作步骤如下。

（1）设计窗体 Caption 属性为“求任意个自然数之和的和”。

（2）设计两个标签、一个文本框和一个命令按钮。

（3）打开“代码设计”窗口，输入程序代码。

定义窗体变量代码如下：

```
Dim i As Integer
Dim s As Single
Dim s1 As Integer
```

定义窗体过程代码如下：

```
Sub sum(m As Integer)
    Dim j As Integer
    s1 = 0
    For j = 1 To m
        s1 = s1 + j
    Next j
End Sub
```

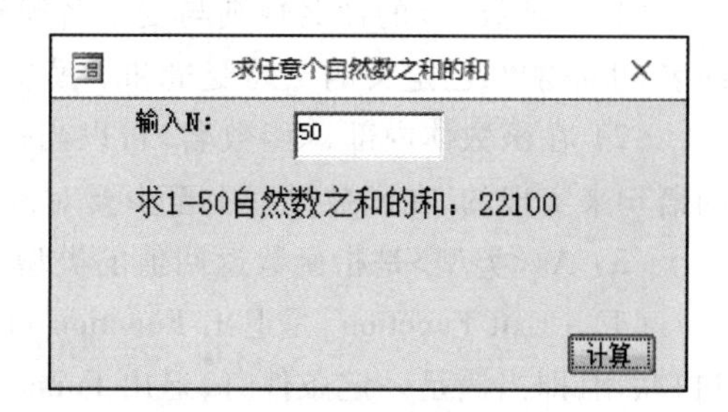

图 10-19　任意个自然数之和的和

Command1_Click()事件代码如下：

```
Private Sub Command1_Click( )
    s = 0
    N = Val( Me.Text1)
    For i = 1 To N
        sum (i)
        s = s1 + s
    Next i
    Label1.Caption = "求 1-" & Trim( Me.Text1) & "自然数之和的和:" & s
End Sub
```

(4) 保存窗体,运行程序,结果如图 10-19 所示。

10.7　自定义函数

Function 过程是过程的另一种形式,也称其为用户自定义函数过程。在 Visual Basic 系统中,有许多内部函数,用户可直接引用,但有时内部函数不能解决问题的需求,用户可创建自定义函数,它的使用方法与使用内部函数一样,仍需要通过函数名和相关参数引用。

Function 过程与 Sub 过程不同的是 Function 过程将返回一个函数值。

1. 定义 Function 过程

定义 Function 过程的语句格式:

[Public|Private][Static]Function　<函数名>([<参数表>])[As<类型>]
<局部变量或常数定义>
<语句序列>
[Exit Function]
<语句序列>
函数名=返回值
End Function

功能:定义一个以<函数名>为名的 Function 过程,Function 过程通过形参与实参的传递得到结果,返回一个函数值。

注意事项:

(1) <函数名>的命名规则与变量名规则相同,但它不能与系统的内部函数或其他通用过程同名,也不能与已定义的全局变量和本模块中同模块级变量同名。

(2) 在函数体内部,<函数名>可以当作变量使用,函数的返回值就是通过给<函数名>赋值的语句来实现的,在函数过程中至少要对函数名赋值一次。

(3) As<类型>是指函数返回值的类型,若省略,则函数返回变体类型值(Variant)。

(4) [Exit Function]是退出 Function 过程的语句,它常常是与选择结构(If 或 Select Case 语句)联用,即当满足一定条件时,退出 Function 过程。

(5) <参数表>中形参的定义与 Sub 过程完全相同。

（6）Static、Private 定义的 Function 过程为局部过程，只能在定义它的模块中被其他过程调用。

（7）Public 定义的 Function 过程为公有过程，可被任何过程调用。

（8）过程可以无形式参数，但括号不能省略。

2. 创建 Function 过程

同 Sub 过程一样，Function 过程是一个通用过程，它不属于任何一个事件过程，因此它不能在事件过程中建立，Function 过程可在标准模块中或在窗体模块中建立。

3. 调用 Function 过程

调用 Function 过程的语句格式如下：

函数名(<参数表>)

功能：调用一个已定义的 Function 过程。

注意事项：

（1）参数表中的参数称为实参，形参与实参传递与 Sub 过程相同。

（2）函数调用只能出现在表达式中，其功能是求得函数的返回值。

例 10.8：计算 P 的值 $\left(P=\frac{3!+5!}{7!}\right)$ 的值，如图 10-20 所示。

操作步骤如下。

（1）设计窗体 Caption 属性为“求表达式的值”。

（2）设计一个标签和一个命令按钮。

（3）打开“代码设计”窗口，输入程序代码。

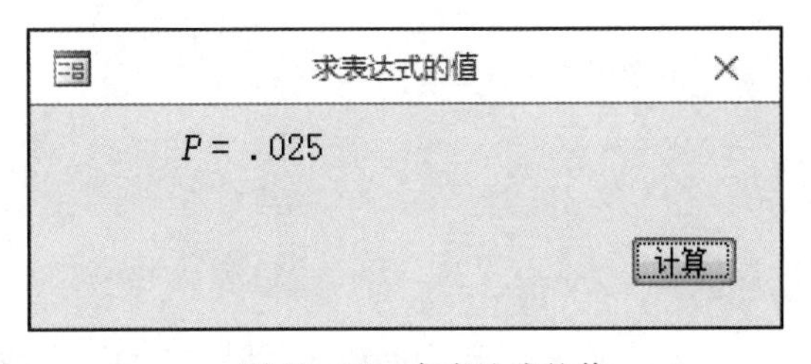

图 10-20 求表达式的值

定义窗体函数代码如下：

```
Private Function fac(n As Integer) As Single
   Dim p As Long
   p = 1
   For i = 1 To n
      p = p * i
   Next i
   fac = p
End Function
```

Command1_Click()事件代码如下：

```
Private Sub Command1_Click()
   Label1.Caption = "      P= " & (fac(3) + fac(5)) / fac(7)
End Sub
```

（4）保存窗体，运行程序，结果如图 10-20 所示。

本章的知识点结构

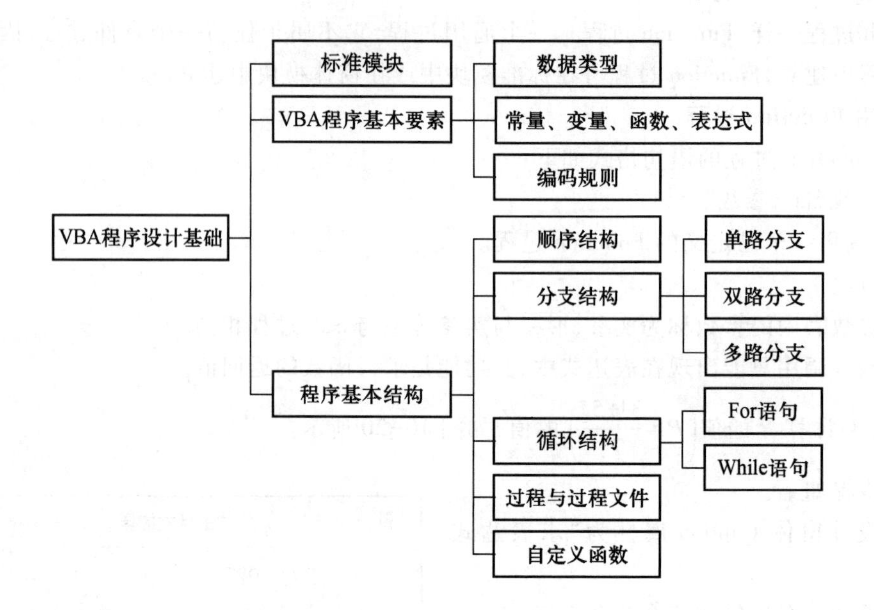

习　题　10

一、简答题

1. 在 VBA 中,变量类型有哪些,类型符是什么?

2. 在 VBA 中,有几种类型表达式?

3. 表达式是由哪些元素构成的?

4. 计算逻辑表达式的值时要遵循什么优先顺序?

5. 什么是数组?

6. 建立过程的目的是什么?

7. Function 过程与 Sub 过程有什么不同?

8. 在程序中引用 Ubound( )和 Lbound( )函数有什么好处?

9. Split 函数和 Join 函数有什么不同? 各自的作用是什么?

10. VBA 模块与宏有什么区别?

二、填空题

1. 标准模块是独立于________的模块。

2. 变量的类型决定了变量存取数据的类型,也决定了变量能参与________。

3. 变量的作用域就是变量在程序中的________。

4. 数组不是一种数据类型,而是一组有序________的集合。

5. 内部函数是 VBA 系统为用户提供的________,用户可直接引用。

6. 在同一个表达式中,如果有两种或两种以上类型的运算,则按照函数运算、________、字符运算、________、________的顺序来进行计算。

7. 标识符必须由________开头,后面可跟字母、汉字、数字、下划线。

8. 分支结构是在程序执行时,根据________,选择执行不同的程序语句。

9. 如果某些语句或程序段需要重复操作,使用________是最好的选择。

10. Sub 过程和 Function 过程可在________中或在________中创建。

三、单选题

1. 以下常量的类型说明符使用正确的是(　　)。

A. Const A1! = 2000　　B. Const A1% = 60000

C. Const A1% = "123"　　D. Const A1 $ = True

2. 以下声明 I 是整型变量的语句正确的是(　　)。

A. Dim I,j As Integer　　B. I = 1234

C. Dim I As Integer　　D. I As Integer

3. 以下叙述中不正确的是(　　)。

A. VBA 是事件驱动型可视化编程工具

B. VBA 应用程序不具有明显的开始和结束语句

C. VBA 工具箱中的所有控件都要更改 Width 和 Height 属性才可使用

D. VBA 中控件的某些属性只能在运行时设置

4. 在窗体中添加一个命令按钮,名称为 Command1,Click 事件代码如下:

```
Private Sub Command1_Click( )
A = 1234
B $ = Str $ ( A)
C = Len( B $ )
Me.Lbl1.Caption = C
End Sub
```

单击命令按钮,则在窗体上显示的内容是(　　)。

A. 0　　B. 4　　C. 6　　D. 5

5. 在窗体中添加一个命令按钮,名称为 Command1,然后编写如下程序:

```
Private Sub Command1_Click( )
a = 10
b = 5
c = 1
Me.Lbl1.Caption =  a > b And b > c
End Sub
```

程序运行后,单击命令按钮,则在窗体上显示的内容是(　　)。

A. True　　B. False　　C. 0　　D. 出错信息

6. 以下逻辑表达式结果为 True 的是(　　)。

A. NOT 3+5>8　　B. 3+5>8　　C. 3+5<8　　D. NOT 3+5>=8

7. 以下不是分支结构的语句是(　　)。

A. If…Then…EndIf　　　　B. While…Wend

C. If…Then…Else…EndIf　　　　D. Select…Case…End Select

8. VBA 程序流程控制的方式是(　　)。

A. 顺序控制和分支控制　　　　B. 顺序控制和循环控制

C. 循环控制和分支控制　　　　D. 顺序控制、分支控制、循环控制

9. 以下不是鼠标事件的是(　　)。

A. KeyPress　　B. MouseDown　　C. DblCilck　　D. MouseMove

10. 以下不是确定 VBA 中变量的作用域的是(　　)。

A. Static　　B. Function　　C. Private　　D. Public

第 11 章 VBA 程序实例

本章介绍 VBA 在 Access 系统中的应用,以及数据库的模块对象的使用方法,主要介绍的内容是用 VBA 程序代码设计的窗体的实例。

MOOC 视频
应用程序开发案例

11.1 用户管理窗体的设计

例 11.1:设计一个“登录”窗体,用以限制用户使用系统的权限,如图 11-1 所示。

MOOC 视频
系统登录模块开发

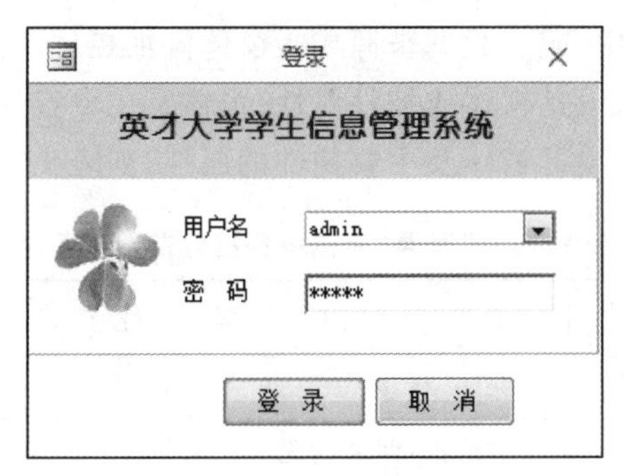

图 11-1 “登录”窗体

若用户名与密码正确,启动主窗体,如图 11-2 所示。

图 11-2 启动主窗体

若用户名与密码错误,弹出对话框,如图 11-3 所示。

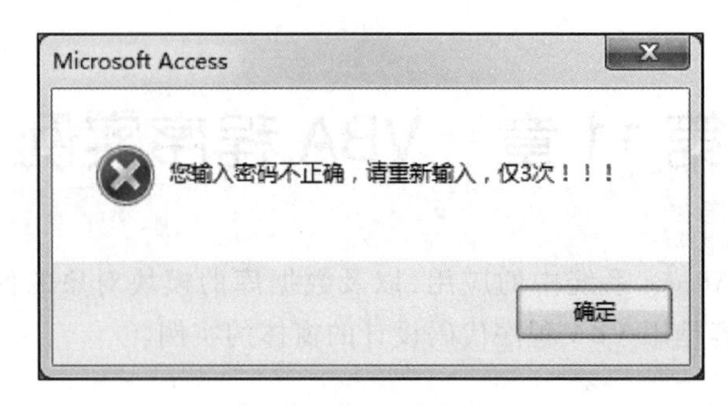

图 11-3　密码错误警告

操作步骤如下。

(1) 打开数据库。

(2) 在 Access 系统窗口中,打开“创建”选项卡,单击“窗体设计”按钮,进入“窗体设计”窗口。

(3) 在“窗体设计”窗口中,确定数据来源或为窗体添加控件。

(4) 在“属性表”窗格中,设计窗体或控件属性,窗体及主要控件的布局参照图 11-1 设计。

(5) 在“属性表”窗格中,设计窗体及主要控件的属性,如表 11-1 所示。

表 11-1　“登录”窗体中各控件属性及事件

对　象	对象名	属　性	事　件
窗体	登录	标题:登录	无
		滚动条:两者均无	
		记录选择器:否	
		导航按钮:否	
		自动居中:是	
		边框样式:对话框边框	
图像	Img1	图片类型:嵌入	无
		缩放模式:拉伸	
		图片:C:\英才学校\1.jpg	
标签	LblUser	标题:用户名	无
	LblPwd	标题:密码	
	Lbl1	标题:英才大学学生信息管理系统	
命令按钮	CmdOk	标题:确定	Click
	CmdCancel	标题:取消	Click
组合框	CblUser	行来源:SELECT 用户表.用户名 FROM 用户表	NotInList
		控件来源:用户名	
文本框	TxtPwd	输入掩码:密码	无

(6) 在“代码”窗口中,设计窗体或控件事件和方法代码。

定义窗体级函数(login)代码如下:

```
Public Function login( ) As Boolean '判断用户输入的密码是否正确
    Dim RS As New ADODB.Recordset
    Dim StrSql As String
    StrSql = " select * from 用户表 where 用户名 ='" & Me.Cbouser & "'"
    RS.Open StrSql, CurrentProject.Connection, adOpenStatic, adLockReadOnly
    If RS.RecordCount > 0 Then
      If RS! 密码 = Me.TxtPwd Then
          login = True
      End If
    End If
    RS.Close
    Set RS = Nothing
End Function
```

CmdOk_Click( )事件代码如下:

```
  Private Sub CmdOk_Click( )
    If IsNull( Me.Cbouser) Then
      MsgBox "请输入您的用户名!" , vbCritical
      Exit Sub
    Else
      Me.Cbouser.SetFocus
      P_username = Me.Cbouser.Text
    End If
    If login = True Then   'login 函数登录判断
      UserName = Me.Cbouser.Text
      DoCmd.Close
      DoCmd.OpenForm "主窗体"
    Else
      MsgBox "您输入密码不正确,请重新输入,仅三次!!!" , vbCritical
      Exit Sub
    End If
  End Sub
```

CmdCancel_Click( )事件代码如下:

```
Private Sub CmdCancel_Click( )
  DoCmd.Quit acQuitSaveNone
End Sub
```

CboUser_NotInList( )事件代码如下:

```
Private Sub Cbouser_NotInList( )
  Response = acDataErrContinue    '必须从组合框中选择用户名
End Sub
```

（7）保存窗体，结束窗体的创建。

MOOC 视频
数据浏览模块开发

11.2　数据浏览窗体的设计

例 11.2：设计一个“学生档案管理”窗体，用于“学生”表数据的查询与浏览，其窗体可按学院、系、班级和学生为单位浏览，如图 11-4 所示。

操作步骤如下。

（1）打开数据库。

（2）在 Access 系统窗口中，打开“创建”选项卡，单击“窗体设计”按钮，进入“窗体设计”窗口。

（3）在“窗体设计”窗口中，确定数据来源或为窗体添加控件。

（4）在“属性表”窗格中，设计窗体或控件属性，窗体及主要控件的布局如图 11-4 所示。

图 11-4　“学生档案管理”窗体

（5）在“属性表”窗格中，设计窗体及主要控件的属性，如表 11-2 所示。

表 11-2　“学生档案管理”窗体中各控件属性及事件

对　象	对　象　名	属　性	事　件
窗体	学生档案管理	标题：学生档案管理	Load
		滚动条：两者均无	
		记录选择器：否	
		导航按钮：否	

续表

对　象	对 象 名	属　性	事　件
窗体	学生档案管理	自动居中：是	Load
		边框样式:对话框边框	
文本框	Txt1	可用:否	无
命令按钮	Cmdquery	标题:查询	Click
	CmdAdd	标题:添加	
	Cmdprint	标题:打印	
	Cmdquit	标题:退出	
树视图	Treeview	略	NodeClick
标签	Lbl1	标题:请输入学生号	无
子窗体	学生档案管理_子窗体	默认视图:数据表	无
		记录源:学院_系_班级_学生	

(6) 在“代码”窗口中,设计窗体或控件事件和方法代码。

定义窗体级变量代码如下:

```
Option Compare Database
Option Explicit
Dim ObjTree As TreeView
```

Form_Load( )事件代码如下:

```
Private Sub Form_Load( )
    Dim Nodx As Node
    Dim RS1 As New ADODB.Recordset
    Dim RS2 As New ADODB.Recordset
    Dim RS3 As New ADODB.Recordset
    Dim StrSql As String
    Dim i As Integer
    Dim Num1 As String
    Dim Num2 As String
    Set ObjTree = Me.TreeView.Object
    ObjTree.Nodes.Clear
    Set Nodx = ObjTree.Nodes.Add( , ,"英才大学","英才大学")   '添加顶级结点
    StrSql = "select * from 学院"
    RSl.Open StrSql,CurrentProject.Connection,adOpenStatic,adLockOptimistic '打开学院表
    Do While Not RS1.EOF '添加院级结点
        Set Nodx = ObjTree.Nodes.Add("英才大学",tvwChild,RS1! 学院编号,Trim(RS1! 学院名称)+
        "-学院")
        Numl = RS1! 学院编号
```

```
            StrSql = " select * from 系 where 学院编号 ='" & Num1 &"'"
            RS2.Open StrSql,CurrentProject.Connection,adOpenStatic,adLockOptimistic '打开系表
            Do While Not RS2.EOF '添加系级结点
                Set Nodx = ObjTree.Nodes.Add( Num1,tvwChild,RS2! 系编号,Trim( RS2! 系名称) + "-系")
                Num2 = RS2! 系编号
                StrSql = " select * from 班级 where 系编号 ='" & Num2 & "'"
                RS3.Open StrSql,CurrentProject.Connection,adOpenStatic,adLockOptimistic '打开班级表
                Do While Not RS3.EOF '添加班级结点
                    Set Nodx = ObjTree.Nodes.Add( Num2,tvwChild,RS3! 班级编号,Trim( RS3! 班级名称) +
                    "-班")
                    RS3.MoveNext
                Loop
                RS3.Close
                RS2.MoveNext
            Loop
            RS2.Close
            RSl.MoveNext
        Loop
        RSl.Close
        Set RS1 = Nothing
        Set RS2 = Nothing
        Set RS3 = Nothing
        ObjTree.Nodes( 1).Expanded = True    '将结点展开
    End Sub
```

Cmdquery_Click( )事件代码如下:

```
    Private Sub Cmdquery_Click( )
        Dim RS As New ADODB.Recordset
        Dim StrSql As String
        Me.Txt1.SetFocus
        StrSql = " select * from 学院_系_班级_学生 where 学号 ='" & Me.Txt1.Text & "'"
        RS.Open StrSql,CurrentProject.Connection,adOpenStatic,adLockOptimistic
        Me.学生档案管理_子窗体.Form.RecordSource = StrSql
        RS.Close
        Set RS = Nothing
    End Sub
```

CmdAdd_Click( )事件代码如下:

```
    Private Sub CmdAdd_Click( )
        DoCmd.OpenForm "学生信息输入"
    End Sub
```

Cmdprint_Click( )事件代码如下:

```
Private Sub Cmdprint_Click( )
    DoCmd.OpenReport "学生基本信息",acViewPreview
End Sub
```

Cmdquit_Click( )事件代码如下：

```
Private Sub Cmdquit_Click( )
    DoCmd.Close acForm,"学生档案管理"
End Sub
```

(7) 保存窗体,结束窗体的创建。

11.3　数据维护窗体的设计

例 11.3:设计一个“学生成绩输入”窗体,用以对“成绩”表进行数据维护,如图 11-5 所示。

MOOC 视频
数据维护模块开发

图 11-5　“学生成绩输入”窗体

操作步骤如下。

(1) 打开数据库。

(2) 在 Access 系统窗口中,打开“创建”选项卡,单击“窗体设计”按钮,进入“窗体设计”窗口。

(3) 在“窗体设计”窗口中,确定数据来源或为窗体添加控件。

(4) 在“属性表”窗格中,设计窗体或控件属性,窗体及主要控件的布局如图 11-5 所示。

（5）在“属性表”窗格中,窗体及主要控件的属性如表 11-3 所示。

表 11-3　“学生成绩输入”窗体中各控件属性及事件

对象	对象名	属性	事件
窗体	学生成绩输入	标题:学生成绩输入	Load
		滚动条:两者均无	
		记录选择器:否	
		导航按钮:否	
		自动居中:是	
		边框样式:对话框边框	
矩形	Box1～Box5	略	无
标签	LblTitle1	标题:成绩预览	无
	LblTitle2	标题:学院、专业、学期选择	
	LblTitle3	标题:课程、班级选择	
	LblTitle4	标题:选择学号	
	LblTitle5	标题:成绩输入	
	Lbl1	标题:学院	
	Lbl2	标题:专业	
	Lbl3	标题:学期	
	Lbl4	标题:课程	
	Lbl5	标题:班级	
	Lbl6	标题:学号	
	Lbl7	标题:学分	
	Lbl8	标题:成绩	
组合框	Cbo1	行来源:select 学院.学院编号+学院.学院名称 from 学院	After Update
	Cbo2	由 Cbo1 选择结果决定	
	Cbo3	行来源:1;2;3;4;5;6;7;8	
	Cbo4	由 Cbo3 选择结果决定	
	Cbo5	由 Cbo4 选择结果决定	
	Cbo6	由 Cbo5 选择结果决定	

续表

对　　象	对 象 名	属　　性	事　　件
文本框	Txt1	可用:否	无
	Txt2	可用:是	
命令按钮	Cmd1	标题:添加	Click
	Cmd2	标题:退出	Click
	Cmd3	标题:显示已输数据	Click
子窗体	学生成绩录入_子窗体	默认视图:数据表	无

(6) 在“代码”窗口中,设计窗体或控件事件和方法代码。

定义窗体级的变量代码如下:

```
Option Compare Database
```

Form_Load( )事件代码如下:

```
Private Sub Form_Load( )
    Me.学生成绩录入_子窗体.Form.RecordSource = "select * from 成绩 where 学号 ='" & "'"'使列表中不显示任何数据
    Me.Cbo1.RowSource = "select 学院.学院编号+学院.学院名称 from 学院"  '生成学院列表
End Sub
```

Cbo1_AfterUpdate( )事件代码如下:

```
Private Sub Cbo1_AfterUpdate( )
    Me.Cbo2.RowSource = "SELECT 系.系编号+ 系.系名称 FROM 系 where 学院编号 ='" & Left( Cbo1.Text,1) & "'"'生成系列表
End Sub
```

Cbo2_AfterUpdate( )事件代码如下:

```
Private Sub Cbo2_AfterUpdate( )
    Me.Cbo5.RowSource = "select 班级.班级编号 from 班级 where 系编号 ='" & Left( Cbo2.Text,4) & "'"
End Sub
```

Cbo3_AfterUpdate( )事件代码如下:

```
Private Sub Cbo3_AfterUpdate( )
    Me.Cbo4.RowSource = "select 课程.课程编号+课程.课程名 from 课程 where 学期 =" & Cbo3.Text
End Sub
```

Cbo4_AfterUpdate( )事件代码如下:

```
Private Sub Cbo4_AfterUpdate( )
    Dim RS As New ADODB.Recordset
    StrSql = "select 课程.学分 from 课程 where 课程编号 ='" & Left( Cbo4.Text,5) & "'"
```

```
        RS.Open StrSql,CurrentProject.Connection,adOpenStatic,adLockOptimistic '打开课程表
        Me.Txt1.Value=RS! 学分
        RS.Close
        Set RS=Nothing
    End Sub
```

Cbo5_AfterUpdate( )事件代码如下：

```
    Private Sub Cbo5_AfterUpdate( )
        Me.Cbo6.RowSource="select 学生.学号 from 学生 where 班级编号='" & Cbo5.Text & "'"
    End Sub
```

Cmd1_Click( )事件代码如下：

```
    Private Sub Cmd1_Click( )
        Dim RS As New ADODB.Recordset
        RS.Open "成绩",CurrentProject.Connection,adOpenStatic,adLockOptimistic '打开成绩表
        If IsNull(Me.Cbo1.Value) Then
            MsgBox "请选择学生所在学院!!!",vbOKOnly + vbInformation,"提示"
            Me.Cbo1.SetFocus
            Exit Sub
        End If
        If IsNull(Me.Cbo2.Value) Then
            MsgBox "请选择学生所在系!!!",vbOKOnly + vbInformation,"提示"
            Me.Cbo2.SetFocus
            Exit Sub
        End If
        If IsNull(Me.Cbo3.Value) Then
            MsgBox "请选择学期!!!",vbOKOnly + vbInformation,"提示"
            Me.Cbo3.SetFocus
            Exit Sub
        End If
        If IsNull(Me.Cbo4.Value) Then
            MsgBox "请选择课程!!!",vbOKOnly + vbInformation,"提示"
            Me.Cbo4.SetFocus
            Exit Sub
        End If
        If IsNull(Me.Cbo5.Value) Then
            MsgBox "请选择班级!!!",vbOKOnly + vbInformation,"提示"
            Me.Cbo5.SetFocus
            Exit Sub
        End If
        If IsNull(Me.Cbo6.Value) Then
            MsgBox "请选择学号!!!",vbOKOnly + vbInformation,"提示"
```

```
        Me.Cbo6.SetFocus
        Exit Sub
    End If
    If IsNull( Me.Txt2.Value) Then
    MsgBox "请输入成绩!!!",vbOKOnly + vbInformation,"提示"
    Me.Txt2.SetFocus
        Exit Sub
    End If
    RS.AddNew
    RS! 学号=Me.Cbo6.Value
    RS! 课程编号=Left( Me.Cbo4.Value,5)
    RS! 成绩=Val( Me.Txt2.Value)
    RS.Update
    RS.Close
    Set RS=Nothing
    Me.学生成绩录入_子窗体.Form.RecordSource="select * from 成绩 where 学号='" & Cbo6.Value & "'"
End Sub
```

Cmd2_Click( )事件代码如下:

```
Private Sub Cmd2_Click( )
    DoCmd.Close acForm,"学生成绩录入"
End Sub
```

Cmd3_Click( )事件代码如下:

```
Private Sub Cmd3_Click( )
    Me.学生成绩录入_子窗体.Form.RecordSource="select * from 成绩"'在列表中显示已输入学生的
成绩
End Sub
```

(7) 保存窗体,结束窗体的创建。

11.4 数据查询窗体的设计

例 11.4:设计一个“学生成绩查询”窗体,用以检索“成绩”表的数据,如图 11-6 所示。

MOOC 视频
数据查询模块开发

操作步骤如下。

(1) 打开数据库。

(2) 在 Access 系统窗口中,打开“创建”选项卡,单击“窗体设计”按钮,进入“窗体设计”窗口。

(3) 在“窗体设计”窗口,确定数据来源或为窗体添加控件。

图 11-6　“学生成绩查询”窗体

（4）在“属性表”窗格中，设计窗体或控件属性，窗体及主要控件的布局如图 11-6 所示。

（5）在“属性表”窗格中，窗体及主要控件的属性如表 11-4 所示。

表 11-4　“学生成绩查询”窗体中各控件属性及事件

对　象	对　象　名	属　　性	事　件
窗体	学生成绩查询	标题：学生成绩查询	Load
		滚动条：两者均无	
		记录选择器：否	
		导航按钮：否	
		自动居中：是	
		边框样式：对话框边框	
矩形	Box1 ~ Box5	略	无
标签	LblTitle1	标题：成绩预览	无
	LblTitle2	标题：学院、专业选择	
	LblTitle3	标题：学期、班级选择	
	LblTitle4	标题：课程选择	

续表

对 象	对 象 名	属 性	事 件
标签	LblTitle5	标题:成绩区间	无
	Lbl1	标题:学院	
	Lbl2	标题:专业	
	Lbl3	标题:学期	
	Lbl4	标题:班级	
	Lbl5	标题:课程	
	Lbl6	标题:--->	
	Label1	标题:无限制	
	Label2	标题:自定义	
	Label3	标题:所有课程	
组合框	Cbo1	行来源:select 学院.学院编号+学院.学院名称 from 学院	AfterUpdate
	Cbo2	由 Cbo1 选择结果决定	
	Cbo3	行来源:1;2;3;4;5;6;7;8	
	Cbo4	由 Cbo3 选择结果决定	
选项组	Frame1	略	AfterUpdate
复选框	Chk1	可用:真	Click
文本框	Txt1	可用:否	无
	Txt2	可用:否	
命令按钮	Cmd1	标题:查询	Click
	Cmd2	标题:退出	Click
	Cmd3	标题:打印学生成绩	Click
子窗体	学生成绩查询_子窗体	默认视图:数据表	无

(6) 在“代码”窗口中,设计窗体或控件事件和方法代码。

定义窗体级的变量代码如下:

```
Option Compare Database
```

Form_Load( )事件代码如下:

```
Private Sub Form_Load( )
    Me.学生成绩查询_子窗体.Form.RecordSource = " select * from 学院_系_班级_学生_课程_成绩 where 学号 ='" & "'"'使列表中不显示任何数据
    Me.Cbo1.RowSource = "select 学院.学院编号+学院.学院名称 from 学院"  '生成学院列表
```

```
    Frame1.Value=-1 '使"成绩区间"为"无限制"
End Sub
```

Cbo1_AfterUpdate( )事件代码如下：

```
Private Sub Cbo1_AfterUpdate( )
    Me.Cbo2.RowSource="SELECT 系.系编号+ 系.系名称 FROM 系 where 学院编号='" & Left(Cbo1.
Value,1) & "'"'生成系列表
End Sub
```

Cbo2_AfterUpdate( )事件代码如下：

```
Private Sub Cbo2_AfterUpdate( )
    Me.Cbo4.RowSource="select 班级.班级编号 from 班级 where 系编号='" & Left(Cbo2.Value,4) & "'"
End Sub
```

Cbo3_AfterUpdate( )事件代码如下：

```
Private Sub Cbo3_AfterUpdate( )
    Me.Cbo5.RowSource="select 课程.课程编号+课程.课程名 from 课程 where 学期=" & Cbo3.Value
End Sub
```

Chk1_Click( )事件代码如下：

```
Private Sub Chk1_Click( )
    If Chk1.Value=-1 Then
      Cbo5.Enabled=False
    Else
      Cbo5.Enabled=True
      Cbo5.SetFocus
    End If
End Sub
```

Cmd1_Click( )事件代码如下：

```
Private Sub Cmd1_Click( )
    Dim StrSql As String '存放查询语句
    If IsNull(Cbo1.Value) Then
      MsgBox "请选择学生所在学院!!!",vbOKOnly + vbInformation,"提示"
      Cbo1.SetFocus
      Exit Sub
    Else
      StrSql="where 学院编号='" & Left(Cbo1.Value,1) & "'"
      If Not IsNull(Cbo2.Value) Then
        StrSql=StrSql & " and 系编号='" & Left(Cbo2.Value,4) & "'"
    End If
    If Not IsNull(Cbo3.Value) Then
```

```
      StrSql = StrSql & " and 学期 = " & Cbo3.Value
    End If
    If Not IsNull(Cbo4.Value) Then
      StrSql = StrSql & " and 班级编号 ='" & Cbo4.Value & "'"
    End If
    If Chk1.Value = 0 Then '没有选择"所有课程"
      If IsNull(Cbo5.Value) Then
        StrSql = StrSql & " and 课程编号 ='" & Left(Cbo5,4) & "'"
      End If
    End If
    If Frame1.Value = 0 Then  '设置成绩区间
      If IsNull(Txt1.Value) Then
      MsgBox "请输入起始成绩!!!",vbOKOnly + vbInformation,"提示"
          Txt1.SetFocus
          Exit Sub
      Else
          If IsNull(Txt2.Value) Then
      MsgBox "请输入终止成绩!!!",vbOKOnly + vbInformation,"提示"
              Txt2.SetFocus
              Exit Sub
          Else
   StrSql = StrSql & " and 成绩>" & Txt1.Value & " and 成绩< " & Txt2.Value
          End If
        End If
     End If
   End If
   StrSql = "select 学号,姓名,学期,课程编号,课程名,成绩 from 学院_系_班级_学生_课程_成绩 " & StrSql
   Me.学生成绩查询_子窗体.Form.RecordSource = StrSql
End Sub
```

Cmd2_Click()事件代码如下:

```
Private Sub Cmd2_Click()
   DoCmd.Close acForm,"学生成绩查询"
End Sub
```

Cmd3_Click()事件代码如下:

```
Private Sub Cmd3_Click()
   DoCmd.OpenReport "学生成绩单",acViewPreview
End Sub
```

(7) 保存窗体,结束窗体的创建。

11.5　系统控制窗体的设计

例 11.5:设计一个“主窗体”窗体,用以控制系统的使用,如图 11-7 所示。

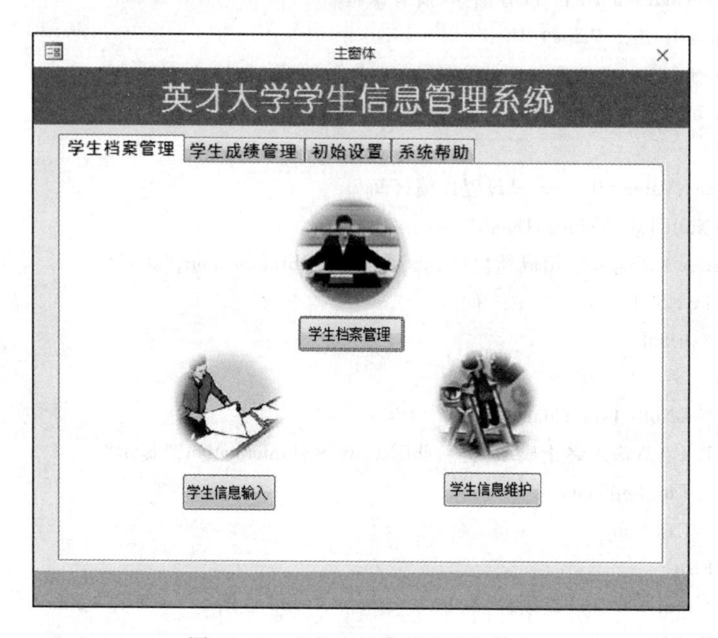

图 11-7　“学生档案管理”选项卡

打开“学生成绩管理”选项卡,如图 11-8 所示。

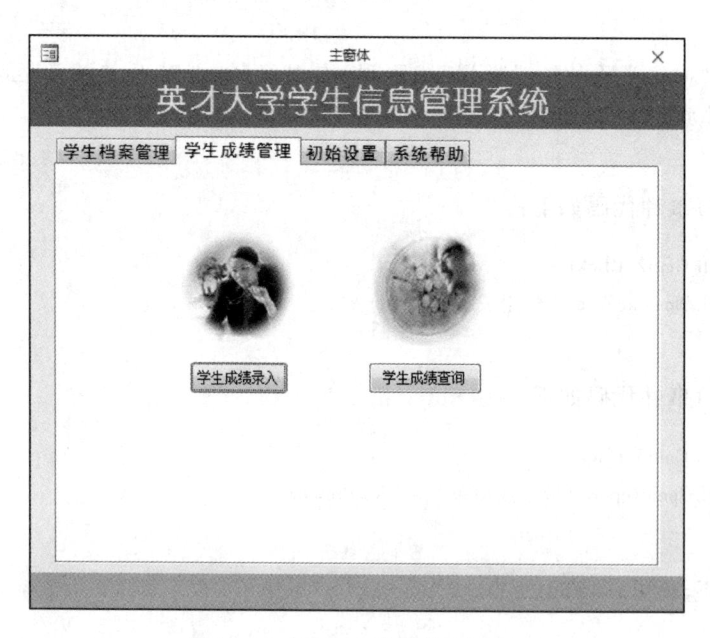

图 11-8　“学生成绩管理”选项卡

打开“初始设置”选项卡,如图 11-9 所示。

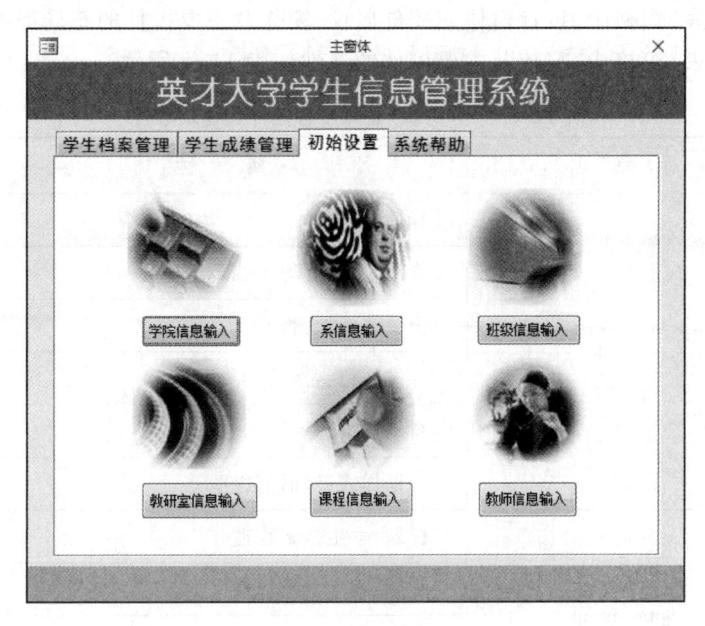

图 11-9　“初始设置”选项卡

打开“系统帮助”选项卡,如图 11-10 所示。

图 11-10　“系统帮助”选项卡

操作步骤如下。

(1) 打开数据库。

(2) 在 Access 系统窗口中,打开“创建”选项卡,单击“窗体设计”按钮,进入“窗体设计”窗口。

(3) 在“窗体设计”窗口中,为窗体添加控件。

(4) 在“属性表”窗格中,设计窗体或控件属性,窗体及主要控件的布局如图 11-7 所示。

(5) 在“属性表”窗格中,窗体及主要控件的属性如表 11-5 所示。

表 11-5　“主窗体”窗体中各控件属性及事件

对　象	对 象 名	属　性	事　件
窗体	主窗体	标题:主窗体	无
		滚动条:两者均无	
		记录选择器:否	
		导航按钮:否	
		自动居中:是	
		边框样式:对话框边框	
选项卡	optiongroup	标题:学生档案管理	无
		标题:学生成绩管理	
		标题:初始设置	
		标题:系统帮助	

(6) 在“代码”窗口中,设计窗体或控件事件和方法代码。

Cmd10_Click()事件代码如下:

```
Private Sub Cmd10_Click()
    DoCmd.OpenForm "学生档案管理"
End Sub
```

Cmd11_Click()事件代码如下:

```
Private Sub Cmd11_Click()
    DoCmd.OpenForm "学生信息输入"
End Sub
```

Cmd12_Click()事件代码如下:

```
Private Sub Cmd12_Click()
    DoCmd.OpenForm "学生信息维护"
End Sub
```

Cmd20_Click()事件代码如下:

```
Private Sub Cmd20_Click()
    DoCmd.OpenForm "学生成绩录入"
End Sub
```

Cmd21_Click()事件代码如下:

```
Private Sub Cmd21_Click()
    DoCmd.OpenForm "学生成绩查询"
End Sub
```

Cmd30_Click()事件代码如下:

```
Private Sub Cmd30_Click()
    DoCmd.OpenForm "学院信息输入"
End Sub
```

Cmd31_Click()事件代码如下:

```
Private Sub Cmd31_Click()
    DoCmd.OpenForm "系信息输入"
End Sub
```

Cmd32_Click()事件代码如下:

```
Private Sub Cmd32_Click()
    DoCmd.OpenForm "班级信息输入"
End Sub
```

Cmd33_Click()事件代码如下:

```
Private Sub Cmd33_Click()
    DoCmd.OpenForm "教研室信息输入"
End Sub
```

Cmd34_Click()事件代码如下:

```
Private Sub Cmd34_Click()
    DoCmd.OpenForm "课程信息输入"
End Sub
```

Cmd35_Click()事件代码如下:

```
Private Sub Cmd35_Click()
    DoCmd.OpenForm "教师信息输入"
End Sub
```

Cmd40_Click()事件代码如下:

```
Private Sub Cmd40_Click()
    DoCmd.OpenForm "关于"
End Sub
```

(7) 保存窗体,结束窗体的创建。

本章的知识点结构

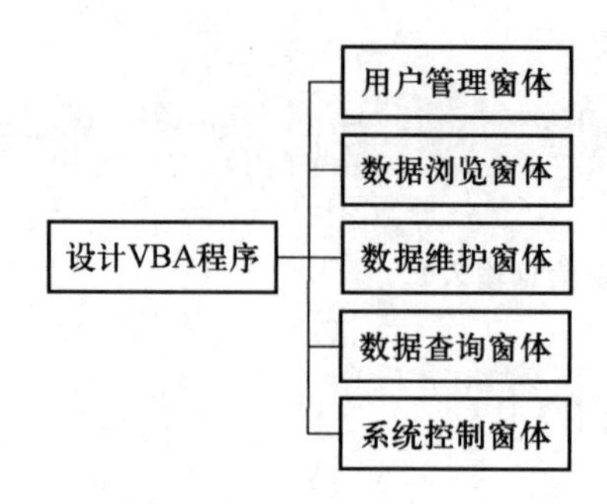

习 题 11

一、简答题

1. 叙述常用窗体的类型。
2. 叙述数据浏览窗体应具有的功能。
3. 叙述数据查询窗体应具有的功能。
4. 叙述 Function 在窗体中的作用。
5. 叙述 Sub 在窗体中的作用。

二、填空题

1. “登录”窗体是用于限制用户使用系统________的工作窗口。
2. 在“属性表”窗格中,可以设计窗体以及控件的________。
3. 在“代码”窗口中,可以设计窗体以及控件的________。
4. 组合框控件的________属性的数据源多是 SELECT 创建的查询。
5. 子窗体常用于________的输出。

三、单选题

1. 以下不是 VBA 中变量的作用范围的是(　　)。

　A. 模块级　　B. 窗体级　　C. 控件级　　D. 数据库级

2. 以下最常用的鼠标事件是(　　)。

　A. KeyPress　　B. MouseDown　　C. Cilck　　D. MouseMove

3. 以下不是窗体事件的是(　　)。

　A. Load　　B. Unload　　C. Exit　　D. Activate

4. 以下不是窗体主要属性的是(　　)。

　A. 标题　　B. 自动居中　　C. 宽度　　D. 弹出方式

5. 以下不是标签控件主要属性的是(　　)。

　A. 标题　　B. 行距　　C. 宽度　　D. 高度

第12章　数据的传递与共享

在计算机系统中,不同的系统软件环境生成的文件格式是不同的。一般情况下,已有的文件都要在文件生成的环境下进行操作。

为了更好地利用计算机信息资源,Access 数据库管理系统为用户提供了不同系统程序之间的数据传递功能。通过数据的导入、导出实现不同系统程序之间的数据资源共享,从而实现数据库中数据的有效利用。

12.1　数据的导出

导出就是将 Access 中的数据库对象导出到另一数据库,或导出到外部文件的过程。数据的导出使得 Access 中的数据库对象可以传递到其他系统软件环境中,从而达到信息交流的目的。数据库对象导出到原有的数据库中后,原有的 Access 中的数据库对象并没有被删除,而是多了一个新的文件副本。

Access 系统可以将 Access 中的数据库对象导出为不同类型的文件,本章仅介绍其中的部分操作,即将数据库对象导出到 Microsoft Excel、Microsoft Word 中,将数据库对象转换为文本格式文件等。

12.1.1　向其他数据库导出数据库对象

在 Access 数据库管理系统中,可以将当前数据库中的任何一种数据库对象导出到其他数据库中,或导出到当前数据库(重新命名)中。前者在是其他数据库中生成一个新的数据库对象,后者则是在当前数据库中生成一个原数据库对象的副本。

操作步骤如下。

(1) 打开数据库。

(2) 在 Access 系统窗口中,选择操作对象,再打开"外部数据"选项卡,如图 12-1 所示。

(3) 选择"Access 数据库"命令,打开"导出-Access 数据库"对话框。

(4) 选择存放导出对象的数据库,单击"确定"按钮,打开"导出"对话框。

(5) 输入导出后的文件名,单击"确定"按钮,结束数据库对象导出的操作。

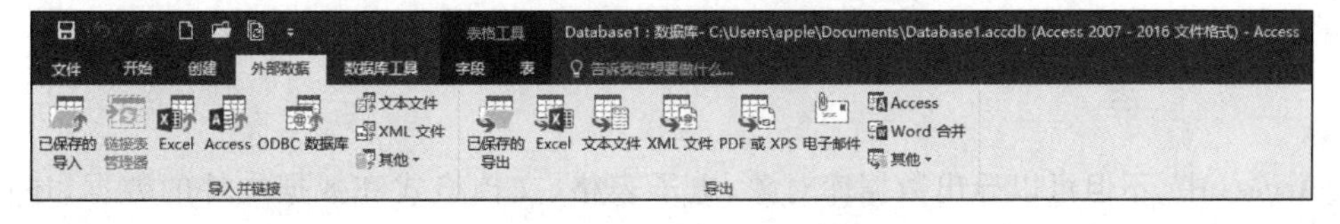

图 12-1　"外部数据"选项卡

12.1.2　将数据库对象导出为其他文件

1. 将数据库对象导出到 Excel 中

熟悉 Microsoft Excel 软件的用户,一定了解 Microsoft Excel 具有强大的数据计算、数据分析及图表处理功能,如果将 Access 中的数据库对象导出到 Microsoft Excel 中,Access 中的数据库对象的作用和功能便会有大幅提高。

在 Access 中,可以将表作为无格式数据导出到 Microsoft Excel 中;也可以将表、查询、窗体或报表等直接导出到 Microsoft Excel 中。

操作步骤如下。

(1) 打开数据库。

(2) 在 Access 系统窗口中,选择操作对象,再打开“外部数据”选项卡,选择 Excel 命令,打开“导出-Excel 电子表格”对话框。

(3) 选择存放导出对象的数据库,单击“确定”按钮,结束数据库对象导出的操作。

2. 将数据库对象导出到 Word 中

在 Office 的组件中,Microsoft Word 是专业的文字处理和排版软件,人们在工作中经常需要把一些数据嵌入到 Word 文本中。在 Access 系统中,可以将 Access 中的数据库对象导出到 Microsoft Word 中,这样就可以实现 Access 中报表的重新制作和排版。

操作步骤如下。

(1) 打开数据库。

(2) 在 Access 系统窗口中,选择操作对象,再打开“外部数据”选项卡,选择“Word 合并”命令,打开“导出-Word”对话框。

(3) 选择存放导出对象的数据库,单击“确定”按钮,结束数据库对象导出的操作。

3. 将数据导出到数据文件中

数据文件是许多高级语言的数据存放的特有格式,如果将 Access 中的数据表、查询中的数据导出到数据文件中,这样就能够实现 Access 中的数据与其他高级语言程序共享。

操作步骤如下。

(1) 打开数据库。

(2) 在 Access 系统窗口中,选择操作对象,再打开“外部数据”选项卡,选择“文本文件”命令,打开“导出-文本文件”对话框。

(3) 选择存放导出对象的数据库,单击“确定”按钮,打开“导出文本向导”对话框。

(4) 选择相关参数,结束数据库对象导出的操作。

12.2　数据的导入

在 Access 中,不但可以导出数据库对象、电子表格、文档格式和数据文件的数据,还可以将其他数据库中的数据库对象,以及其他系统软件程序所创建的外部文件,导入到 Access 中。

12.2.1 导入其他数据库对象

在不同的 Access 数据库文件之间,可以使用数据导入的方法,实现数据库资源的充分利用和互补。

操作步骤如下。

(1) 打开数据库。

(2) 在 Access 系统窗口中,打开“外部数据”选项卡,单击 Access 按钮,打开“获取外部数据-Access 数据库”对话框。

(3) 选择外部数据源,单击“确定”按钮,进入“导入对象”对话框。

(4) 选择要导入的数据库对象,单击“确定”按钮,结束数据库对象导入的操作。

在 Access 数据库间进行数据导入或导出的操作,不过是个相对的概念。导入或导出事实上就是一个数据库中的数据库对象传递给另一个数据库,因此,对于数据库对象间的数据传递的操作,只掌握导入或导出其中一种方法便可,相对来说导出要比导入更容易操作。

12.2.2 导入其他文件数据

1. 向 Access 数据库导入 Excel 数据

前面已经介绍了将 Access 中的数据导出到 Microsoft Excel 中,在 Access 中,同样也允许把 Microsoft Excel 数据导入到 Access 数据库中。

一个 Excel 文件,通常有多个工作簿,包含多个工作表。向 Access 数据库导入 Excel 数据只能导入当前工作表,而且还要求工作表以二维表格的形式排列,以及每一列的单元格均是相同类型的数据。

操作步骤如下。

(1) 打开数据库。

(2) 在 Access 系统窗口中,打开“外部数据”选项卡,单击 Excel 按钮,打开“获取外部数据-Excel 电子表格”对话框。

(3) 选择外部数据源,单击“确定”按钮,打开“导入数据表向导”对话框。

(4) 按“导入数据表向导”的指引,完成 Excel 数据的导入。

2. 导入文本文件

前面已经介绍了将 Access 中的数据导出到 Microsoft 数据文件中,在 Access 中,同样也允许把数据文件导入到 Access 数据库中。

操作步骤如下。

(1) 打开数据库。

(2) 在 Access 系统窗口中,打开“外部数据”选项卡,单击“文本文件”按钮,打开“获取外部数据-文本文件”对话框。

(3) 选择外部数据源,单击“确定”按钮,打开“导入文本向导”对话框。

(4) 按“导入文本向导”的指引,完成文本文件的导入。

本章的知识点结构

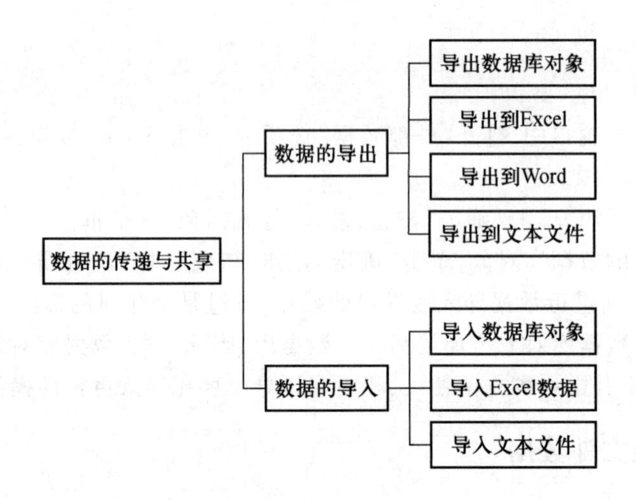

习　题　12

一、简答题

1. 简述什么是数据导入。

2. 简述什么是数据导出。

3. 在同一个数据库中是否可以进行数据导入操作,如何操作?

4. 在同一个数据库中是否可以进行数据导出操作,如何操作?

5. 叙述在不同的数据库中是否可以进行数据导入、导出操作,作用是什么?

二、填空题

1. Access 中的数据库对象,通过进行________操作,可以在其他系统软件环境下使用,实现不同系统间的资源共享。

2. 在 Access 中,可以将当前数据库中的________导出到 Microsoft Excel 中。

3. 将 Access 中的数据表、查询中的数据导出到________中,就能够实现 Access 中的数据与其他高级语言程序的共享。

4. 把 Microsoft Excel 数据________到 Access 数据库中,可以扩大 Access 数据库的资源。

5. 导入或导出操作是一个相对的概念,事实上就是把一个数据库中的________传递给另一个数据库。

三、单选题

1. 在 Access 中,不能将当前数据库中的数据库对象导出到(　　)。

A. 另一数据库　　B. 数据表中　　C. Excel　　D. Word

2. 在 Access 中,不能导出到 Microsoft Excel 中的数据库对象是(　　)。

A. 宏　　B. 窗体　　C. 查询　　D. 报表

3. 将数据库对象导出到另一数据库中,实现的功能是(　　)。

A. 转换成数据文件格式　　B. 转换成 Microsoft Excel 数据格式

C. 复制副本　　D. 转换成 Microsoft Word 文本格式

4. 在 Access 中，不能进行导入、导出操作的是(　　)。

A. 查询　　B. 数据库　　C. 窗体　　D. 表

5. 在 Access 中，将数据库对象导出成哪种数据格式，可以使数据与其他高级语言程序共享？(　　)

A. 表　　B. Word　　C. Excel　　D. 数据文件

第13章　走进大数据

随着新技术全面和深入地融入社会生活,人们已悄然步入了信息时代。人类一方面在“制造”大数据,一方面也在享受大数据给人们生活和工作带来的“福祉”。

当数据信息成为社会行为的基础时,信息积累、增长速度的加快,信息总量的变化,信息形态的多样性,在全球掀起了新一轮数据技术革新的浪潮。高科技的飞速发展成为“大数据”发展的原动力,它带来了数据处理方式方法的变革。数据库、数据仓库、数据安全、数据分析和数据挖掘等围绕大数据价值的利用正逐渐成为业内关注的焦点,进而影响着人类的价值体系、知识体系和生活方式,以及人们的思维方式。本章从大数据的基本概念出发,介绍大数据的特征和大数据的关键技术。

13.1　什么是大数据

什么是大数据,至今还没有一个被业界广泛认同的明确定义,对“大数据”概念认识可谓“仁者见仁,智者见智”。

我们从不同的角度梳理如下观点。

观点一:所谓大数据,是用现有的一般技术难以管理的大量数据的集合。

观点二:大数据指的是大小超出常规的数据库工具的获取、存储、管理和分析能力的数据集,但并不是说一定要超过特定 TB 值的数据集才算是大数据。

观点三:大数据指的是所涉及的资料量规模巨大到无法通过目前主流软件工具,在合理时间内达到获取、管理、处理,并整理成为能够更积极地帮助企业经营决策的资讯。

观点四:大数据即海量的数据规模,数据处理要求快速,数据类型多样,数据价值密度低。

观点五:大数据是需要新处理模式才能具有更强的决策性、洞察发现力和流程优化能力的海量、高增长率和多样化的信息资产。

以上的观点,从狭义的角度看着眼于大数据的性质,从广义角度看着眼于大数据存储管理、处理方式及大数据的作用。

总而言之,大数据是一个综合的概念,它是具有独特性质且难以进行管理和分析的数据集合;它是随着社会媒体和传感器、网络等发展产生的大量且多样的数据集合;是随着硬件和软件技术的发展,数据的存储、处理成本大幅降低而生产的数据集合;是随着云计算的兴起,大数据的存储、处理环境易于搭建而组织的数据的集合;是需要在新处理模式下才能具有更强的决策力、洞察力和流程优化能力的海量、高增长率和多样化的信息资产。

13.2 大数据的主要特征

(1) 体量大(Volume):大数据体量大是指数据量大以及规模的完整性。

随着传感设备、移动设备数量以及网络带宽的增加,在线交易和社交网络等每天产生海量的数据,全球数据量正以前所未有的速度增长,数据的存储容量从 TB 级扩大到 BB 级。就目前而言,当数据量达到拍字节(PB)级以上,一般称为大数据。但是应该注意到,大数据的时间分布往往不均匀,近几年生成数据占比最高。

(2) 多样性(Variety):大数据多样性,实际上表现在两个方面,一是数据结构的多样性,二是数据类型的多样性。大数据因其数据规模大,必然导致数据类型的多样性,数据类型的多样性带来的是数据结构的异构性,进而加大了大数据处理的复杂度,也对数据处理的能力和方法提出了更高的要求。

(3) 速度快(Velocity):大数据速度快是由数据的增长速度和处理速度体现的。

大数据是客观事物和人们进行社会活动的产物,人类行为和客观事物状态是一种持续的活动状态,大数据的获取和处理时效性是区别于传统的数据最显著的特征。

大数据量级增长速度很快,若大数据处理速度快,海量数据挖掘、分析即可能实现秒级响应,否则,再有价值的数据,只要过了时效性,也失去存在的意义。

(4) 价值高(Value):大数据价值是隐藏在海量数据之中,是需要通过机器学习、统计模型以及专门的算法深入复杂地进行数据分析,才能获得对未来趋势的预测、客观现实的洞察。但是从另一个方面看,大数据往往表现为数据价值高但价值密度低。通常要从庞大的数据集中发现“有用的数据”,需经过多次的数据“清洁”和加工,然后再利用有效的分析工具将“有用的数据”挖掘出来。在大数据实际应用中,价值密度的高低与数据总量的大小之间并不存在线性关系,有价值的数据,往往被淹没在海量无用的数据之中。

13.3 大数据的关键技术

大数据技术是第四次工业革命具有代表性的新技术之一。大数据技术与传统数据库技术是有区别的,大数据是在传统数据库学科的分支(数据仓库与数据挖掘)的基础上进一步发展起来的,但两者在数据存储、数据分析和数据处理规模上都有所不同。从大数据处理的生命周期看,大数据处理的核心技术包括:大数据采集、大数据存储与管理、大数据分析和大数据可视化等。

与数据库相比,大数据因为存储方式的改变,带来了数据处理的多样性。这就好比,一个家庭拥有一套 80 m^2 的房子,家居生活要按 80 m^2 来设计,家具的摆放、活动的空间,运动方式都要依环境而设,更多的考虑储物“空间”的利用;若这个家庭有了 300 m^2 的新房子,居家生活方式一定要有变化,就“生活物品的摆放”一项,一定会有根本性的改变,它一定更容易安排,也更容易利用。

大数据技术到来,就好像我们从 80 m^2 的房子到 300 m^2 的新房子的改变一样,数据的存储空间在“打开”，可以满足任何需求，数据处理方法的多样性让人们“驾驭数据”能力在不断提升，不断出新。

本小节将介绍大数据的主要核心技术。

1. 大数据采集

数据采集又称为“数据获取”或“数据收集”。与传统的数据采集单一来源不同，大数据主要来源于以下两个方面。

一是互联网、云计算、物联网和移动计算的迅猛发展，各式各样无处不在的移动设备、RFID、无线传感器分分秒秒都在生产着数据，社交网络及移动互联网每分每秒在产生着巨量交互数据。

二是来自物理世界的科学大数据、各种组织运行大数据和人类自然交流过程中的直接产生的数据。因为数据源多种多样，数据量大，产生速度快，所以大数据采集技术也面临着许多技术挑战，为保证数据采集的可靠性和高效性，还要避免重复数据。

通常，大数据采集使用的是专门的获取工具，采集的数据包括网站数据，移动设备的数据，语音、图像、视频和图片等数字化数据，空间数据，非结构化的文本数据，等等。

2. 大数据的存储与管理

大数据存储与管理采用的是分布式文件系统，可实现高吞吐量的数据访问。人们利用大数据存储和管理工具，将分散在不同数据节点的数据，通过数据备份、镜像来保证数据的安全，以及保证相对快速的访问请求。

大数据存储的是结构化、半结构化和非结构化的数据。结构化是按严格的数据模型组织的数据集合，如果用关系模型来组织数据，以传统的二维表形式存储在数据库和数据仓库中；半结构化数据就是介于完全结构化数据和完全无结构化数据之间的数据，半结构化数据一般是自描述型的，数据的结构和内容混在一起，如 HTML、XML、各类报表等；非结构化数据就是指完全无结构化的数据，如音频、视频等数据。

在 Hadoop 系统生态下，常用的数据存储工具有 HDFS、HBase 和 Hive。

3. 大数据分析

数据分析是指为了提取有用信息和形成结论而对数据加以详细研究和概括总结的过程。

数据分析师是在数据工程师把大数据“整理、清洗、集成”之后，借助数据分析的工具和业务问题实际需要，采用不同的算法和方法等进行数据分析。大数据存储和大数据分析两者密切相关，大数据存储是大数据分析的基础，大数据分析是大数据存储的数据价值的挖掘和数据的再造。

在不同的硬件环境下，大数据的分析过程采用的方法和策略有所不同，MapReduce、Hive、Pig、Spark、Mahout、MLlib 等技术实现了离线分析、准实时分析、实时分析、图片识别、语音识别、预测分析和机器学习等。

常用的分析工具有 MapReduce 和 Spark。

4. 大数据可视化

大数据可视化包括科学可视化和信息可视化，科学可视化主要面向自然科学，如地理、医学、生物学、气象学和航空航天等学科领域；信息可视化更关心和是应用层面的可视化问题。可视化工具是大数据可视化的基础，它为科学可视化和信息可视化提供多样的数据展现形式，多样的图形渲染方法，丰富的人机交互方式，支持商业逻辑的动态脚本引擎等。

大数据可视化的图形化展示样式很多,如散点图、折线图、柱状图、地图、饼图、雷达图、K 线图、箱线图、热力图、关系图、矩形树图、平行坐标、桑基图、漏斗图、仪表盘等。

大数据可视化常用的工具有 Echarts、Tableau 和 Matplotlib 等。

13.4　大数据的应用

大数据时代到来,数据量的增长超越了人们以往的数据存储能力,超出了数据库处理数据的能力,人们对于数据的需求和发现,也超出了人们的想象。

大数据应用场景多种多样,引领人们打开想象的"翅膀",同时,也改变着人们思维。下面通过几个实例,介绍大数据在不同领域中的应用。

1. 政务大数据

(1) 环保大数据预测雾霾

微软公司推出 Urban Air 系统,利用其计算和预测城市空气质量。

Urban Air 系统通过对中国的 300 多个城市监测,获取了细粒度空气质量的大数据,为中国环境保护管理机构提供了监测、预报和预警等决策数据,这个系统可以对京津冀、长三角、珠三角、成渝城市群等地区以及单独的城市进行未来 48 小时的空气质量预测。

大数据预测空气质量依靠的是多源数据融合的机器学习方法,也就是说,空气质量的预测不仅仅看空气质量数据,还要看与之相关的气象数据、交通流量数据、厂矿数据、城市路网结构等不同领域的数据,不同领域的数据互相叠加,相互补强,从而预测空气质量状况。

(2) 人口流动调查

榨菜是人们的日常消费品,也是低价易耗品。一般情况下,城市常住人口对于方便面和榨菜等方便食品的消费量,基本上是恒定的,基于榨菜等方便食品产品销量变化的大数据,可以发现"流动人口"与这些食品的销售量有相当的密切的关系。

"榨菜指数"这一大数据应用案例,是根据涪陵榨菜这几年在全国各地区的销售份额变化,反映出人口流动趋势,由此,有了"榨菜指数"的宏观经济指标。

华南地区涪陵榨菜销售份额由 2007 年的 49%、2008 年的 48%、2009 年的 47.58%、2010 年的 38.50%下滑到 2011 年的 29.99%。这个数据表明,华南地区人口流出速度非常快。依据"榨菜指数",政府管理部门可将全国分为人口流入区和人口流出区两部分,针对两个区的不同人口结构,在政策制定上将会有所不同。

2. 教育大数据

(1) 在线教育

"爱课程"网是中国高等教育课程资源共享平台,旨在利用现代信息技术和网络技术,推动高校教育教学改革,提高高等教育质量,以公益性为本,构建可持续发展机制,为高校、师生和社会学习者提供优质教育资源共享和个性化教学服务。

"爱课程"网是利用高科技技术支撑,免费开放大学课程,分布在世界各地的学习者不仅可以在同一时间实时听取同一位老师的授课,还和在校生一样,做同样的作业、接受同样的评分和考试,是一个"行为评价和引导"的智能平台。

“爱课程”网面向全国高校师生开放，打破了“高校的围墙”，为不同的学校送去了丰富的教学经验和教学运行方案。许多名校、名师的课程走到了普通学习者面前。

“爱课程”在网络学习和线下教学融合混合式学习模式下，实现了教育大数据的获取、存储、管理和分析，为教师教学构建全新的评价体系，改善教与学的体验。为提高教学水平，应用数据挖掘和学习分析工具，为教学改革发展提供持续完善的系统和应用服务。

（2）阅读记录管理

Hiptype 是电子书阅读分析工具，它能够对“收费电子书向读者试读部分章节，人们读到了哪里、读完后有没有购买，以及其他各种体验，怎样才能卖出更多的电子书”进行分析，并能够告知出版商用户的需求，通过阅读分析为出版商提供决策依据。

Hiptype 自称为“面向电子书的 Google Analytics”，能够提供与电子书有关的丰富数据。它不仅能统计电子书的试读和购买次数，还能绘制出“读者图谱”，包括用户的年龄、收入和地理位置等。此外，它还能告诉出版商读者在看完免费章节后是否进行了购买，有多少读者看完了整本书，以及读者平均看了多少页，读者最喜欢从哪个章节开始看，又在哪个章节半途而废，Hiptype 能够与电子书整合在一起，出版商无论选择哪种渠道，总是能够获得用户数据。

3. 医疗大数据

（1）图像诊断

以色列的吉文成像（Given Imaging）公司发明了一种胶囊，内置摄像头，患者服用后胶囊能以大约每秒 14 张照片的频率，拍摄消化道内部的变化，并同时将拍摄的结果传回到外置的图像接收器，拍摄的影像通过专门的软件存入数据库中。内胶囊相机在 4 至 6 小时后排泄出体外，大量的影像数据成为医生诊断依据。

一般来说，医生都是在靠自己的个人经验进行病症判断，难免会对一些疑似阴影拿捏不准，甚至延误治疗。现在通过内胶囊相机获取到数据，当医生发现一个可疑的肿瘤时，双击当前图像，过去其他医生拍摄过的类似图像和他们的诊断结果都会被提取出来。有了这样的大数据服务平台，一个病人的问题不再是一个医生在看，相当于成千上万个医生在同时给出意见，根据大量其他病人的图像给出佐证，经过数据对比，不但提高了医生诊断的效率，还提升了准确度。

（2）基因健康

现在人们有了把人类基因档案序列化的能力，这允许医生和科学家去预测病人对于某些疾病的易感染性和其他不利的条件，可以减少治疗过程的时间和花费。

SeeChange 公司基于人们的“基因档案”创建了一套新的健康保险模式。该公司通过分析客户的个人健康记录、医疗报销记录以及药店消费的数据，来判断该客户对于慢性病的易感性，并判断该客户是否有可能从一些定制的康复套餐中获得益处。SeeChange 同时设计健康计划，并设立奖励机制鼓励客户主动完成健康行动，全过程都通过大数据分析引擎来监控和进行服务。

4. 商业大数据

（1）啤酒与尿不湿

这是一个流行最广的大数据应用经典案例，被人津津乐道。

全球零售业巨头沃尔玛在对大众消费者来店购物行为进行大数据分析时发现，男性顾客在购买婴儿尿不湿时，常常会顺便搭配几瓶啤酒来犒劳自己。

根据这个分析结果，商家尝试推出了将啤酒和尿不湿摆在一起的销售手段，没想到这个举措居然使尿布和啤酒的销量都大幅增加了。

(2) 超市预知顾客怀孕

大数据相关关系分析的典型,非美国折扣零售商塔吉特(Target)莫属。

《纽约时报》的记者查尔斯·杜西格(Charles Duhigg)在一份报道中阐述了“塔吉特公司怎样在完全不和准妈妈对话的前提下预测一个女性会在什么时候怀孕”。

事实上,Target公司就是收集可以收集到的一个人的所有数据,然后通过相关关系分析得出事情的真实状况。分析团队首先查看了签署婴儿礼物登记簿的女性的消费记录,注意到:“登记簿上的妇女会在怀孕大概第三个月的时候买很多无香乳液,几个月之后,她们会买一些营养品,比如镁、钙、锌。”公司最终找出了大概20多种关联物,这些关联物可以给顾客进行“怀孕趋势”评分。这些相关关系甚至使得零售商能够比较准确地预测预产期,这样就能够在孕期的每个阶段给客户寄送相应的优惠券。

可以看出,塔吉特公司通过更好地了解客户需求,扩大了公司销售规模。

5. 娱乐大数据

(1) 成功预测奥斯卡

2013年,微软纽约研究院的经济学家大卫·罗斯柴尔德(David Rothschild)利用大数据成功预测24个奥斯卡奖项中的19个,成为人们津津乐道的话题。

2017年,大卫·罗斯柴尔德再接再厉,成功预测第86届奥斯卡金像奖颁奖典礼24个奖项中的21个,继续向人们展示现代科技的神奇魔力。

(2) 移动端与“世界杯”

腾讯大数据发布巴西世界杯主题报告《移动端上的世界杯》,就是以大数据为基础的数据分析案例,报告从足球迷使用机型、移动端活跃用户数分布、性别、年龄、地域等多个维度进行数据大分析。

这些数据的来源多侧面,具有多态性,由于移动端互动性良好,用户的热度很高。报告同时还发现,世界杯期间用户主要通过小米手机、苹果手机和三星手机了解世界杯的最新消息,并且也了解到玩家通过微信邀请好友移动猜球、选择球迷最喜爱的球员和球队,也充分显示出用户在世界杯期间,信息互动活跃度高于平时。

下篇：实验与开发篇

数据库操作技术实验

数据库编程实验

数据共享与安全实验

小型应用系统开发案例

本部分是围绕一个数据库应用系统（阳光超市信息管理系统）设计的实验指导。其中针对每一个实验，详细介绍了实验目的、实验前知识准备和实验操作方法，大部分实验配有微视频讲座。

实验的目标是培养学生理论联系实际的综合能力和创新意识，加深对理论与技术的理解，熟悉 Access 的操作环境与系统开发环境，学会面向对象程序设计的方法与程序的调试，设计小型应用系统软件。

第 14 章　数据库操作技术实验

Access 系统是一个功能强大的数据库管理系统，本部分实验是数据库的基本操作练习。主要是介绍利用 Access 系统的工具、设计视图完成数据库的创建，以及表、查询等数据库对象的操作。核心内容是熟悉 Access 的操作环境，以及数据库、表和查询的操作方法。

实验 1：初识 Access 实验，介绍了 Access 集成环境的内容，共有 3 个案例。

实验 2：数据库操作实验，介绍了有关数据库操作的内容，共有 3 个案例。

实验 3：表操作实验，介绍了有关表操作的内容，共有 12 个案例。

实验 4：查询操作实验，介绍了有关查询操作的内容，共有 6 个案例。

14.1　实验 1：初识 Access 实验

1. 实验目的

熟悉 Access 系统主要工作环境，了解其功能区结构、内容和操作方法。

实验视频
Access 系统环境

2. 实验准备

（1）了解 Access 系统工作环境。

（2）了解 Access 系统功能区结构。

（3）了解 Access 系统导航窗口结构。

（4）了解 Access 启动与退出的方法。

3. 实验内容

（1）熟悉 Access 集成环境。

（2）掌握 Access 启动与退出的方法。

14.1.1　走进 Access

实验视频
Access 启动与退出

实验 1-1：进入 Access 集成环境。

操作步骤如下。

（1）打开“开始”菜单，选择“程序”命令。

（2）在“程序”菜单下，选择 Microsoft Access 命令，进入 Access 系统首页窗口，如图 14-1 所示。

（3）在 Access 系统首页窗口中，打开或新建数据库，进入 Access 系统窗口，如图 14-2 所示。

Access 系统界面是由系统按钮、快速访问工具栏、标题栏、功能区、导航栏、编辑工作区、“帮助”按钮和状态栏等组成，如图 14-2 所示。

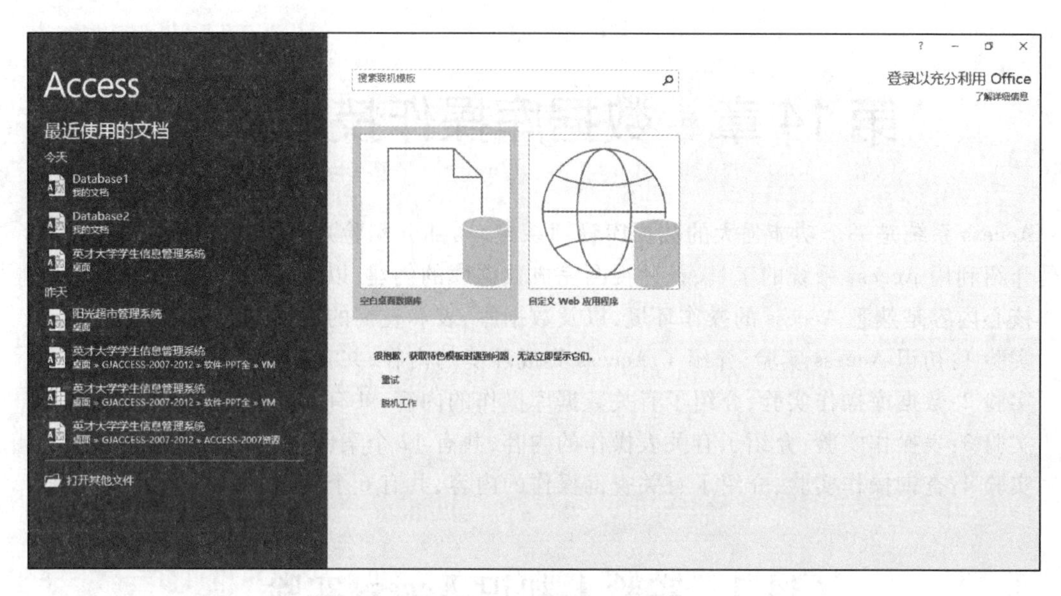

图 14-1　Access 系统首页窗口

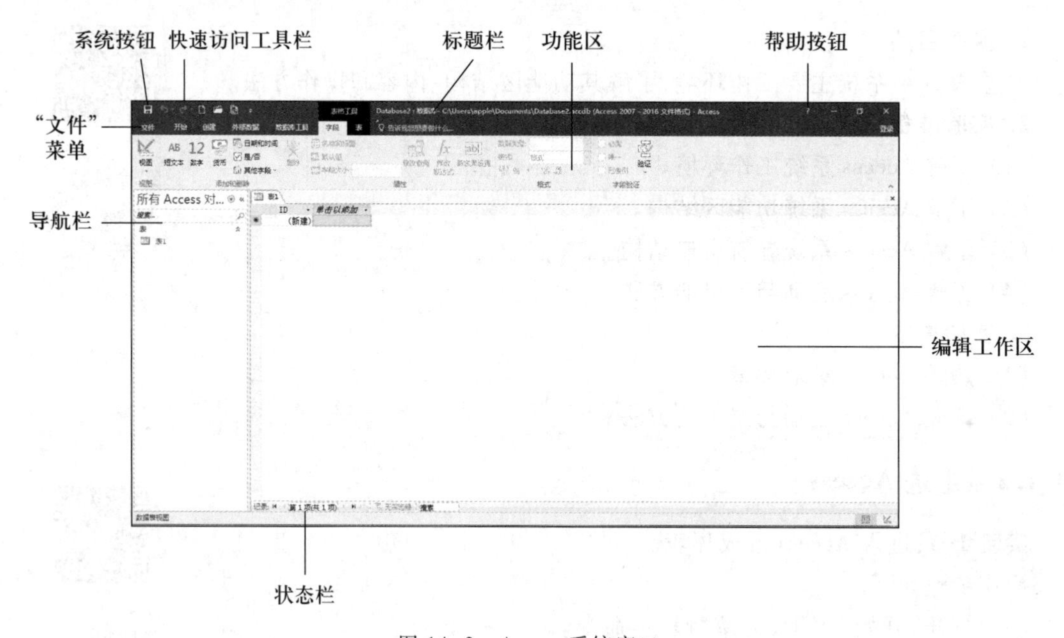

图 14-2　Access 系统窗口

① 快速访问工具栏位于系统按钮右侧，具有多个快速操作的工具按钮（其内容可由用户自定义），单击 按钮，可以打开对应的下拉菜单实现相关的操作，如图 14-3 所示。

② 标题栏位于屏幕界面的最上方，它包含文件名称、软件名称、“最小化”按钮、“最大化”/“还原”按钮和“关闭”按钮 5 个对象。

③ “文件”菜单，可以通过对应的下拉菜单实现相关的操作，如图 14-4 所示。

④ 功能区位于屏幕界面的上方,通过不同的选项卡可以打开多种不同的功能区,如图 14-5 所示。

功能区提供了实现系统功能的多种选项卡及子功能区,它包含“开始”、“创建”、“外部数据”、“数据库工具”等,是原有版本的菜单栏和工具栏的组合。

功能区中的按钮,有的可打开新的选项卡及子功能区,有的可打开一个对应的工作窗口,有的可能直接完成某一个操作。

⑤ 导航栏用于显示数据库中的各类操作对象,单击 ▾ 按钮,可以打开对应的下拉菜单实现相关的操作,如图 14-6 所示。

⑥ 编辑工作区以选项卡方式显示数据库中各类操作对象的编辑与工作状态,如图 14-7 所示。

⑦ 帮助按钮在“功能区”的最右方,单击 ? 按钮,可进入“Access 帮助”窗口,再单击“搜索”旁的 ▾ 按钮,可以打开对应的下拉菜单。“导航栏”可以为用户方便快捷地实现对数据库中对象的操作。

⑧ 状态栏位于屏幕的最底部,用于显示某一时刻数据库管理系统进行数据管理时的工作状态。

自定义快速访问工具栏
✓ 新建
✓ 打开
✓ 保存
电子邮件
快速打印
打印预览
拼写检查
✓ 撤销
✓ 恢复
模式
✓ 全部刷新
全部同步
触摸/鼠标模式
其他命令(M)...
在功能区下方显示(S)

图 14-3 “自定义快速访问工具栏”下拉菜单

实验 1-2:Access 集成环境设置。

操作步骤如下。

(1) 打开“开始”菜单,选择“程序”命令。

(2) 在“程序”菜单下,选择 Microsoft Access 命令,进入 Access 系统窗口。

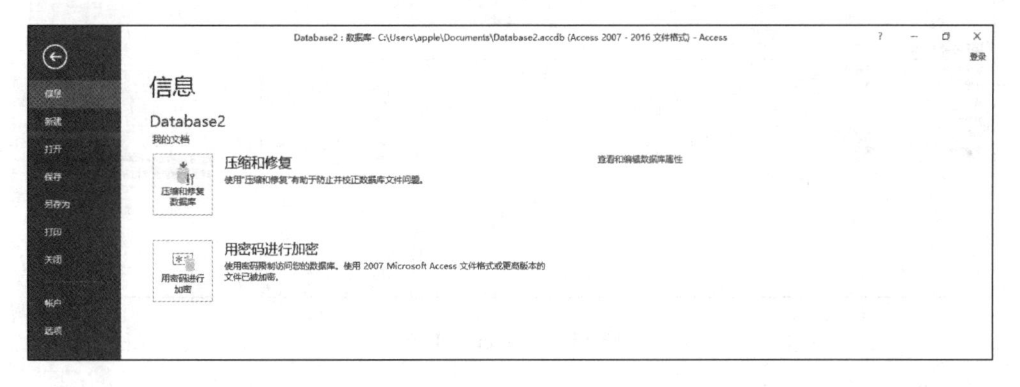

图 14-4 “文件”菜单

图 14-5 选项卡和功能区

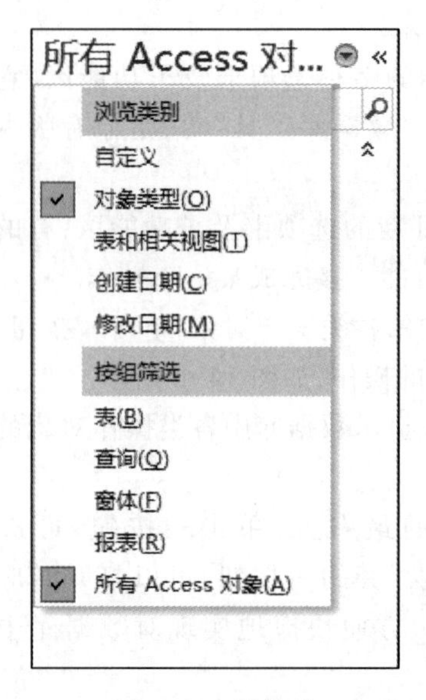

图 14-6　导航栏

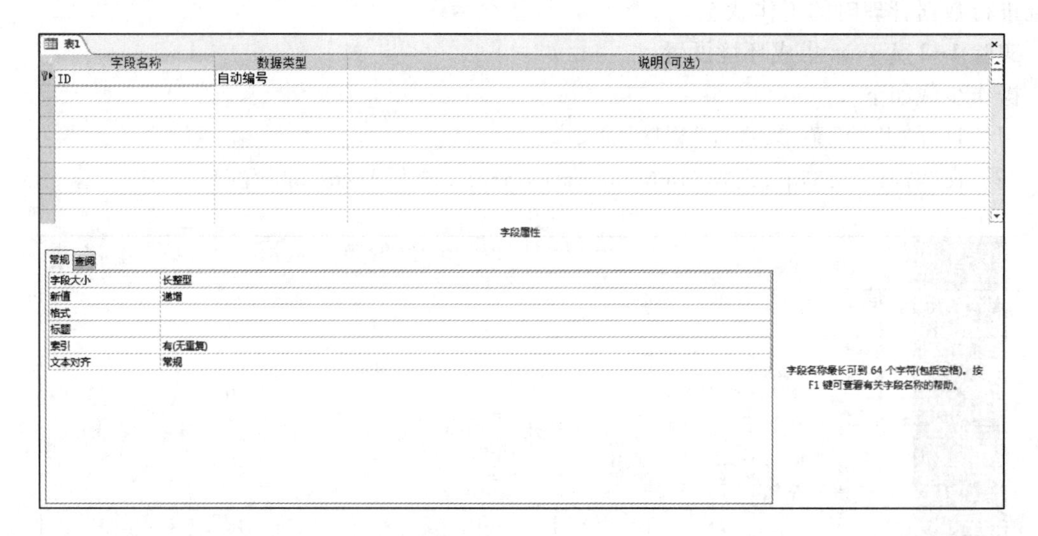

图 14-7　编辑工作区

(3) 在 Access 系统窗口中,选择"文件"菜单,打开快捷菜单,如图 14-8 所示。

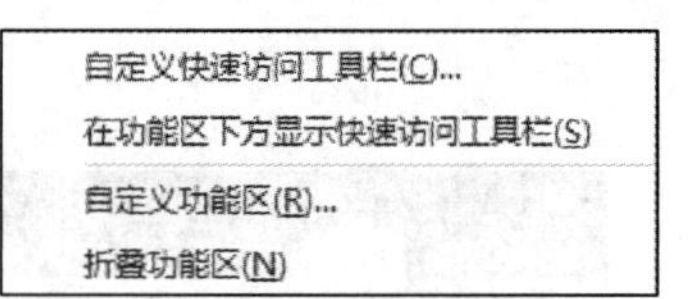

图 14-8　快捷菜单

(4) 在快捷菜单下,选择"自定义快速访问工具栏"命令,打开"Access 选项"对话框,如图 14-9 所示。

(5) 在"Access 选项"对话框中,用户可自定义 Access 系统集成环境。

(6) 在快捷菜单下,选择"折叠工作区"命令,可折叠各选项卡,如图 14-10 所示。

图 14-9 “Access 选项”对话框

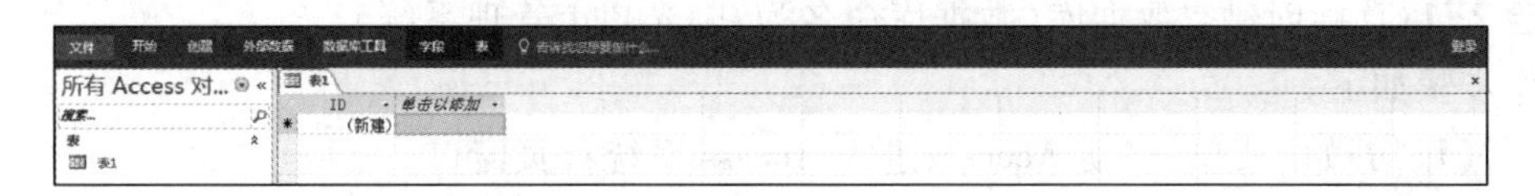

图 14-10 折叠后的工作界面

14.1.2 退出 Access

实验视频
创建数据库

实验 1-3:退出 Access。

退出 Access,可以使用以下几种方法。

(1) 在 Access 系统首页窗口中,打开“文件”菜单,如图14-11 所示。

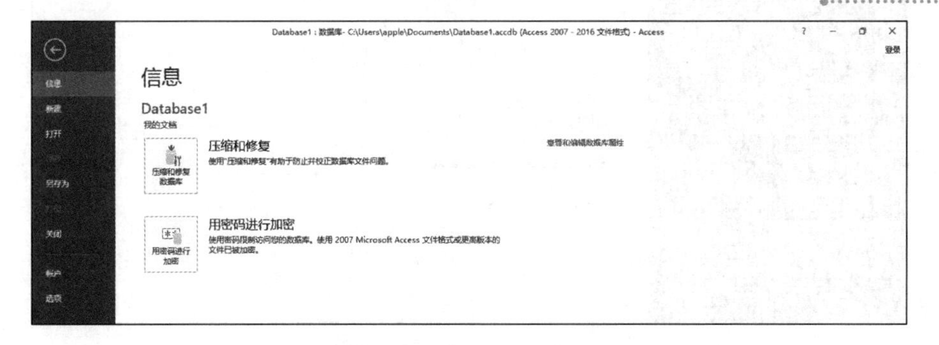

图 14-11 “文件”菜单

在“文件”菜单下,单击“退出 Access”按钮,退出 Access。

(2) 单击☒按钮。

(3) 按 Ctrl+Alt+Del 组合键,打开“关闭程序”对话框,单击“结束任务”按钮。

14.2　实验 2:数据库操作实验

1. 实验目的

熟悉 Access 主要工作环境,掌握各功能区中各选项卡的操作方法及功能。

2. 实验准备

(1) 具有一份数据库设计文档。

(2) 了解 Access 系统工作环境。

(3) 了解数据库创建方法。

(4) 了解数据库使用方法。

3. 实验内容

(1) 创建数据库。

(2) 使用数据库。

14.2.1　创建与维护数据库

实验 2-1:直接创建空数据库(数据库命名为:阳光超市管理系统)。

操作步骤如下。

(1) 打开“开始”菜单,启动 Access,进入 Access 系统首页窗口。

(2) 在 Access 系统首页窗口中,选择“新建”菜单,进入“创建空数据库”窗口,如图 14-12 所示。

(3) 在“创建空数据库”窗口中,单击“空白桌面数据库”图标,进入“空白桌面数据库”窗口,如图 14-13 所示。

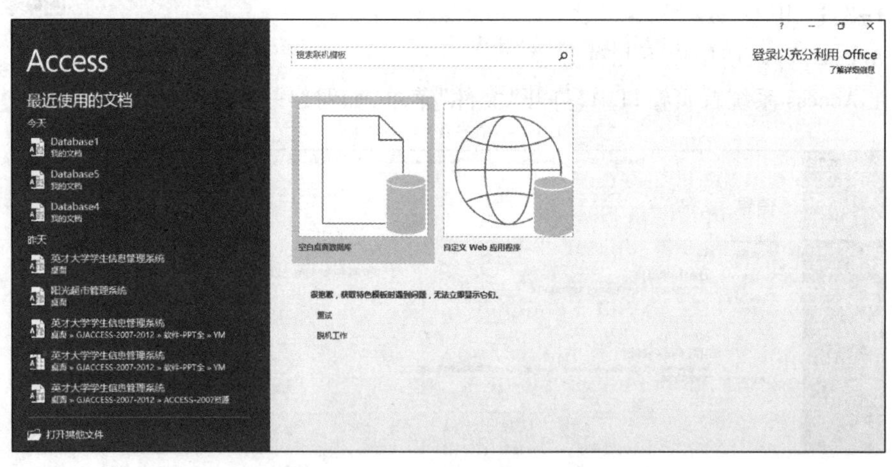

图 14-12　“创建空数据库”窗口

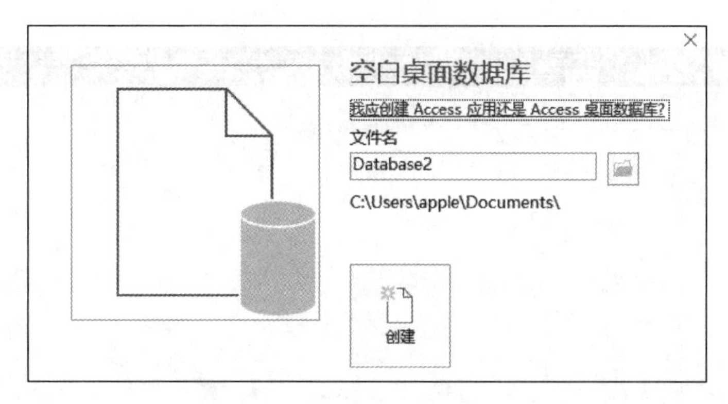

图 14-13 “空白桌面数据库”窗口

(4) 在“空白桌面数据库”窗口,确定新建数据库的名称,单击“创建”按钮,进入 Access 系统窗口,如图 14-14 所示。

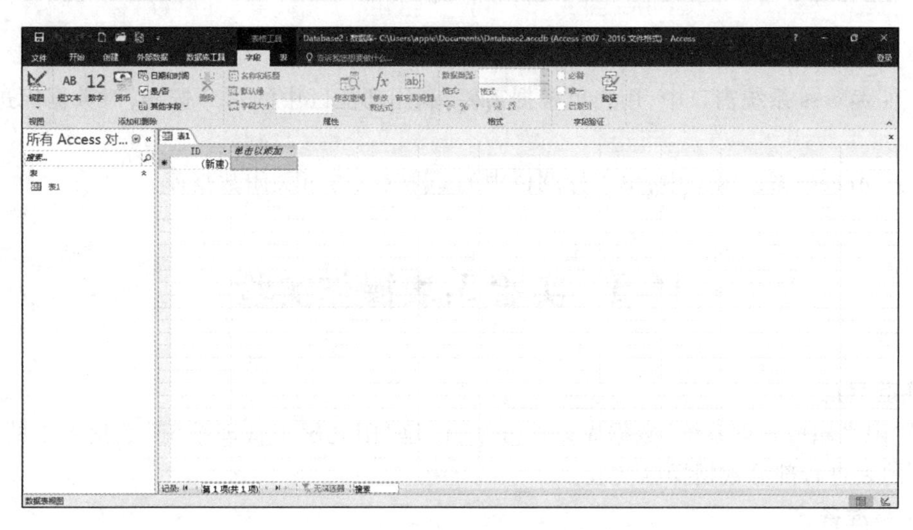

图 14-14 Access 系统窗口

(5) 在 Access 系统窗口中,打开“文件”菜单,选择“保存”命令,保存数据库文件,一个空数据库创建完成。

14.2.2 使用数据库

实验 2-2:数据库打开与关闭。

操作步骤如下。

(1) 打开“开始”菜单,启动 Access,进入 Access 系统首页窗口。

(2) 在 Access 系统首页窗口中,选择“更多…”命令(或直接通过列表打开),弹出“打开”对话框。

(3) 在“打开”对话框中,在“查找范围”下拉框中,选定存放数据库文件的文件夹,在“文件名”文本框中输入要打开的数据库文件名,单击“打开”按钮,数据库文件将被打开,进入 Access 系统窗口,如图 14-15 所示。

实验视频
使用数据库

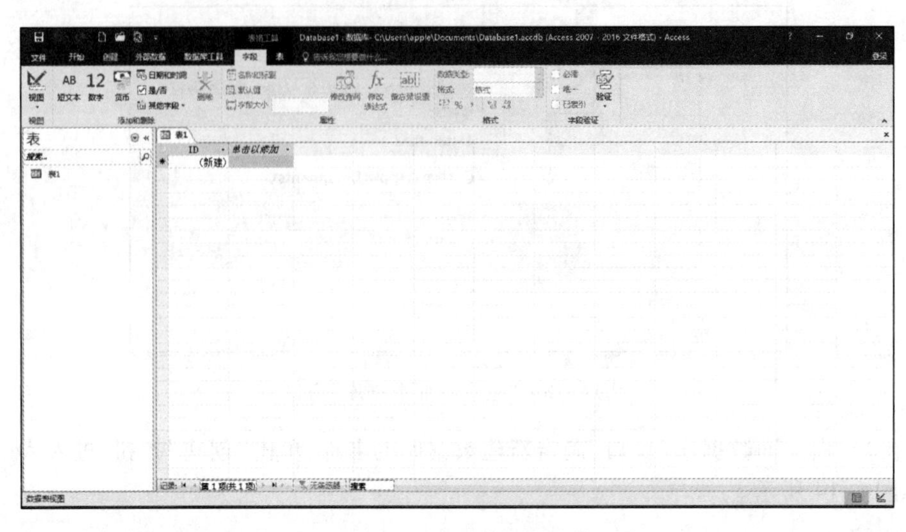

图 14-15　打开数据库示例

（4）在 Access 系统窗口中，用户可根据需要，利用功能区中的命令按钮，对数据库进行各种操作。

（5）在 Access 系统窗口中，单击标题栏中的✕按钮，方可关闭数据库。

14.3　实验 3：表操作实验

1. 实验目的

根据“阳光超市管理系统”数据库设计方案，创建“阳光超市管理系统”数据库中的多个表，并对其中的表进行部分数据操纵实验。

2. 实验准备

（1）了解创建数据表的操作方法。

（2）了解表结构的维护方法。

（3）了解表中数据维护的方法。

（4）了解索引类型及创建索引的操作方法。

（5）了解给数据库添加表的操作方法。

（6）了解表间关联关系创建的操作方法。

（7）了解子表的使用方法。

3. 实验内容

（1）创建表。

（2）对表进行字段维护。

（3）对表进行数据维护。

（4）建立表间关联关系。

（5）使用表及子表。

14.3.1　创建与维护表

实验视频
定义数据表及关联

实验 3-1:使用“表设计”视图创建表(表命名为:商品)。

操作步骤如下。

(1) 打开“阳光超市管理系统”数据库。

(2) 在 Access 系统窗口中,打开“创建”选项卡,单击“表设计”按钮,进入“表设计”窗口,如图 14-16 所示。

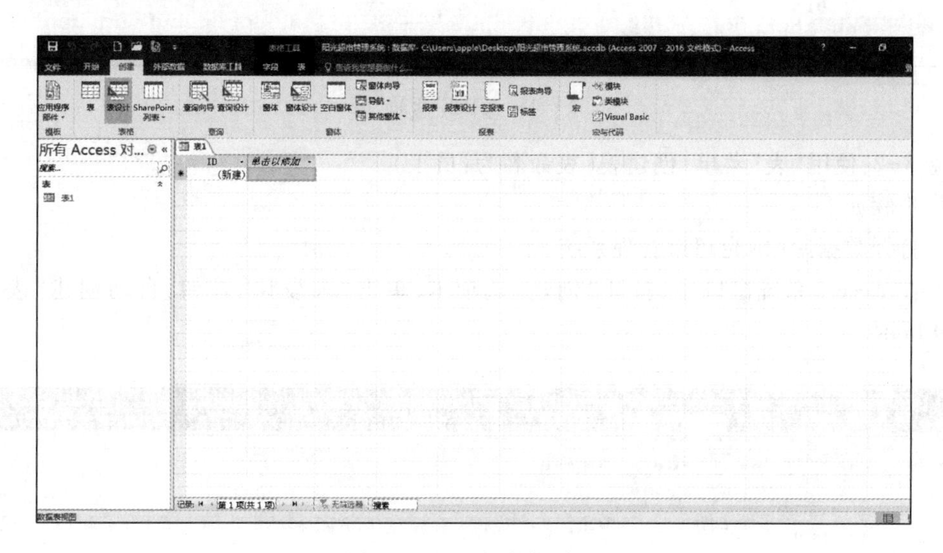

图 14-16　“表设计”窗口

(3) 在“表设计”窗口中,依次输入每个字段的相关参数,如图 14-17 所示。

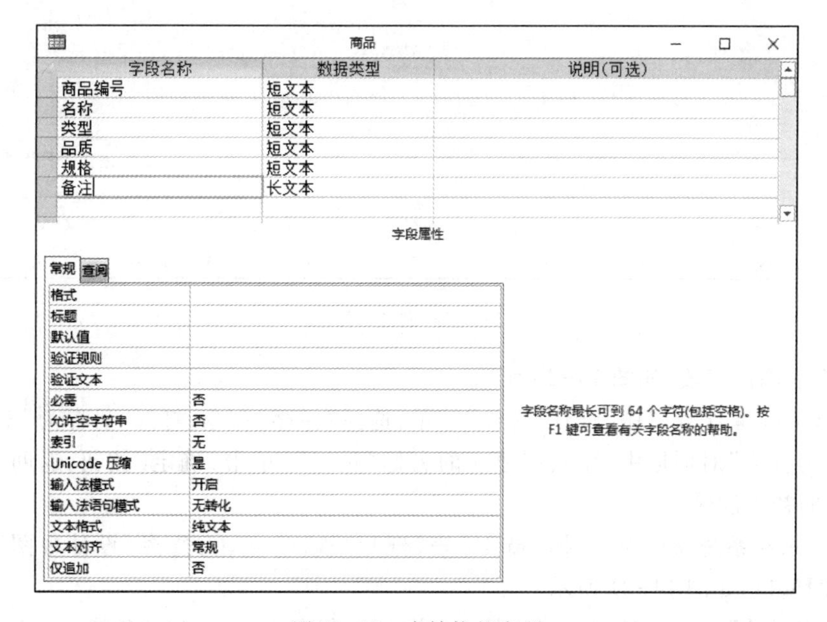

图 14-17　表结构的定义

（4）在 Access 系统窗口中，打开“文件”菜单，选择“保存”命令，打开“另存为”对话框。

（5）在“另存为”对话框中，输入创建表的名称“商品”，单击“确定”按钮，返回 Access 系统窗口，结束表的创建，如图 14-18 所示。

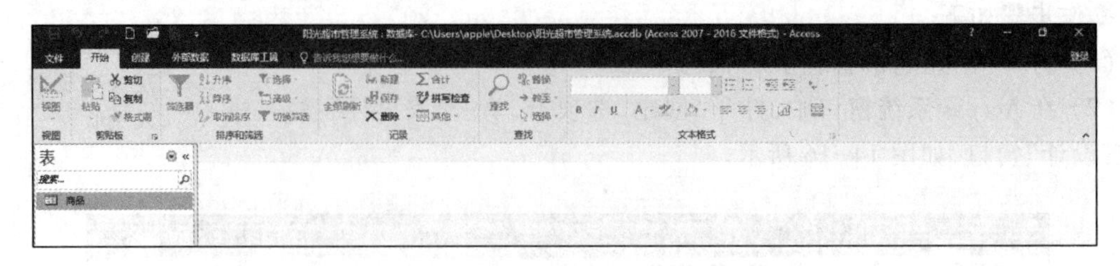

图 14-18　创建“商品”表

实验 3-2：使用“表”菜单，创建表（表命名为：员工）。

操作步骤如下。

（1）打开数据库（阳光超市管理系统）。

（2）在 Access 系统窗口中，打开“创建”选项卡，单击“表设计”按钮，自动创建“表 1”，如图14-19 所示。

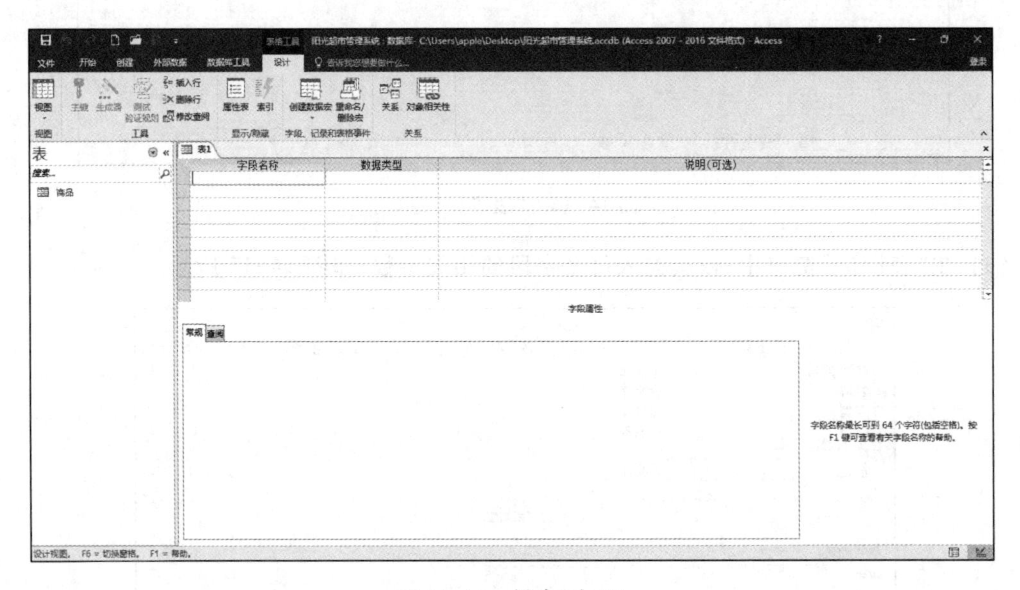

图 14-19　创建“表 1”

（3）向新表添加字段，如图 14-20 所示。

（4）在 Access 系统窗口中，打开“文件”菜单，选择“保存”命令，打开“另存为”对话框。

（5）在“另存为”对话框中，输入创建表的名称“员工”，单击“确定”按钮，返回 Access 系统窗口，结束表的初步创建。

（6）在 Access 系统窗口中，选择“员工”表，打开“视图”菜单，选择“设计视图”命令，进入“表设计”视图窗口，如图 14-21 所示。

（7）在“表设计”视图窗口中，修改“员工”表结构，保存表，结束表的创建。

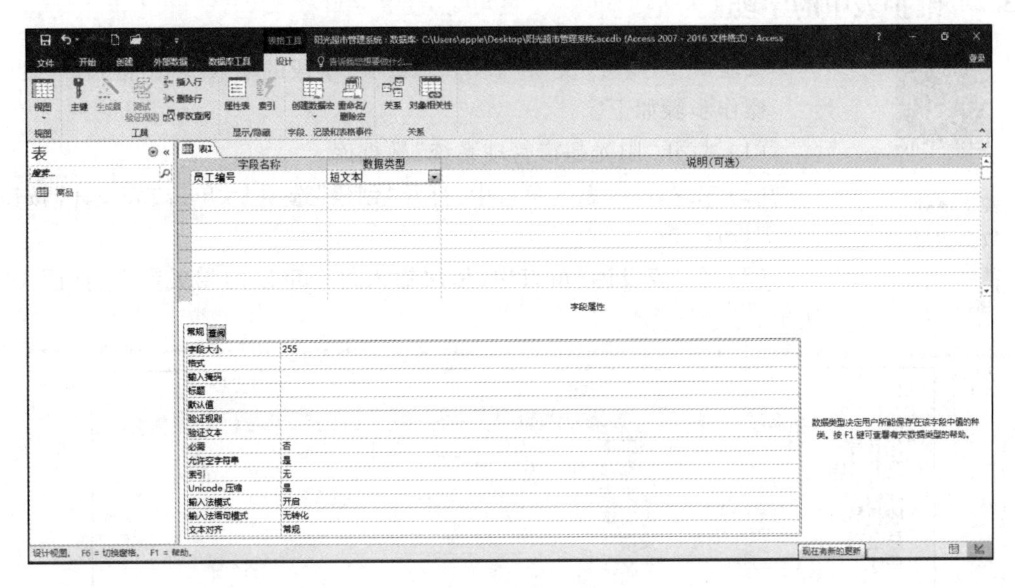

图 14-20　添加字段

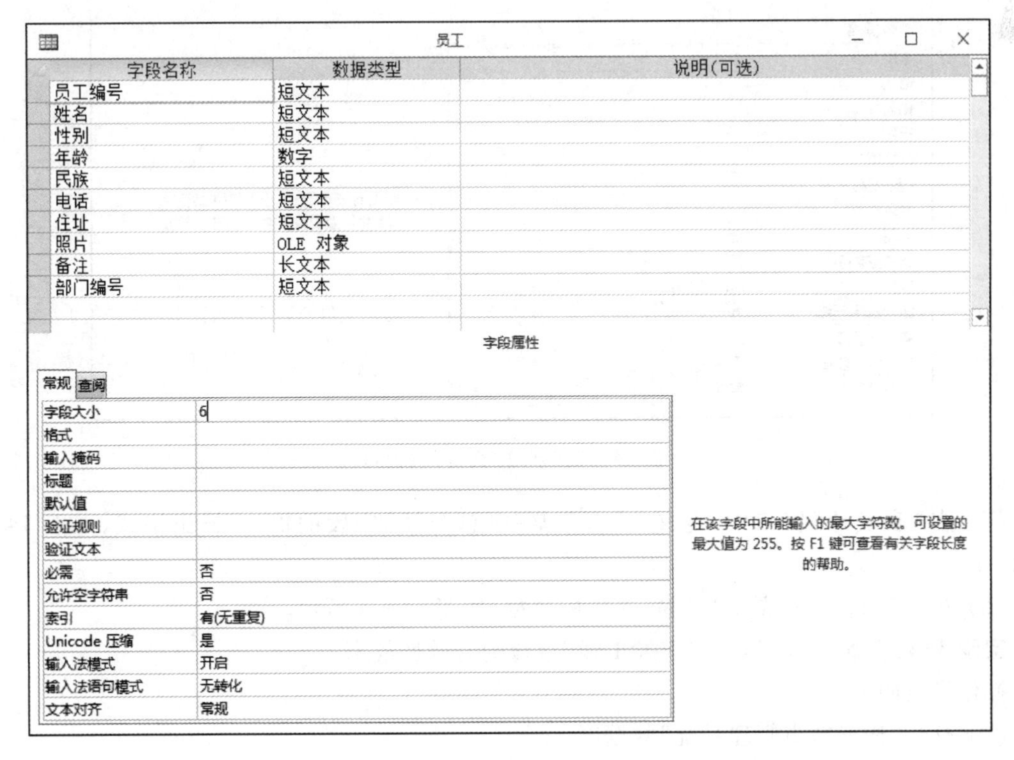

图 14-21　“表设计”视图

14.3.2 维护表中的字段

实验视频
数据表结构维护

实验 3-3:设置“交易”表中“总金额”字段的输入/输出格式。

操作步骤如下。

(1) 打开“阳光超市管理系统”数据库。

(2) 在 Access 系统窗口中,打开“创建”选项卡,单击“表设计”按钮,进入“表设计”窗口。

(3) 在“表设计”窗口中,依次输入每个字段的相关参数,如图 14-22 所示。

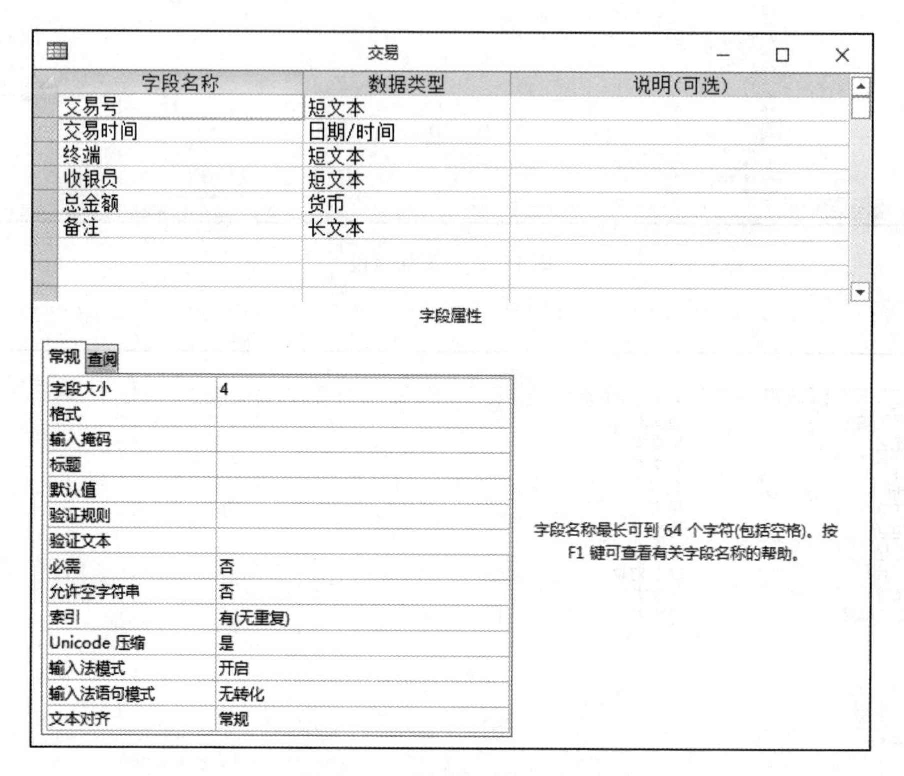

图 14-22 创建“交易”表窗口

(4) 在“表设计”窗口中,定义“交易”表中“总金额”字段的输入/输出格式,如图 14-23 所示。

(5) 在“表”窗口中,浏览“交易”表中的数据,如图 14-24 所示。

实验 3-4:设置“工资”表中“应发工资”字段的有效性规则。

操作步骤如下。

(1) 打开“阳光超市管理系统”数据库。

(2) 在 Access 系统窗口中,打开“创建”选项卡,单击“表设计”按钮,进入“表设计”窗口。

(3) 在“表设计”窗口中,依次输入每个字段的相关参数,如图 14-25 所示。

(4) 在“表设计”窗口中,首先选择“应发工资”字段,然后选择“常规”选项卡,再选中“有效性规则"编辑框,单击 ... 按钮,打开"表达式生成器"对话框,如图14-26所示。

(5) 在"表达式生成器"对话框中,输入条件表达式,再单击"确定"按钮,返回"表设计视图"窗口。

(6) 在"表"窗口中,给"工资"表中输入数据,如图14-27所示。

图14-23 定义字段输入/输出格式

交易

交易号	交易时间	终端	收银员	总金额	备注
0345	10-10-11	S1	B10303	12,345.元	
0346	10-10-11	H2	B10304	456.元	
0347	10-10-11	B3	B20205	2,986.元	
0348	10-10-11	S1	B10303	4,456.元	
0349	10-10-11	H2	B10304	45.元	
0350	10-10-11	B3	B20205	6.元	
0351	10-11-01	S1	B10303	987.78元	
0352	10-11-01	H2	B10304	4,756.元	
0353	10-11-01	B3	B20205	1,256.元	
0354	10-11-01	S1	B10303	45.元	
0355	10-11-01	H2	B10304	145.元	
0356	10-12-05	B3	B20205	456.元	
0357	10-12-05	S1	B10303	87.元	
0358	10-12-05	H2	B10304	563.元	
0359	10-12-05	B3	B20205	1,567.元	
0360	10-12-06	B3	B20205	7,889.元	
0361	10-12-06	S1	B10303	6.98元	
0362	10-12-06	H2	B10304	8.11元	
0363	10-12-06	B3	B20205	45.22元	
0364	10-12-05	S1	B10303	456.1元	
0365	10-12-06	H2	B10304	43.7元	

记录: 第 22 项(共 22 项) 无筛选器 搜索

图14-24 浏览表中的数据

图 14-25　创建“工资”表窗口

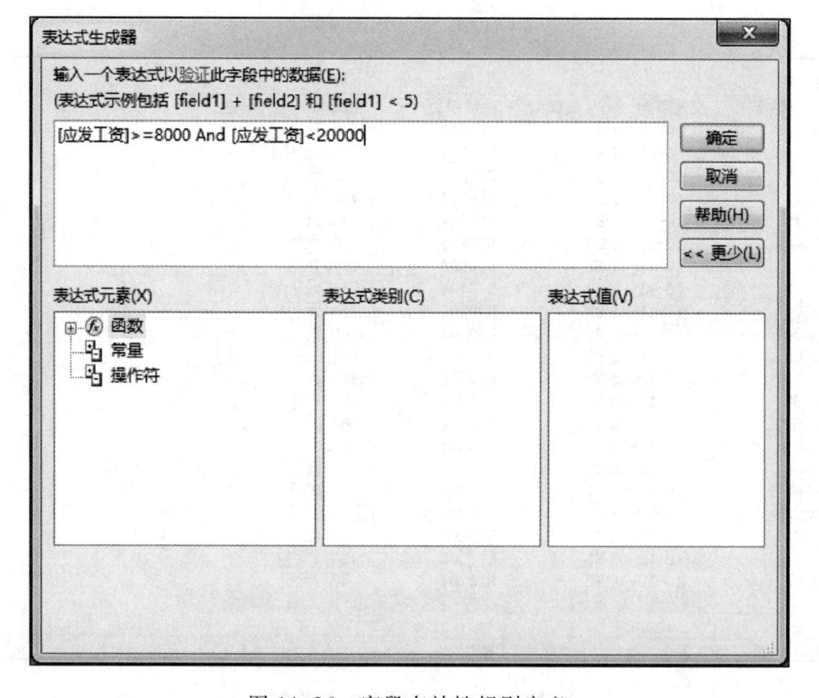

图 14-26　字段有效性规则定义

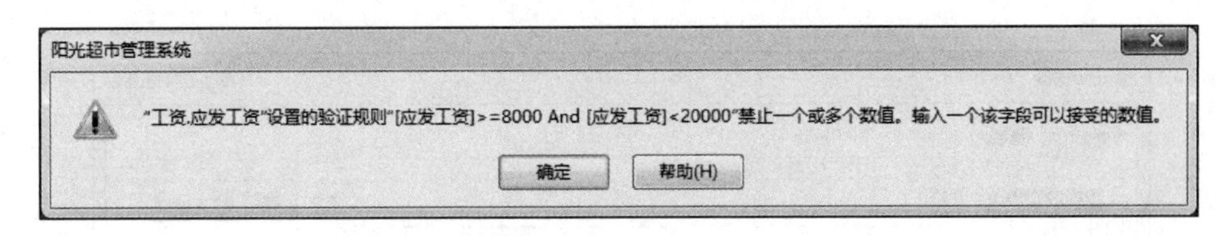

图 14-27　违反有效性规则

> **注意:**定义字段的有效性规则,是给表输入数据时设置的字段值的约束条件,即用户自定义完整性约束。在给表输入数据时,若输入的数据不符合字段的有效性规则,系统将显示提示信息,并强迫光标停留在该字段所在的位置,直到数据符合字段有效性规则为止。

14.3.3　维护表中的数据

实验 3-5:查找和替换"交易"表中相关数据。

操作步骤如下。

(1) 打开"阳光超市管理系统"数据库。

(2) 打开已有"交易"表。

(3) 在"表"窗口中,单击"查找"按钮,打开"查找和替换"对话框。

(4) 在"查找和替换"对话框中,选择"查找"选项卡,在"查找内容"文本框内,输入要查找的数据,再确定"查找范围",确定"匹配"条件,单击"查找下一个"按钮,光标将定位到第一个与"查找内容"相"匹配"数据项的位置,如图 14-28 所示。

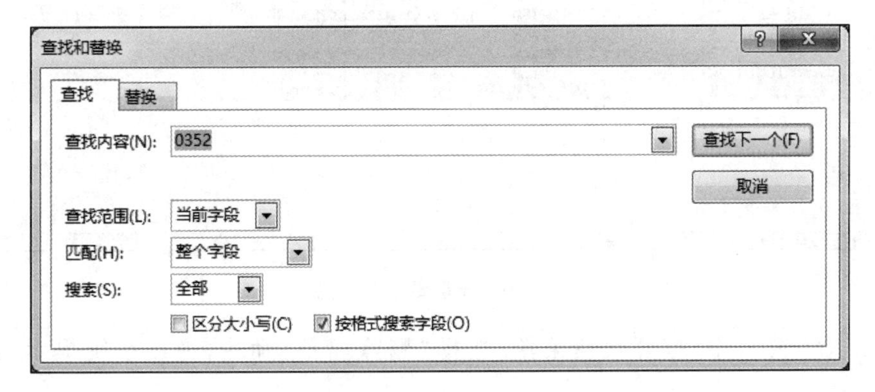

图 14-28　"查找"选项卡

(5) 在"查找和替换"对话框中,选择"替换"选项卡,在"查找内容"文本框内,输入要查找的数据,在"替换为"文本框内输入要替换的数据,再确定"查找范围",确定"匹配"条件,单击"查找下一个"按钮,光标将定位到第一个与"查找内容"相"匹配"数据项的位置,再单击"替换"按钮,该值将被修正,如图 14-29 所示。

实验 3-6:删除"员工"表中相关数据。

操作步骤如下。

(1) 打开"阳光超市管理系统"数据库。

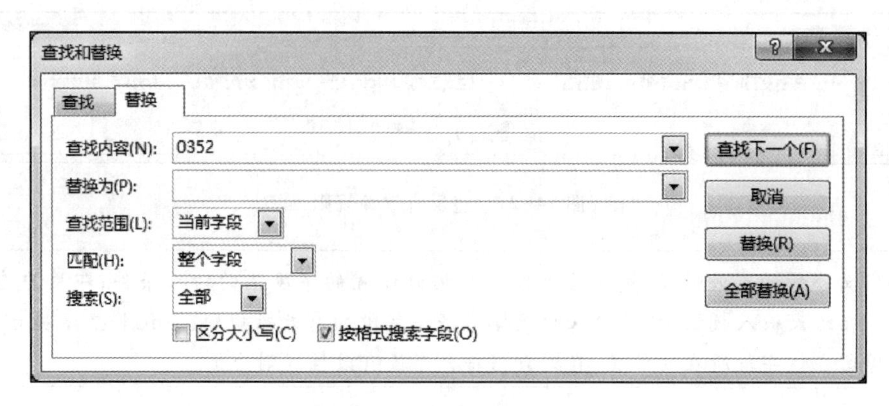

图 14-29　“替换”选项卡

(2) 打开已有“员工”表。

(3) 在“表”窗口中,选定要删除的记录,如图 14-30 所示。

员工

员工编号	姓名	性别	年龄	民族	电话	住址	照片	备注	部门编号
A10101	王东华	女	25	汉族	010-8765789	北京市宣武区			a1
A10102	张小和	男	43	蒙古族	010-2345098	北京市宣武区			a2
A20103	陈东东	男	36	汉族	010-7788442	北京市宣武区			b1
A20104	王月而	女	30	汉族	010-7128564	北京市朝阳区			b2
B10301	江小节	女	39	汉族	010-9824567	北京市崇文区			b3
B10302	江乐毫	女	36	汉族	010-7535667	北京市崇文区			c1
B10303	齐统消	男	41	汉族	010-1234455	北京市海淀区			c2
B10304	渊思奇	男	24	汉族	010-7554357	北京市海淀区			A1
B20205	任人何	女	27	汉族	010-3456712	北京市海淀区			A2
B20206	方中平	女	22	朝鲜族	010-5782345	北京市海淀区			C1
B30207	曾会法	男	37	汉族	010-4567234	北京市宣武区			C2
C10301	霍热平	女	29	苗族	010-9644324	北京市海淀区			B1
C10302	解晓萧	男	30	满族	010-6742256	北京市海淀区			B2
C10404	肖淡薄	男	23	白族	010-4561234	北京市海淀区			B3
C20403	余渡度	女	34	汉族	010-2344321	北京市宣武区			A1
C20405	鲁统法	男	22	汉族	010-5673245	北京市朝阳区			C1
*			0						

记录: 第 14 项(共 16 项)　无筛选器　搜索

图 14-30　选定要删除的记录

(4) 在“表”窗口中,打开快捷菜单,选择“删除记录”命令,弹出系统提示对话框,如图 14-31 所示。

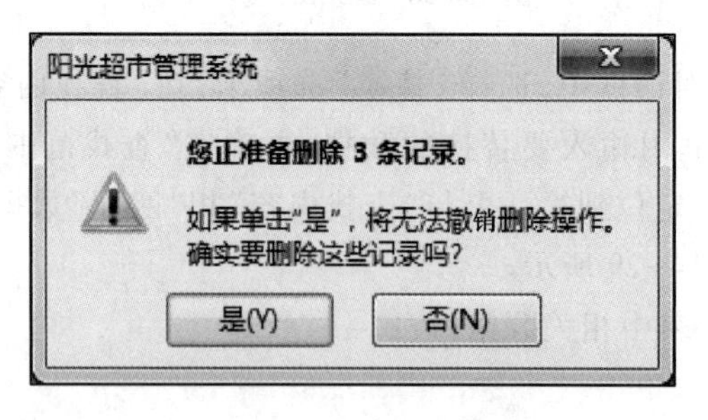

图 14-31　系统提示对话框

(5) 在系统提示对话框中,单击“是”按钮,则选定的记录将被删除掉,如图 14-32 所示。

员工

员工编号	姓名	性别	年龄	民族	电话	住址	照片	备注	部门编号
A10101	王东华	女	25	汉族	010-8765789	北京市宣武区			a1
A10102	张小和	男	43	蒙古族	010-2345098	北京市宣武区			a2
A20103	陈东东	男	36	汉族	010-7788442	北京市宣武区			b1
A20104	王月而	女	30	汉族	010-7128564	北京市朝阳区			b2
B10301	江小节	女	39	汉族	010-9824567	北京市崇文区			b3
B10302	江乐毫	女	36	汉族	010-7535667	北京市崇文区			c1
B10303	齐统消	男	41	汉族	010-1234455	北京市海淀区			c2
B10304	渊思奇	男	24	汉族	010-7554357	北京市海淀区			A1
B20205	任人何	女	27	汉族	010-3456712	北京市海淀区			A2
B20206	方中平	女	22	朝鲜族	010-5782345	北京市海淀区			C1
B30207	曾会法	男	37	汉族	010-4567234	北京市宣武区			C2
C10301	霍热平	女	29	苗族	010-9644324	北京市海淀区			B1
C10302	解晓萧	男	30	满族	010-6742256	北京市海淀区			B2
*			0						

记录: 第 14 项(共 14 项)　无筛选器　搜索

图 14-32　删除记录

14.3.4　创建与维护表间的关联

实验 3-7:给“员工”表创建索引。

实验视频
创建索引

操作步骤如下。

(1) 打开“阳光超市管理系统”数据库。

(2) 打开“员工”表设计视图。

(3) 在“表设计”窗口中,选定建立索引的字段,在“常规”选项卡中选择“索引”选项,确认创建索引,如图 14-33 所示。

员工

字段名称	数据类型	说明(可选)
员工编号	短文本	
姓名	短文本	
性别	短文本	
年龄	数字	
民族	短文本	

字段属性

常规　查阅

字段大小	6
格式	
输入掩码	
标题	
默认值	
验证规则	
验证文本	
必需	否
允许空字符串	否
索引	有(无重复)
Unicode 压缩	是
输入法模式	开启
输入法语句模式	无转化
文本对齐	常规

索引将加速字段中搜索及排序的速度,但可能会使更新变慢。选择“有(无重复)”可禁止该字段中出现重复值。按 F1 键可查看有关索引字段的帮助。

图 14-33　创建索引

(4) 在“表设计”窗口中,设置有索引,且无重复,保存表。

实验 3-8:创建表间关联。

操作步骤如下。

(1) 打开“阳光超市管理系统”数据库。

(2) 在 Access 系统窗口中,打开“数据库工具”选项卡,单击“关系”按钮,打开“显示表”对话框,如图 14-34 所示。

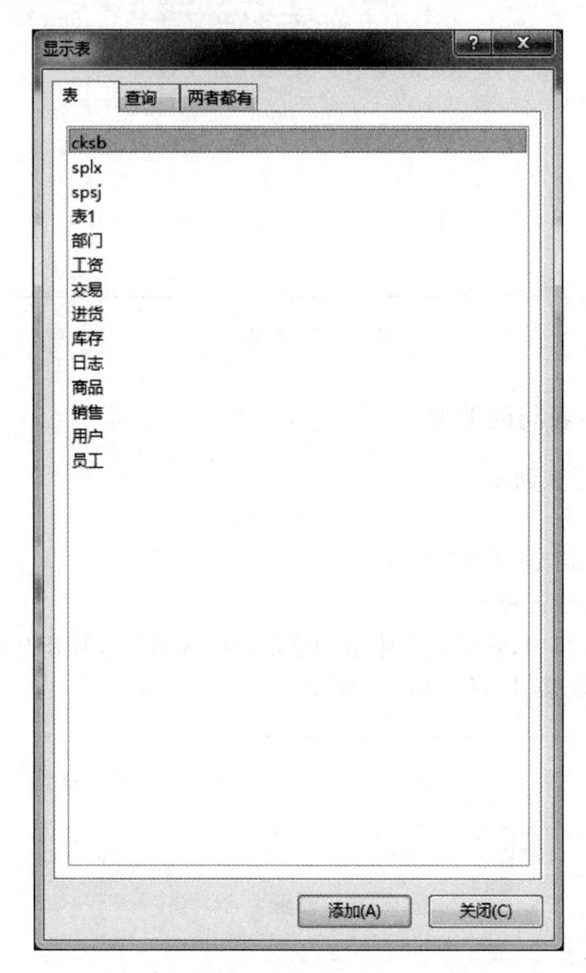

图 14-34　“显示表”对话框

(3) 在“显示表”对话框中,依次选择表和单击“添加”按钮,进入“关系”窗口,如图 14-35 所示。

(4) 在“关系”窗口中,将一个表中的相关字段拖到另一个表中的相关字段的位置,打开“编辑关系”对话框,如图 14-36 所示。

(5) 在“编辑关系”对话框中,选择“实施参照完整性”,再单击“创建”按钮,两表中的关联字段间就有了一个连线,依次重复操作,多表间便建立了关联关系,如图 14-37 所示。

(6) 在“关系”窗口中,保存数据库,结束数据库中表间关联关系的建立。

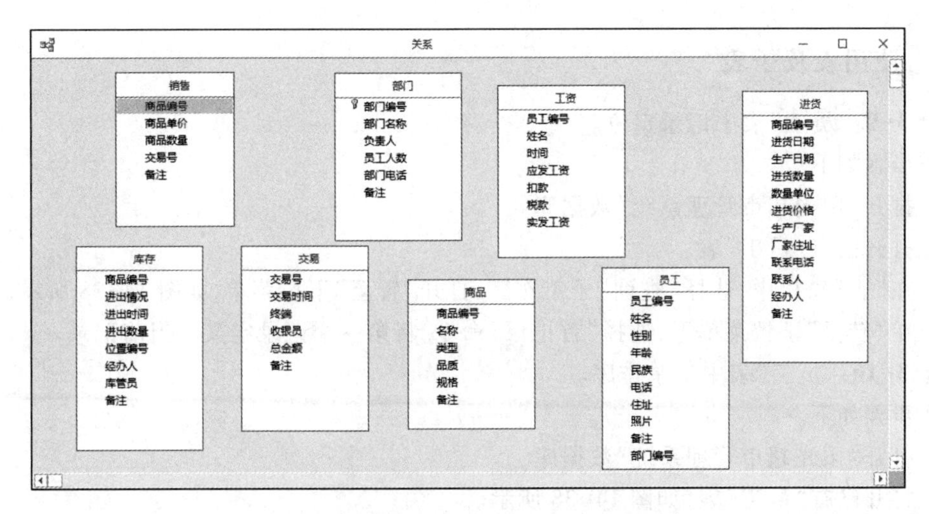

图 14-35　“关系”窗口

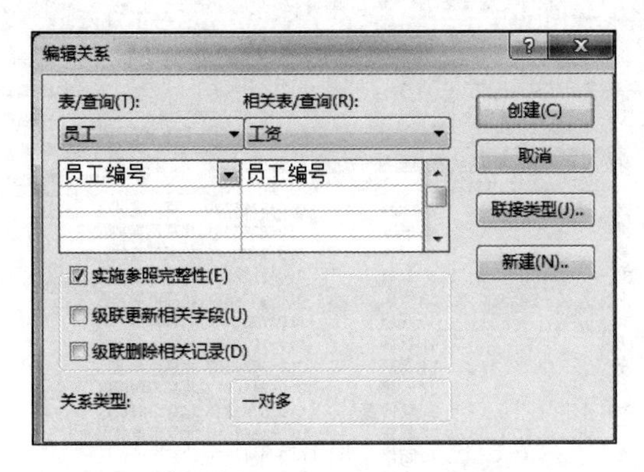

图 14-36　“编辑关系”对话框

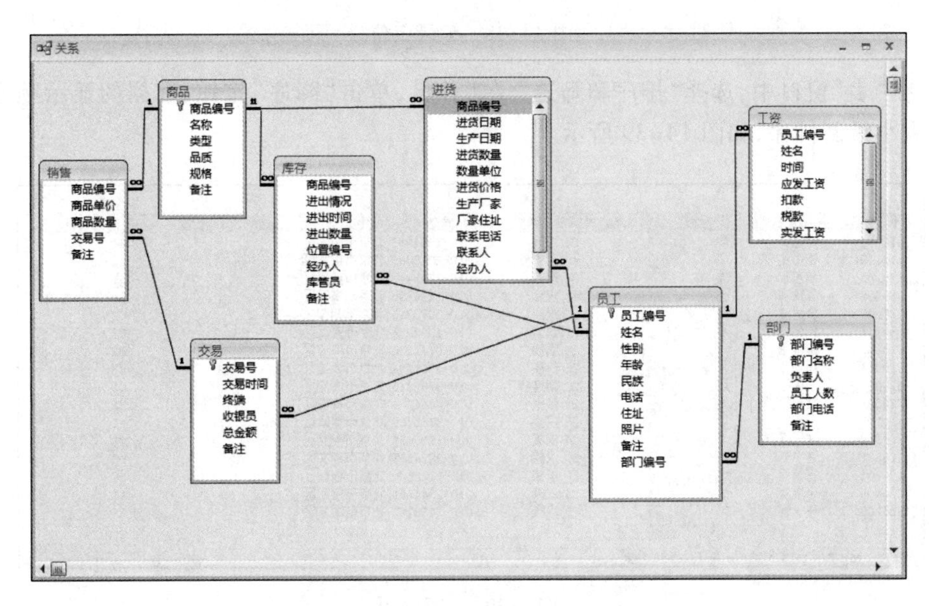

图 14-37　表间关联关系示例

14.3.5 使用表及子表

实验 3-9:“员工”表中记录定位。

操作步骤如下。

(1) 打开“阳光超市管理系统”数据库。

(2) 打开已有“员工”表。

(3) 在“表”窗口中,选择“查询”子工作区,打开“转至”下拉菜单,如图 14-38 所示。

(4) 在“转至”下拉菜单下,选择“首记录”命令,将第一个记录定义为当前记录。

实验 3-10:“员工”表中记录排序。

操作步骤如下。

(1) 打开“阳光超市管理系统”数据库。

(2) 打开已有“员工”表,如图 14-38 所示。

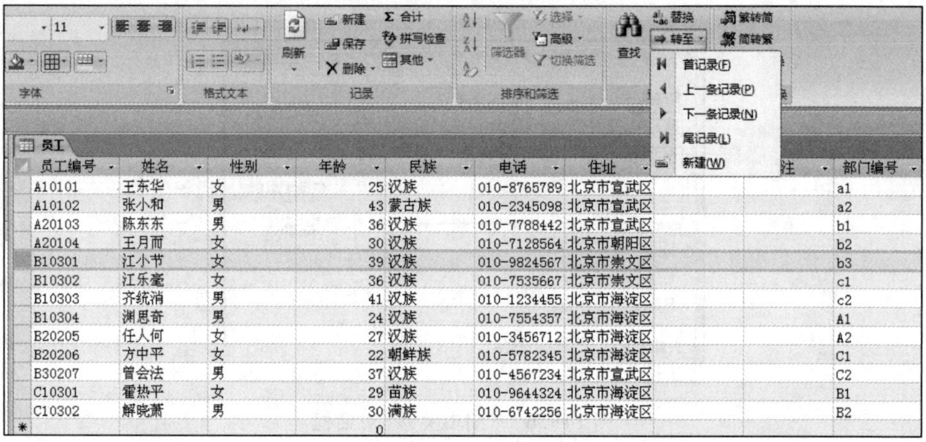

员工编号	姓名	性别	年龄	民族	电话	住址		注	部门编号
A10101	王东华	女	25	汉族	010-8765789	北京市宣武区			a1
A10102	张小和	男	43	蒙古族	010-2345098	北京市宣武区			a2
A20103	陈东东	男	36	汉族	010-7788442	北京市宣武区			b1
A20104	王月而	女	30	汉族	010-7128564	北京市朝阳区			b2
B10301	江小节	女	39	汉族	010-9824567	北京市崇文区			b3
B10302	江乐毫	女	36	汉族	010-7535667	北京市崇文区			c1
B10303	齐统消	男	41	汉族	010-1234455	北京市海淀区			c2
B10304	渊思奇	男	24	汉族	010-7554357	北京市海淀区			A1
B20205	任人何	女	27	汉族	010-3456712	北京市海淀区			A2
B20206	方中平	女	22	朝鲜族	010-5782345	北京市海淀区			C1
B30207	曾会法	男	37	汉族	010-4567234	北京市宣武区			C2
C10301	霍热平	女	29	苗族	010-9644324	北京市海淀区			B1
C10302	解晓萧	男	30	满族	010-6742256	北京市海淀区			B2
*			0						

图 14-38 记录定位

(3) 在“表”窗口中,选择“排序和筛选”子工作区,单击“降序”按钮,数据的显示顺序按“排序”字段大小重新排序,如图 14-39 所示。

员工编号	姓名	性别	年龄	民族	电话	住址	照片	备注	部门编号
B10304	渊思奇	男	24	汉族	010-7554357	北京市海淀区			A1
A10102	张小和	男	43	蒙古族	010-2345098	北京市宣武区			a2
A20103	陈东东	男	36	汉族	010-7788442	北京市宣武区			b1
B10303	齐统消	男	41	汉族	010-1234455	北京市海淀区			c2
C20405	鲁统法	男	22	汉族	010-5673245	北京市朝阳区			C1
B30207	曾会法	男	37	汉族	010-4567234	北京市宣武区			C2
C10302	解晓萧	男	30	满族	010-6742256	北京市海淀区			B2
C10404	肖淡薄	男	23	白族	010-4561234	北京市海淀区			B3
B20206	方中平	女	22	朝鲜族	010-5782345	北京市海淀区			C1
C10301	霍热平	女	29	苗族	010-9644324	北京市海淀区			B1
A10101	王东华	女	25	汉族	010-8765789	北京市宣武区	itmap Image		a1
B10302	江乐毫	女	36	汉族	010-7535667	北京市崇文区			c1
B10301	江小节	女	39	汉族	010-9824567	北京市崇文区			b3
A20104	王月而	女	30	汉族	010-7128564	北京市朝阳区			b2
C20403	余渡度	女	34	汉族	010-2344321	北京市宣武区			A1
B20205	任人何	女	27	汉族	010-3456712	北京市海淀区			A2
*			0						

图 14-39 记录排序

实验 3-11:“员工”表中记录筛选。

操作步骤如下。

(1) 打开“阳光超市管理系统”数据库。

(2) 打开已有“员工”表,如图 14-38 所示。

(3) 在“表”窗口中,选择“排序和筛选”子工作区,单击“筛选器”按钮打开“文本筛选器”菜单,如图 14-40 所示。

当选择“性别”字段为“女”时,将显示全体女员工信息,如图14-41 所示。

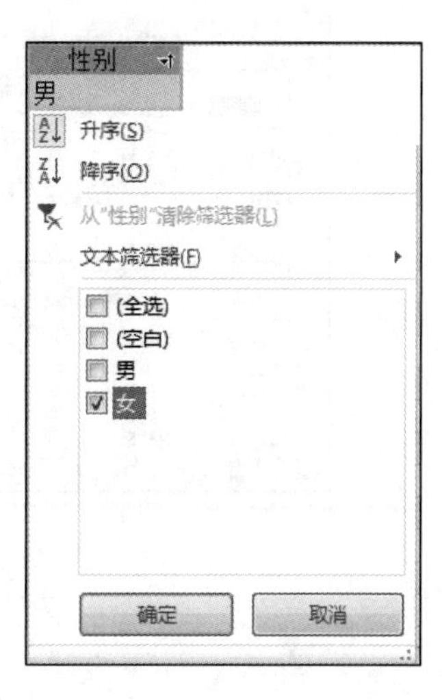

图 14-40　设置筛选条件

实验 3-12:子表操作。

操作步骤如下。

(1) 打开“阳光超市管理系统”数据库。

(2) 打开已有“员工”表,如图 14-42 所示。

(3) 在“表”窗口中,双击 ⊞ 按钮,可以打开子表,如图 14-43 所示。

员工

员工编号	姓名	性别	年龄	民族	电话	住址	照片	备注	部门编号
C20403	余渡度	女	34	汉族	010-2344321	北京市宣武区			A1
C10301	霍热平	女	29	苗族	010-9644324	北京市海淀区			B1
B20206	方中平	女	22	朝鲜族	010-5782345	北京市海淀区			C1
B20205	任人何	女	27	汉族	010-3456712	北京市海淀区			A2
B10302	江乐毫	女	36	汉族	010-7535667	北京市崇文区			c1
B10301	江小节	女	39	汉族	010-9824567	北京市崇文区			b3
A20104	王月而	女	30	汉族	010-7128564	北京市朝阳区			b2
A10101	王东华	女	25	汉族	010-8765789	北京市宣武区	itmap Image		a1
*			0						

记录: 第 1 项(共 8 项)　已筛选　搜索

图 14-41　记录筛选

员工

员工编号	姓名	性别	年龄	民族	电话	住址	照片	备注	部门编号
⊞ A10101	王东华	女	25	汉族	010-8765789	北京市宣武区	itmap Image		a1
⊞ A10102	张小和	男	43	蒙古族	010-2345098	北京市宣武区			a2
⊞ A20103	陈东东	男	36	汉族	010-7788442	北京市宣武区			b1
⊞ A20104	王月而	女	30	汉族	010-7128564	北京市朝阳区			b2
⊞ B10301	江小节	女	39	汉族	010-9824567	北京市崇文区			b3
⊞ B10302	江乐毫	女	36	汉族	010-7535667	北京市崇文区			c1
⊞ B10303	齐统消	男	41	汉族	010-1234455	北京市海淀区			c2
⊞ B10304	渊思奇	男	24	汉族	010-7554357	北京市海淀区			A1
⊞ B20205	任人何	女	27	汉族	010-3456712	北京市海淀区			A2
⊞ B20206	方中平	女	22	朝鲜族	010-5782345	北京市海淀区			C1
⊞ B30207	曾会法	男	37	汉族	010-4567234	北京市宣武区			C2
⊞ C10301	霍热平	女	29	苗族	010-9644324	北京市海淀区			B1
⊞ C10302	解晓萧	男	30	满族	010-6742256	北京市海淀区			B2
⊞ C10404	肖淡薄	男	23	白族	010-4561234	北京市海淀区			B3
⊞ C20403	余渡度	女	34	汉族	010-2344321	北京市宣武区			A1
⊞ C20405	鲁统法	男	22	汉族	010-5673245	北京市朝阳区			C1
*			0						

记录: 第 1 项(共 16 项　无筛选器　搜索

图 14-42　浏览“员工”表

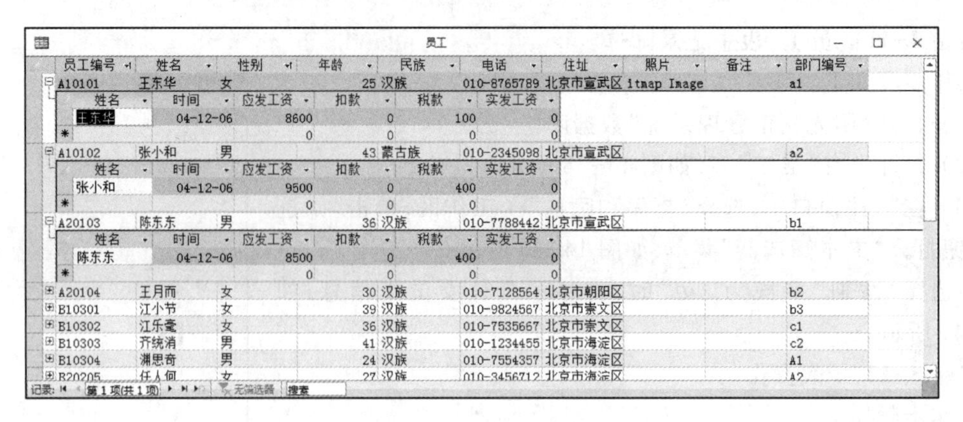

图 14-43　打开子表

14.4　实验 4:查询操作实验

1. 实验目的

创建单表和多表选择查询,创建动作查询。

2. 实验准备

(1) 了解查询类型。

(2) 了解创建单表选择查询的操作方法。

(3) 了解创建多表选择查询的操作方法。

(4) 了解创建动作查询的操作方法。

(5) 了解创建 SQL 查询的操作方法。

3. 实验内容

(1) 创建单表查询。

(2) 创建多表查询。

(3) 创建参数查询。

(4) 创建生成表查询。

(5) 创建更新查询。

(6) 创建追加查询。

实验视频
简单查询

14.4.1　创建单表查询

实验 4-1:创建一个“员工信息”表单表查询。

操作步骤如下。

(1) 打开“阳光超市管理系统”数据库。

(2) 打开已有“员工”表,如图 14-44 所示。

(3) 在 Access 系统窗口中,打开“创建”选项卡,单击“查询设计”按钮,进入“查询设计”窗口,如图 14-45 所示。

员工编号	姓名	性别	年龄	民族	电话	住址	照片	备注	部门编号
A10101	王东华	女	25	汉族	010-8765789	北京市宣武区	itmap Image		a1
A10102	张小和	男	43	蒙古族	010-2345098	北京市宣武区			a2
A20103	陈东东	男	36	汉族	010-7788442	北京市宣武区			b1
A20104	王月而	女	30	汉族	010-7128564	北京市朝阳区			b2
B10301	江小节	女	39	汉族	010-9824567	北京市崇文区			b3
B10302	江乐毫	女	36	汉族	010-7535667	北京市崇文区			c1
B10303	齐统消	男	41	汉族	010-1234455	北京市海淀区			c2
B10304	渊思奇	男	24	汉族	010-7554357	北京市海淀区			A1
B20205	任人何	女	27	汉族	010-3456712	北京市海淀区			A2
B20206	方中平	女	22	朝鲜族	010-5782345	北京市海淀区			C1
B30207	曾会法	男	37	汉族	010-4567234	北京市宣武区			C2
C10301	霍热平	女	29	苗族	010-9644324	北京市海淀区			B1
C10302	解晓萧	男	30	满族	010-6742256	北京市海淀区			B2
C10404	肖淡薄	男	23	白族	010-4561234	北京市海淀区			B3
C20403	余渡度	女	34	汉族	010-2344321	北京市宣武区			A1
C20405	鲁统法	男	22	汉族	010-5673245	北京市朝阳区			C1
			0						

图 14-44 “员工”表

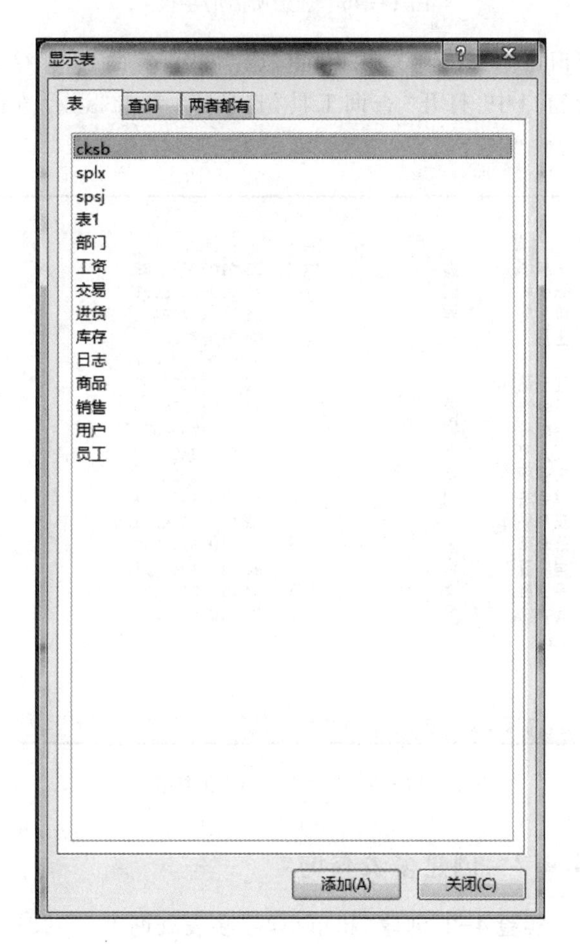

图 14-45 “查询设计”窗口

(4) 在“查询设计”窗口中,打开快捷菜单,选择“显示表”命令,添加可作为数据源的“员工”表,将其添加到“查询设计”窗口,在“字段”列表框中,打开“字段”下拉框,选择所需字段,或者将数据源中的字段直接拖到字段列表框内,如图 14-46 所示。

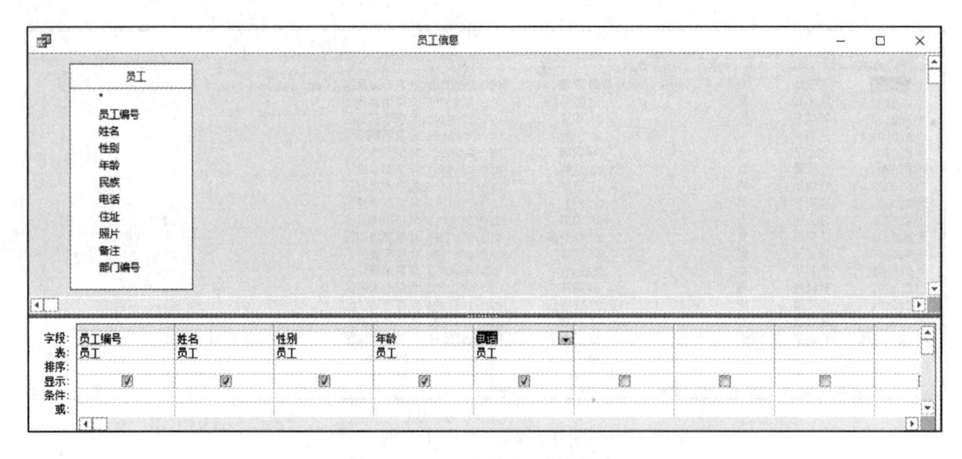

图 14-46　选定所需的字段

（5）在 Access 系统窗口中，打开“文件”菜单，选择“保存”命令，保存查询，结束查询的创建。

（6）在 Access 系统窗口中，打开“查询工具”选项卡，单击“运行查询”按钮，运行查询，如图 14-47 所示。

员工信息

员工编号	姓名	性别	年龄	电话
A10101	王东华	女	25	010-8765789
A10102	张小和	男	43	010-2345098
A20103	陈东东	男	36	010-7788442
A20104	王月而	女	30	010-7128564
B10301	江小节	女	39	010-9824567
B10302	江乐毫	女	36	010-7535667
B10303	齐统消	男	41	010-1234455
B10304	洲思奇	男	24	010-7554357
B20205	任人何	女	27	010-3456712
B20206	方中平	女	22	010-5782345
B30207	曾会法	男	37	010-4567234
C10301	霍热平	女	29	010-9644324
C10302	解晓萧	男	30	010-6742256
C10404	肖淡薄	男	23	010-4561234
C20403	余渡度	女	34	010-2344321
C20405	鲁统法	男	22	010-5673245
*			0	

记录: 第 1 项(共 16 项　无筛选器

图 14-47　“员工信息”查询结果

实验视频
选择查询

14.4.2　创建多表查询

实验 4-2：创建“超市小票”多表查询。

操作步骤如下。

（1）打开“阳光超市管理系统”数据库。

（2）打开已有“商品”表，如图 14-48 所示。

（3）打开已有“交易”表，如图 14-49 所示。

商品

商品编号	名称	类型	品质	规格	备注	添加新字段
BH0101	奇奇洗衣粉	百货	高	750g		
BH0102	奇奇香皂	百货	高	125g		
BH0103	多多透明皂	百货	高	125g*4		
BH0104	多多洗发露	百货	高	400ml		
DQ0101	液晶数码电视机	电器	高	172*141*33		
DQ0102	车载液晶电视机	电器	高	9英寸		
DQ0104	彩虹数码照相机	电器	高	500像素		
DQ0203	小小数码照相机	电器	中	300像素		
DQ0305	MP3播放器	电器	低	56*38*15		
FZ0101	活力衬衣	纺织	高	42		
FZ0102	高贵西装	纺织	高	XXL		
FZ0203	奇胜衬衣	纺织	中	43		
HZ0101	阳光活肤润白乳	化妆	高	100g		
HZ0102	阳光香水	化妆	高	30ml		
HZ0203	绿色植物沐浴露	化妆	中	500ml		
HZ0204	男士香水	化妆	中	5ml		
HZ0305	月亮洗面奶	化妆	低	200g		
SP0101	神怡咖啡	食品	高	13g		
SP0102	日日面包	食品	高	50g		
SP0203	泡泡面包	食品	中	100g		
*						

记录: 第1项(共20项 无筛选器 搜索

图 14-48 “商品”表

交易

交易号	交易时间	终端	收银员	总金额	备注
0345	10-10-11	S1	B10303	12,345.元	
0346	10-10-11	H2	B10304	456.元	
0347	10-10-11	B3	B20205	2,986.元	
0348	10-10-11	S1	B10303	4,456.元	
0349	10-10-11	H2	B10304	45.元	
0350	10-10-11	B3	B20205	6.元	
0351	10-11-01	S1	B10303	987.78元	
0352	10-11-01	H2	B10304	4,756.元	
0353	10-11-01	B3	B20205	1,256.元	
0354	10-11-01	S1	B10303	45.元	
0355	10-11-01	H2	B10304	145.元	
0356	10-12-05	B3	B20205	456.元	
0357	10-12-05	S1	B10303	87.元	
0358	10-12-05	H2	B10304	563.元	
0359	10-12-05	B3	B20205	1,567.元	
0360	10-12-06	B3	B20205	7,889.元	
0361	10-12-06	S1	B10303	6.98元	
0362	10-12-06	H2	B10304	8.11元	
0363	10-12-06	B3	B20205	45.22元	
0364	10-12-05	S1	B10303	456.1元	
0365	10-12-06	H2	B10304	43.7元	
*					

记录: 第1项(共21项 无筛选器

图 14-49 “交易”表

(4) 打开已有“销售”表,如图 14-50 所示。

(5) 在 Access 系统窗口中,打开“创建”选项卡,单击“查询设计”菜单,进入“查询设计”窗口,如图 14-51 所示。

(6) 在“查询设计”窗口中,打开快捷菜单,选择“显示表”命令,添加可作为数据源的表(“商品”、“交易”、“销售”),将其添加到“查询设计”窗口,在“字段”列表框中,打开“字段”下拉框,选择所需字段,或者将数据源中的字段直接拖到“字段”列表框内,如图 14-52 所示。

销售

商品编号	商品单价	商品数量	交易号	备注
BH0101	9.5	1	0345	
BH0101	9.5	1	0362	
BH0103	4.5	2	0345	
DQ0203	1600	1	0345	
DQ0305	1200	1	0352	
FZ0101	170	1	0352	
FZ0203	110	1	0345	
HZ0101	110	1	0352	
HZ0305	170	1	0360	
SP0101	1.5	3	0345	
SP0101	1.5	1	0345	
SP0101	1.5	3	0360	
SP0101	1.5	5	0362	
SP0102	2	2	0345	
SP0102	2	3	0352	
SP0102	2	1	0360	
SP0102	2	1	0362	
SP0203	2	2	0345	
SP0203	2	2	0352	
SP0203	2	1	0360	
SP0203	2	1	0362	
*	0	0		

记录: 第 1 项(共 21 项　无筛选器

图 14-50　“销售”表

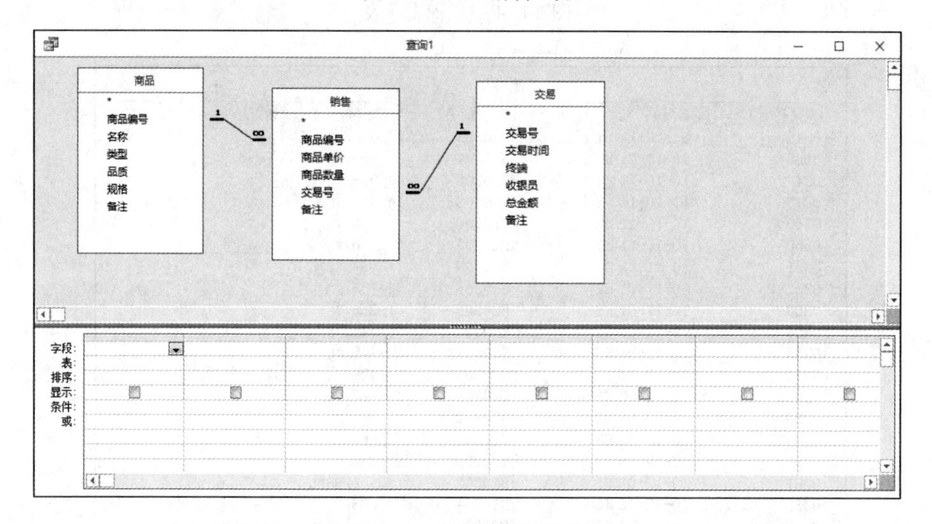

图 14-51　“查询设计”窗口

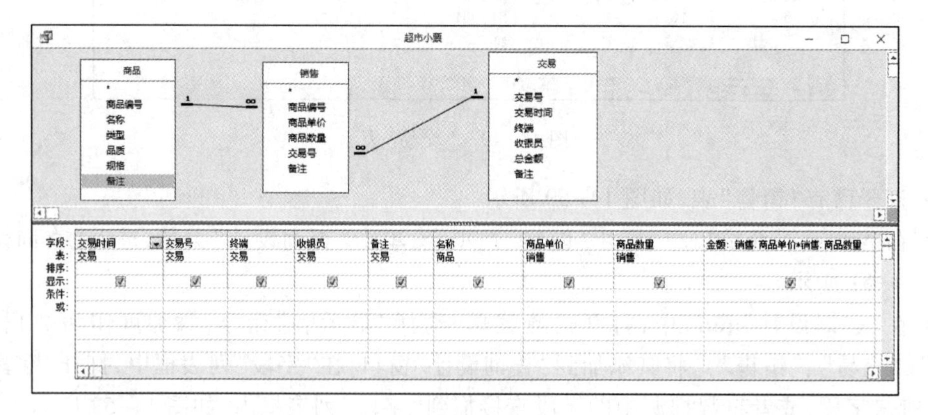

图 14-52　选定所需的字段

(7) 在Access系统窗口中,打开“文件”菜单,选择“保存”命令,保存“超市小票”查询,结束查询的创建。

(8) 在Access系统窗口中,打开“查询工具”选项卡,单击“运行查询”按钮,运行查询,如图14-53所示。

超市小票

交易时间	交易号	终端	收银员	备注	名称	商品单价	商品数量	金额
10-10-11	45	S1	B10303		奇奇洗衣粉	9.5	1	9.5
10-10-11	0345	S1	B10303		小小数码照相	1600	1	1600
10-10-11	0345	S1	B10303		多多透明皂	4.5	2	9
10-10-11	0345	S1	B10303		奇胜衬衣	110	1	110
10-10-11	0345	S1	B10303		神怡咖啡	1.5	3	4.5
10-10-11	0345	S1	B10303		日日面包	2	2	4
10-10-11	0345	S1	B10303		泡泡面包	2	2	4
10-10-11	0345	S1	B10303		神怡咖啡	1.5	1	1.5
10-11-01	0352	H2	B10304		MP3播放器	1200	1	1200
10-11-01	0352	H2	B10304		活力衬衣	170	1	170
10-11-01	0352	H2	B10304		日日面包	2	3	6
10-11-01	0352	H2	B10304		泡泡面包	2	2	4
10-11-01	0352	H2	B10304		阳光活肤润白	110	1	110
10-12-06	0360	B3	B20205		神怡咖啡	1.5	3	4.5
10-12-06	0360	B3	B20205		日日面包	2	1	2
10-12-06	0360	B3	B20205		泡泡面包	2	1	2
10-12-06	0360	B3	B20205		月亮洗面奶	170	1	170
10-12-06	0362	H2	B10304		神怡咖啡	1.5	5	7.5
10-12-06	0362	H2	B10304		日日面包	2	1	2
10-12-06	0362	H2	B10304		泡泡面包	2	1	2
10-12-06	0362	H2	B10304		奇奇洗衣粉	9.5	1	9.5

记录: 第1项(共21项 无筛选器 搜索

图14-53 “超市小票”查询结果

14.4.3 创建参数查询

实验4-3:创建“查询交易”参数查询。

操作步骤如下。

(1) 打开“阳光超市管理系统”数据库。

实验视频
参数查询

(2) 在Access系统窗口中,打开“创建”选项卡,单击“查询设计”按钮,进入“查询设计”窗口。

(3) 在“查询设计”窗口中,定义查询所需的字段,如图14-54所示。

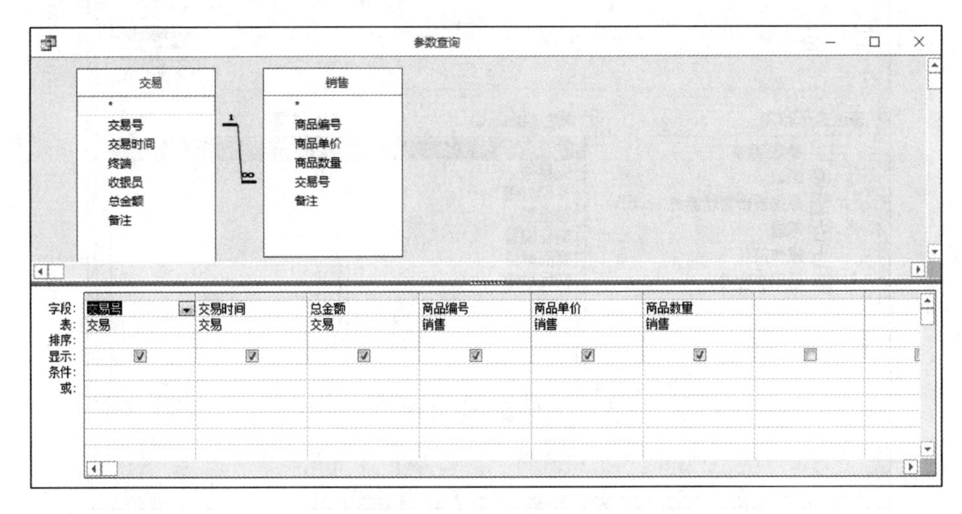

图14-54 定义查询所需的字段

（4）在“查询设计”窗口中，单击“参数”按钮，打开“查询参数”对话框，如图 14-55 所示。

图 14-55　定义参数变量

（5）在“查询参数”对话框中，输入参数名称，确定参数类型，再单击“确定”按钮，返回“查询设计”窗口。

（6）在“查询设计”窗口中，单击“生成器”按钮，打开“表达式生成器”对话框，确定字段准则，参数可视为准则中的一个“变量”，如图 14-56 所示。

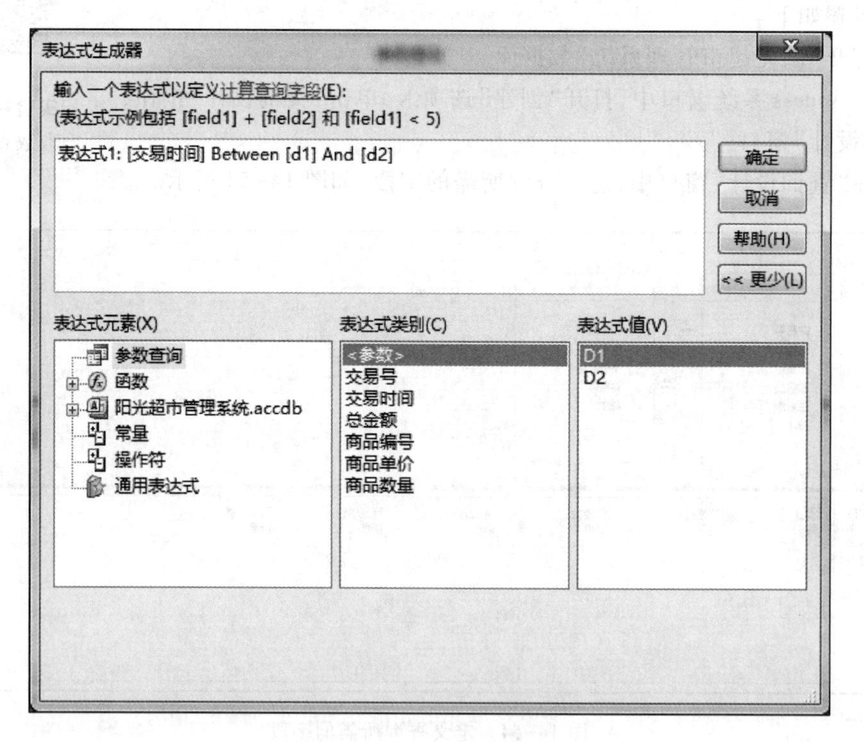

图 14-56　定义参数条件

(7) 保存查询,结束参数查询的创建。

(8) 打开查询,先输入参数 D1 的值,如图 14-57 所示。

再输入参数 D2 的值,如图 14-58 所示。

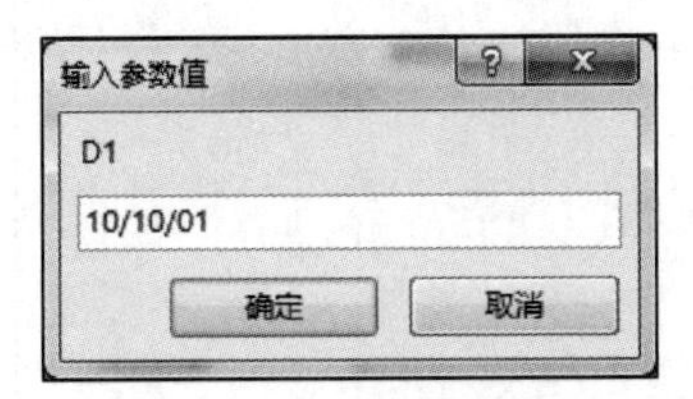

图 14-57　输入参数 D1 的值

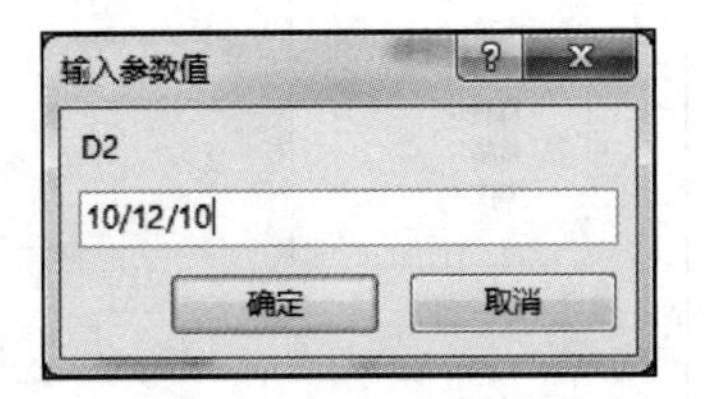

图 14-58　输入参数 D2 的值

查询结果如图 14-59 所示。

参数查询

交易时间	总金额	商品编号	商品单价	商品数量
10-10-11	12,345.元	BH0101	9.5	1
10-10-11	12,345.元	DQ0203	1600	1
10-10-11	12,345.元	BH0103	4.5	2
10-10-11	12,345.元	FZ0203	110	1
10-10-11	12,345.元	SP0101	1.5	3
10-10-11	12,345.元	SP0102	2	2
10-10-11	12,345.元	SP0203	2	2
10-10-11	12,345.元	SP0101	1.5	1
10-11-01	4,756.元	DQ0305	1200	1
10-11-01	4,756.元	FZ0101	170	1
10-11-01	4,756.元	SP0102	2	3
10-11-01	4,756.元	SP0203	2	2
10-11-01	4,756.元	HZ0101	110	1
10-12-06	7,889.元	SP0101	1.5	3
10-12-06	7,889.元	SP0102	2	1
10-12-06	7,889.元	SP0203	2	1
10-12-06	7,889.元	HZ0305	170	1
10-12-06	8.11元	SP0101	1.5	5
10-12-06	8.11元	SP0102	2	1
10-12-06	8.11元	SP0203	2	1
10-12-06	8.11元	BH0101	9.5	1

记录: 第 1 项(共 21 项　无筛选器

图 14-59　"查询交易"查询结果

14.4.4　创建生成表查询

实验 4-4:创建"中档商品"生成表查询。

操作步骤如下。

(1) 打开"阳光超市管理系统"数据库。

(2) 在 Access 系统窗口中,打开"创建"选项卡,单击"查询设计"按钮,进入"查询设计"窗口。

(3) 在"查询设计"窗口中,定义查询所需的字段及其他相关参数,如图 14-60 所示。

(4) 在"查询设计"窗口中,单击"生成表"按钮,打开"生成表"对话框。

(5) 在"生成表"对话框中,定义生成表的名称,如图 14-61 所示。

(6) 保存查询,结束生成表查询的创建。

(7) 运行查询,打开"中档商品"表,如图 14-62 所示。

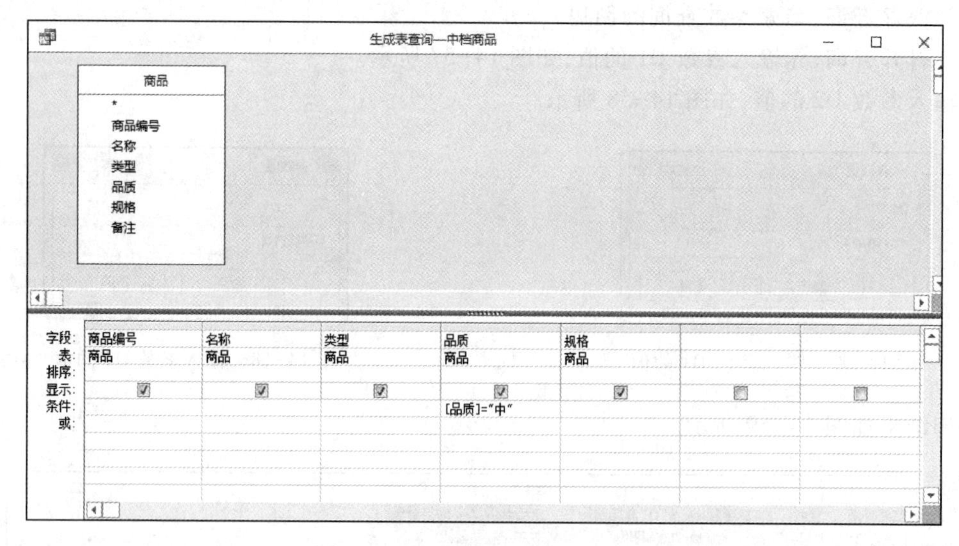

图 14-60　定义查询所需的字段

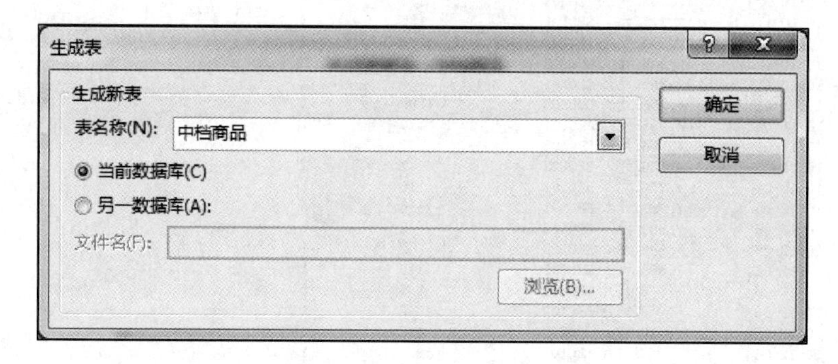

图 14-61　定义生成表名称

中档商品

商品编号	名称	类型	品质	规格
DQ0203	小小数码照相	电器	中	300像素
FZ0203	奇胜衬衣	纺织	中	43
HZ0203	绿色植物沐浴	化妆	中	500ml
HZ0204	男士香水	化妆	中	5ml
SP0203	泡泡面包	食品	中	100g

记录: 第 1 项(共 5 项)　无筛选器

图 14-62　查询“中档商品”结果

14.4.5　创建更新查询

实验 4-5:创建“商品更新”更新查询。

操作步骤如下。

(1) 打开“阳光超市管理系统”数据库。

(2) 打开“商品”表,如图 14-63 所示。

商品

商品编号	名称	类型	品质	规格	备注
BH0101	奇奇洗衣粉	百货	高	750g	
BH0102	奇奇香皂	百货	高	125g	
BH0103	多多透明皂	百货	高	125g*4	
BH0104	多多洗发露	百货	高	400ml	
DQ0101	液晶数码电视	电器	高	172*141*33	
DQ0102	车载液晶电视	电器	高	9英寸	
DQ0104	彩虹数码照相	电器	高	500像素	
DQ0203	小小数码照相	电器	中	300像素	
DQ0305	MP3播放器	电器	低	56*38*15	
FZ0101	活力衬衣	纺织	高	42	
FZ0102	高贵西装	纺织	高	XXL	
FZ0203	奇胜衬衣	纺织	中	43	
HZ0101	阳光活肤润白	化妆	高	100g	
HZ0102	阳光香水	化妆	高	30ml	
HZ0203	绿色植物沐浴	化妆	中	500ml	
HZ0204	男士香水	化妆	中	5ml	
HZ0305	月亮洗面奶	化妆	低	200g	
SP0101	神怡咖啡	食品	高	13g	
SP0102	日日面包	食品	高	50g	
SP0203	泡泡面包	食品	中	100g	

记录: 第 1 项(共 20 项　无筛选器

图 14-63　“商品”表

(3) 在 Access 系统窗口中,打开“创建”选项卡,单击“查询设计”按钮,进入“查询设计”窗口。

(4) 在“查询设计”窗口中,定义查询所需的字段及其他相关参数。

(5) 在“查询设计”窗口中,单击“更新”按钮,在“字段”列表框中增加一个“更新到”列表行,输入更新内容及条件,如图 14-64 所示。

(6) 保存查询,结束更新查询的创建。

(7) 运行查询,查询结果如图 14-65 所示。

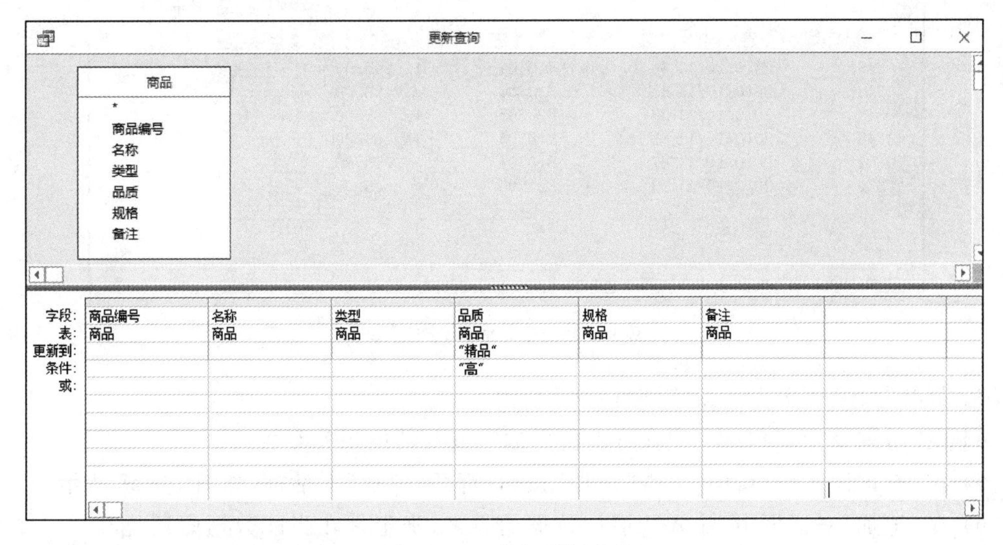

图 14-64　定义更新内容

商品编号	名称	类型	品质	规格	备注
BH0101	奇奇洗衣粉	百货	精品	750g	
BH0102	奇奇香皂	百货	精品	125g	
BH0103	多多透明皂	百货	精品	125g*4	
BH0104	多多洗发露	百货	精品	400ml	
DQ0101	液晶数码电视	电器	精品	172*141*33	
DQ0102	车载液晶电视	电器	精品	9英寸	
DQ0104	彩虹数码照相	电器	精品	500像素	
DQ0203	小小数码照相	电器	中	300像素	
DQ0305	MP3播放器	电器	低	56*38*15	
FZ0101	活力衬衣	纺织	精品	42	
FZ0102	高贵西装	纺织	精品	XXL	
FZ0203	奇胜衬衣	纺织	中	43	
HZ0101	阳光活肤润白	化妆	精品	100g	
HZ0102	阳光香水	化妆	精品	30ml	
HZ0203	绿色植物沐浴	化妆	中	500ml	
HZ0204	男士香水	化妆	中	5ml	
HZ0305	月亮洗面奶	化妆	低	200g	
SP0101	神怡咖啡	食品	精品	13g	
SP0102	日日面包	食品	精品	50g	
SP0203	泡泡面包	食品	中	100g	

记录: 第 1 项(共 20 项 无筛选器

图 14-65 “商品”查询结果

14.4.6 创建追加查询

实验 4-6:创建“交易追加”追加查询。

操作步骤如下。

(1) 打开“阳光超市管理系统”数据库。

(2) 打开“交易-10-10”表,如图 14-66 所示。

交易号	交易时间	终端	收银员	总金额	备注
0345	2010/10/11	S1	B10303	¥12,345.00	
0346	2010/10/11	H2	B10304	¥456.00	
0347	2010/10/11	B3	B20205	¥2,986.00	
0348	2010/10/11	S1	B10303	¥4,456.00	
0349	2010/10/11	H2	B10304	¥45.00	
0350	2010/10/11	B3	B20205	¥6.00	

记录: 第 1 项(共 6 项) 无筛选器

图 14-66 “交易-10-10”表

(3) 打开“交易-10-11”表,如图 14-67 所示。

(4) 在“查询设计”窗口中,定义查询所需的字段及其他相关参数。

(5) 在“查询设计”窗口中,单击“追加”按钮,打开“追加”对话框,如图 14-68 所示。

(6) 在“追加”对话框中,输入待追加数据的表名,确定是在当前数据库还是在另一个数据库中,再单击“确定”按钮。

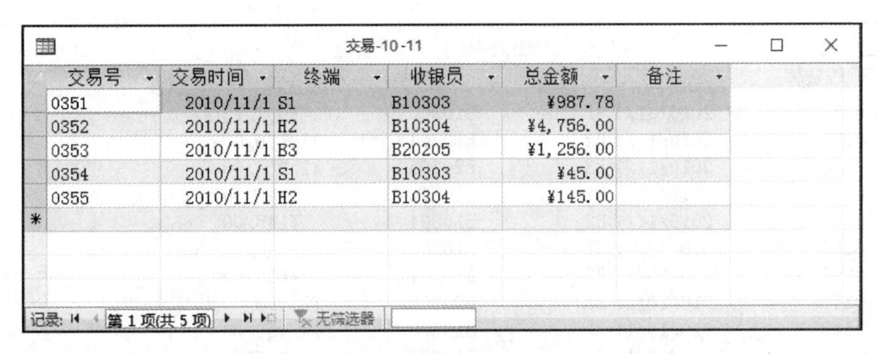

交易号	交易时间	终端	收银员	总金额	备注
0351	2010/11/1	S1	B10303	¥987.78	
0352	2010/11/1	H2	B10304	¥4,756.00	
0353	2010/11/1	B3	B20205	¥1,256.00	
0354	2010/11/1	S1	B10303	¥45.00	
0355	2010/11/1	H2	B10304	¥145.00	

图 14-67　“交易 10-11”表

图 14-68　“追加”对话框

(7) 在“追加”对话框中,在“字段”列表框中增加一个“追加到”的列表行,在该行中显示与其对应的字段名,如图 14-69 所示。

(8) 保存查询,结束更新查询的创建。

(9) 运行查询,查询结果如图 14-70 所示。

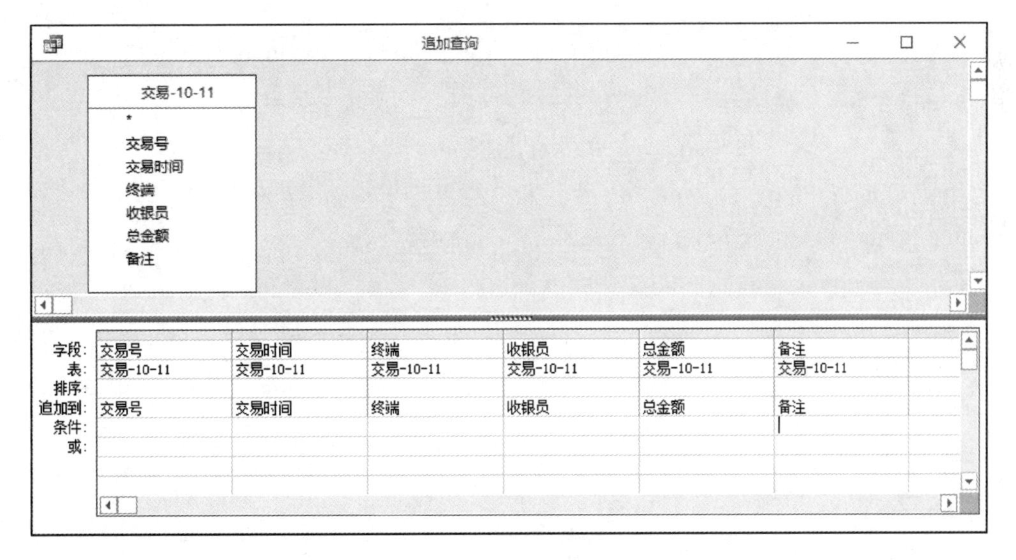

图 14-69　“追加到”的列表行

交易-10-10

交易号	交易时间	终端	收银员	总金额	备注
0351	2010/11/1	S1	B10303	¥987.78	
0352	2010/11/1	H2	B10304	¥4,756.00	
0353	2010/11/1	B3	B20205	¥1,256.00	
0354	2010/11/1	S1	B10303	¥45.00	
0355	2010/11/1	H2	B10304	¥145.00	
0345	2010/10/11	S1	B10303	¥12,345.00	
0346	2010/10/11	H2	B10304	¥456.00	
0347	2010/10/11	B3	B20205	¥2,986.00	
0348	2010/10/11	S1	B10303	¥4,456.00	
0349	2010/10/11	H2	B10304	¥45.00	
0350	2010/10/11	B3	B20205	¥6.00	
*					

记录: 第 1 项(共 11 项　无筛选器

图 14-70　“交易 10-10”查询结果

第 15 章　数据库编程实验

Access 系统为数据库应用系统开发,提供了 SQL 及 VBA 程序设计语言。本部分实验是针对数据库应用系统设计部分的练习,主要介绍了 SQL 应用、窗体设计、报表设计、宏与宏组设计和 VBA 编程等内容。核心内容是 SQL 以及窗体设计的方法。

实验 5:SQL 应用实验,介绍了表定义和 SQL 查询的内容,共有 18 个案例。

实验 6:窗体设计实验,介绍了有关窗体设计的内容,共有 3 个案例。

实验 7:宏设计实验,介绍了有关宏设计的内容,共有 3 个案例。

实验 8:报表设计实验,介绍了有关报表设计的内容,共有 4 个案例。

实验 9:VBA 程序设计实验,介绍了有关 VBA 程序设计的内容,共有 3 个案例。

15.1　实验 5:SQL 应用实验

1. 实验目的

针对已设计好的“阳光超市管理系统”数据库,使用 SQL 语句,编写实现数据定义、数据更新及各种查询操作的代码。

2. 实验准备

(1) 掌握 SQL 语句功能及特点。

(2) 能够编写实现数据定义操作的 SQL 语句代码。

(3) 能够编写实现数据插入操作的 SQL 语句代码。

(4) 能够编写实现数据更新操作的 SQL 语句代码。

(5) 能够编写实现数据查询操作的 SQL 语句代码。

3. 实验内容

(1) 表的定义 SQL 语句应用。

(2) 数据操纵 SQL 语句应用。

(3) 数据查询 SQL 语句应用。

15.1.1　定义与编辑表结构

实验 5-1:在“阳光超市管理系统”数据库中,创建一个“部门”表。

实验视频
SQL 查询

操作步骤如下。

(1) 打开“阳光超市管理系统”数据库。

(2) 在“查询设计”窗口中,单击“SQL 视图”按钮,进入“SQL 视图”窗口,如图 15-1 所示。

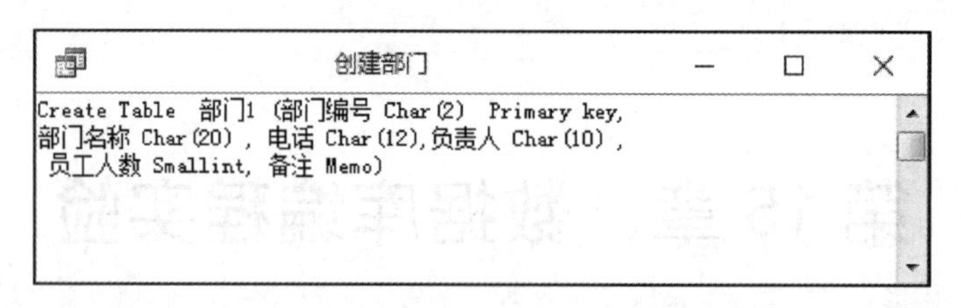

图 15-1 创建“部门”表

(3) 在 SQL 窗口中,输入 SQL 语句,单击“运行”按钮,结束“部门”表的创建。

实验 5-2:在“阳光超市管理系统”数据库中,创建一个“员工”表并与“部门”表建立“一对多”关联。

操作步骤如下。

(1) 打开“阳光超市管理系统”数据库。

(2) 在“查询设计”窗口中,单击“SQL 视图”按钮,进入“SQL 视图”窗口,如图 15-2 所示。

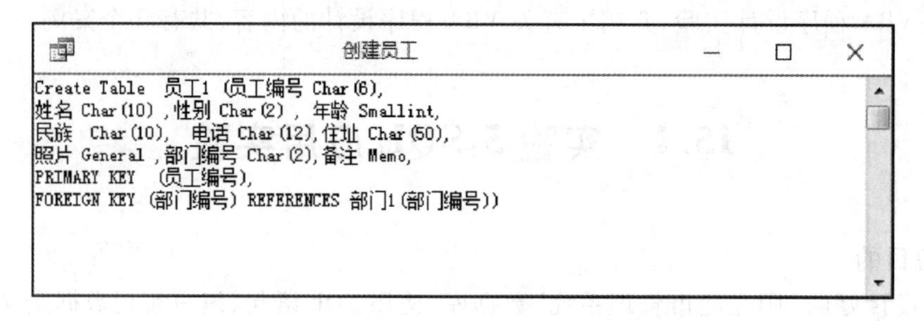

图 15-2 创建“员工”表与“部门”表的关联

(3) 在 SQL 窗口中,输入 SQL 语句,单击“运行”按钮,结束“员工”表及关联关系的创建。

实验 5-3:给“阳光超市管理系统”数据库中的“商品”表添加以下两组数据。

(FZ0108,贵人西装,纺织,高,XXL,略)

(FZ0303,奇胜衬衣,纺织,高,43,新产品,2013 年 12 月才投放市场)

操作步骤如下。

(1) 打开“阳光超市管理系统”数据库。

(2) 在“查询设计”窗口中,单击“SQL 视图”按钮,进入“SQL 视图”窗口。

(3) 在 SQL 窗口中,输入 SQL 语句,单击“运行”按钮,插入一条数据,如图 15-3 所示。

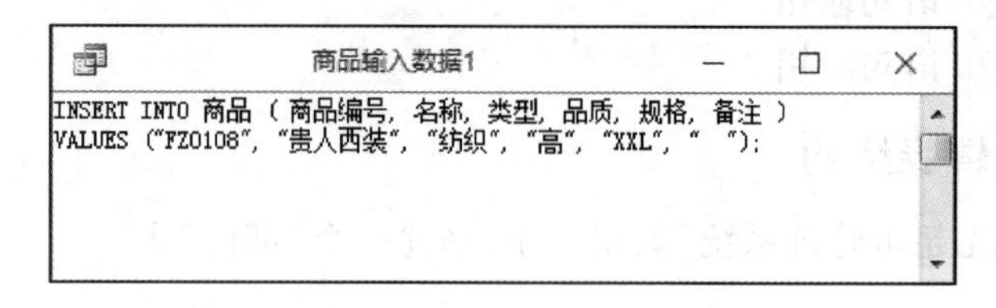

图 15-3 给“商品”表插入数据一

(4) 在 SQL 窗口中,输入 SQL 语句,单击“运行”按钮,插入另一条数据,如图 15-4 所示。

(5) 在 SQL 窗口中,输入 SQL 语句,单击“运行”按钮,结束“商品”表插入数据的操作。

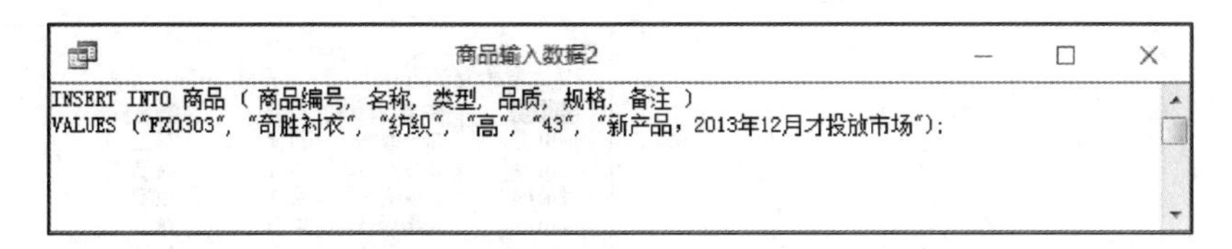

图 15-4 给“商品”表插入数据二

15.1.2 查询语句应用

实验 5-4:查询“阳光超市管理系统”数据库中经营的所有商品,即检索数据库中“商品”表中的所有行和列。

操作步骤如下。

(1) 在 SQL 窗口中,输入 SQL 语句,如图 15-5 所示。

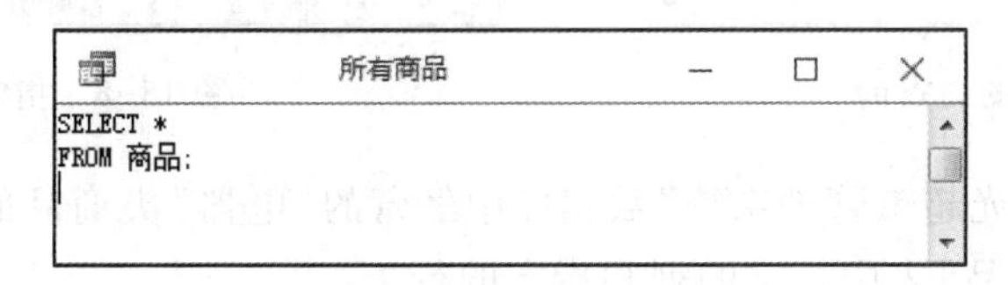

图 15-5 所有的行和列查询

(2) 在 SQL 窗口中,单击“运行”按钮,运行结果如图 15-6 所示。

所有商品

商品编号	名称	类型	品质	规格	备注
BH0101	奇奇洗衣粉	百货	高	750g	
BH0102	奇奇香皂	百货	高	125g	
BH0103	多多透明皂	百货	高	125g*4	
BH0104	多多洗发露	百货	高	400ml	
DQ0101	液晶数码电视机	电器	高	172*141*33	
DQ0102	车载液晶电视机	电器	高	9英寸	
DQ0104	彩虹数码照相机	电器	高	500像素	
DQ0203	小小数码照相机	电器	中	300像素	
DQ0305	MP3播放器	电器	低	56*38*15	
FZ0101	活力衬衣	纺织	高	42	
FZ0102	高贵西装	纺织	高	XXL	
FZ0203	奇胜衬衣	纺织	中	43	
HZ0101	阳光活肤润白乳	化妆	高	100g	
HZ0102	阳光香水	化妆	高	30ml	
HZ0203	绿色植物沐浴露	化妆	中	500ml	
HZ0305	月亮洗面奶	化妆	低	200g	
SP0101	神怡咖啡	食品	高	13g	
SP0102	周日食品	食品	低	50g	
SP0203	泡泡面包	食品	中	100g	

记录: 第 1 项(共 19 项 无筛选器

图 15-6 所有的行和列示例

实验 5-5:查询“阳光超市管理系统”数据库中经营的所有商品的编号、名称、类型和品质,即检索数据库中的“商品”表中指定的列。

操作步骤如下。

(1) 在 SQL 窗口中,输入 SQL 语句,如图 15-7 所示。

(2) 在 SQL 窗口中,单击“运行”按钮,运行结果如图 15-8 所示。

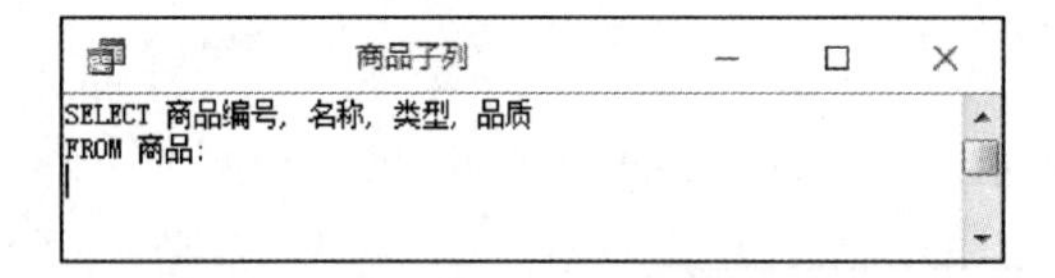

图 15-7　指定的列查询

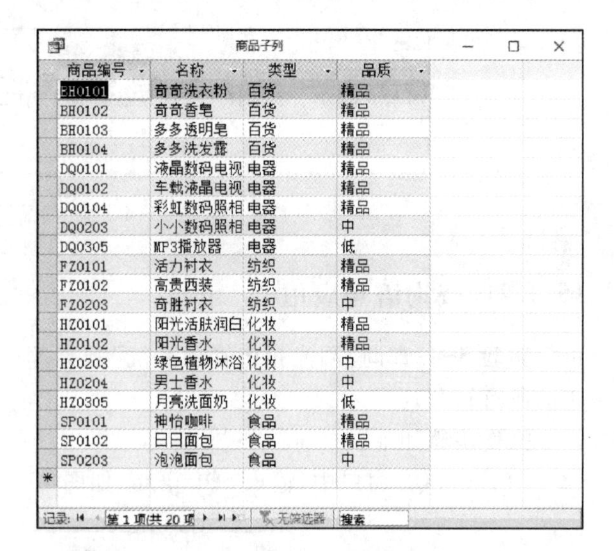
商品子列

商品编号	名称	类型	品质
BH0101	奇奇洗衣粉	百货	精品
BH0102	奇奇香皂	百货	精品
BH0103	多多透明皂	百货	精品
BH0104	多多洗发露	百货	精品
DQ0101	液晶数码电视	电器	精品
DQ0102	车载液晶电视	电器	精品
DQ0104	彩虹数码照相	电器	精品
DQ0203	小小数码照相	电器	中
DQ0305	MP3播放器	电器	低
FZ0101	活力衬衣	纺织	精品
FZ0102	高贵西装	纺织	精品
FZ0203	奇胜衬衣	纺织	中
HZ0101	阳光活肤润白	化妆	精品
HZ0102	阳光香水	化妆	精品
HZ0203	绿色植物沐浴	化妆	中
HZ0204	男士香水	化妆	中
HZ0305	月亮洗面奶	化妆	低
SP0101	神怡咖啡	食品	精品
SP0102	日日面包	食品	精品
SP0203	泡泡面包	食品	中

记录: 第 1 项(共 20 项) 无筛选器 搜索

图 15-8　指定的列示例

实验 5-6:查询“阳光超市管理系统”数据库中经营的“电器”类商品的编号、名称、类型和品质,即检索数据库中“商品”表中指定的列和指定的行。

操作步骤如下。

(1) 在 SQL 窗口中,输入 SQL 语句,如图 15-9 所示。

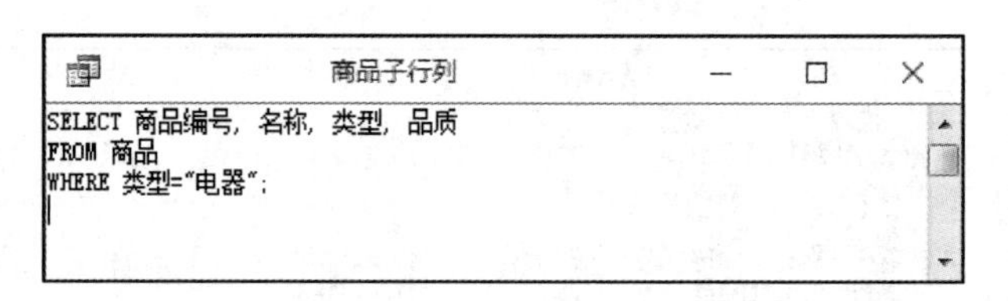

图 15-9　指定的列和指定的行查询

(2) 在 SQL 窗口中,单击“运行”按钮,运行结果如图 15-10 所示。

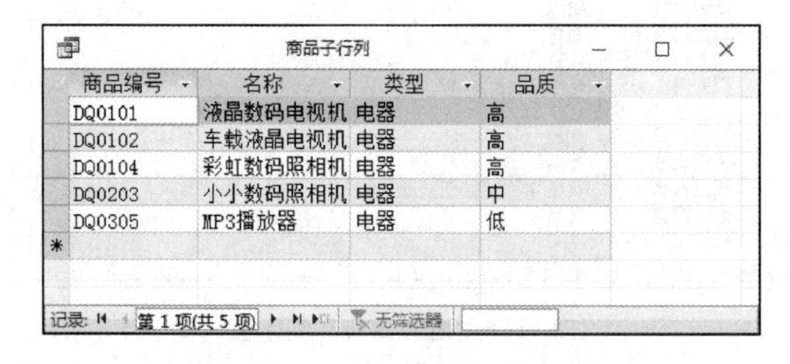
商品子行列

商品编号	名称	类型	品质
DQ0101	液晶数码电视机	电器	高
DQ0102	车载液晶电视机	电器	高
DQ0104	彩虹数码照相机	电器	高
DQ0203	小小数码照相机	电器	中
DQ0305	MP3播放器	电器	低

记录: 第 1 项(共 5 项) 无筛选器

图 15-10　指定的列和指定的行示例

实验 5-7:查询“阳光超市管理系统”数据库中员工“工资”情况,即检索数据库中的“工资”表中指定的列并产生新列“实发工资”。

操作步骤如下。

(1) 在 SQL 窗口中,输入 SQL 语句,如图 15-11 所示。

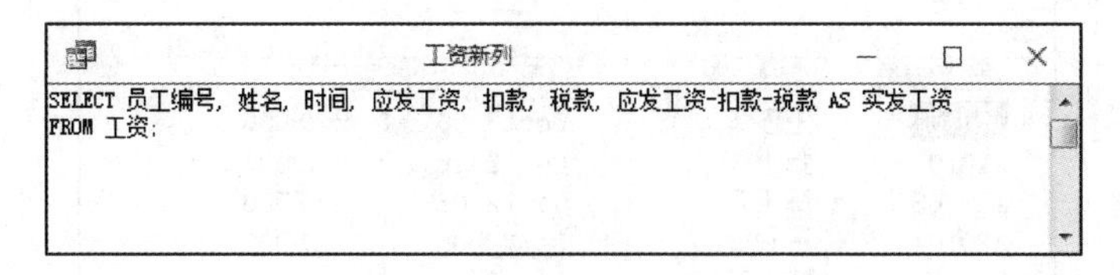

图 15-11 指定的列和产生新列查询

(2) 在 SQL 窗口中,单击“运行”按钮,运行结果如图 15-12 所示。

工资子行列

员工编号	姓名	时间	应发工资	扣款	税款	实发工资
A10101	王东华	04-12-06	8600	0	100	8500
A10102	张小和	04-12-06	9500	0	400	9100
A20103	陈东东	04-12-06	8500	0	400	8100
A20104	王月而	04-12-06	9000	0	200	8800
B10301	江小节	04-12-06	9500	0	220	9280
B10302	刘乐毫	04-12-06	8800	0	400	8400
B10303	齐统销	04-12-06	9300	0	200	9100
B10304	渊思奇	04-12-06	13000	0	200	12800
B20205	任人何	04-12-06	12000	0	100	11900
B20206	方中平	04-12-06	8500	0	400	8100
B30207	曾会法	04-12-06	13000	0	200	12800
C10301	霍热平	04-12-06	12300	0	210	12090
C10302	解晓萧	04-12-06	15000	0	400	14600
C10404	肖淡薄	04-12-06	9200	0	100	9100
C20403	余渡渡	04-12-06	8700	0	400	8300
C20405	鲁统法	04-12-06	12000	0	100	11900
*			0	0	0	

记录: 第 1 项(共 16 项 无筛选器

图 15-12 指定的列和产生新列示例

实验 5-8:查询“阳光超市管理系统”数据库中员工月收入在 3 000~5 000 元的工资情况,即检索数据库中的“工资”表中满足 3 000<工资<5 000 指定的行。

操作步骤如下。

(1) 在 SQL 窗口中,输入 SQL 语句,如图 15-13 所示。

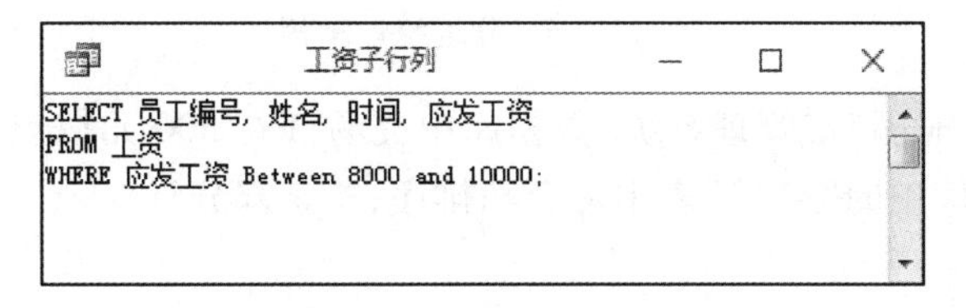

图 15-13 指定的行查询

(2) 在 SQL 窗口中,单击“运行”按钮,运行结果如图 15-14 所示。

实验 5-9:查询“阳光超市管理系统”数据库中经营的各类型商品的数量,即检索数据库中的“商品”表中分组统计后的行和列。

操作步骤如下。

(1) 在 SQL 窗口中,输入 SQL 语句,如图 15-15 所示。

工资子行列

员工编号	姓名	时间	应发工资
A10101	王东华	04-12-06	8600
A10102	张小和	04-12-06	9500
A20103	陈东东	04-12-06	8500
A20104	王月而	04-12-06	9000
B10301	江小节	04-12-06	9500
B10302	刘乐毫	04-12-06	8800
B10303	齐统销	04-12-06	9300
B20206	方中平	04-12-06	8500
C10404	肖淡薄	04-12-06	9200
C20403	余渡渡	04-12-06	8700
*			0

记录: 第 1 项(共 10 项　无筛选器　搜索

图 15-14　指定的行示例

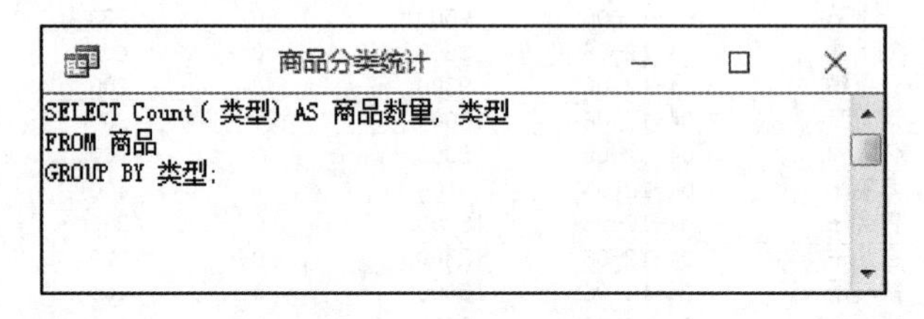

商品分类统计

```
SELECT Count( 类型) AS 商品数量, 类型
FROM 商品
GROUP BY 类型;
```

图 15-15　分组统计查询

（2）在 SQL 窗口中，单击“运行”按钮，运行结果如图 15-16 所示。

商品分类统计

商品数量	类型
4	百货
5	电器
3	纺织品
4	化妆
3	食品

记录: 第 1 项(共 5 项)　无筛选器

图 15-16　分组统计示例

实验 5-10：查询“阳光超市管理系统”数据库中交易额在 500 元以上的交易信息，并按数额的多少排序，即按数据库中的“交易”表中总金额排序，检索部分行。

操作步骤如下。

（1）在 SQL 窗口中，输入 SQL 语句，如图 15-17 所示。

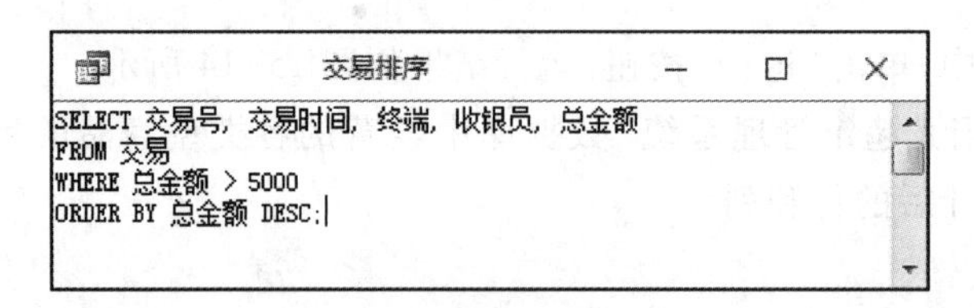

交易排序

```
SELECT 交易号, 交易时间, 终端, 收银员, 总金额
FROM 交易
WHERE 总金额 > 5000
ORDER BY 总金额 DESC;
```

图 15-17　排序查询

（2）在 SQL 窗口中,单击“运行”按钮,运行结果如图15-18 所示。

交易排序

交易号	交易时间	终端	收银员	总金额
0345	10-10-11	S1	B10303	12,345.元
0360	10-12-06	B3	B20205	7,889.元
0352	10-11-01	H2	B10304	4,756.元
0348	10-10-11	S1	B10303	4,456.元
0347	10-10-11	B3	B20205	2,986.元
0359	10-12-05	B3	B20205	1,567.元
0353	10-11-01	B3	B20205	1,256.元
0351	10-11-01	S1	B10303	987.78元
0358	10-12-05	H2	B10304	563.元

记录: 第 1 项(共 9 项)　无筛选器

图 15-18　排序示例

实验 5-11:查询“阳光超市管理系统”数据库,按数据库中的“交易时间 ”分组统计交易次数。

实验视频
多表查询

操作步骤如下。

（1）在 SQL 窗口中,输入 SQL 语句,如图 15-19 所示。

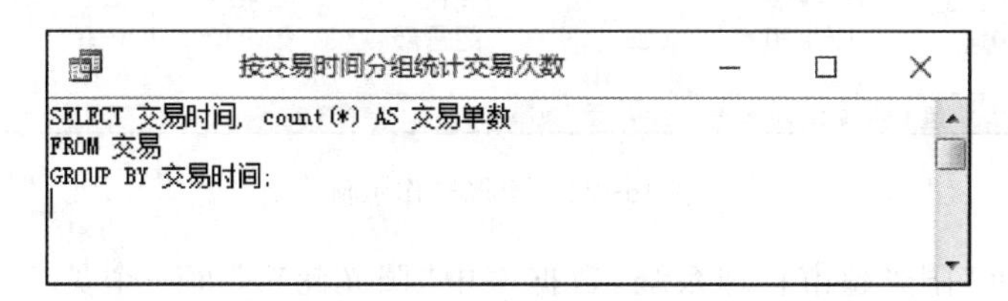

图 15-19　分组统计查询

（2）在 SQL 窗口中,单击“运行”按钮,运行结果如图 15-20 所示。

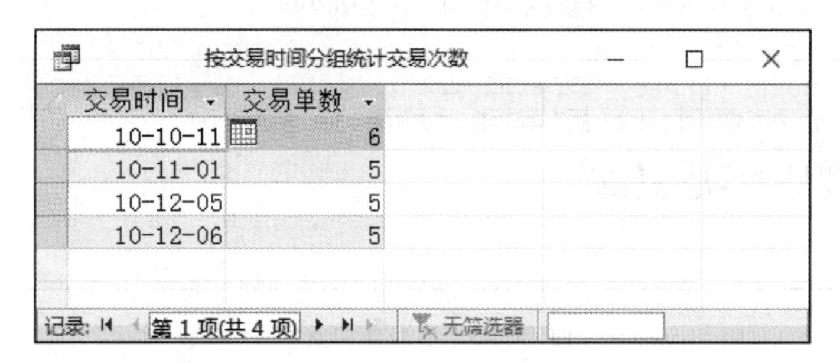

按交易时间分组统计交易次数

交易时间	交易单数
10-10-11	6
10-11-01	5
10-12-05	5
10-12-06	5

记录: 第 1 项(共 4 项)　无筛选器

图 15-20　分组排序示例

实验 5-12:查询“阳光超市管理系统”数据库中每一个员工所在部门及其部门负责人,即对“员工”和“部门”进行连接操作。

操作步骤如下。

（1）在 SQL 窗口中,输入 SQL 语句,如图 15-21 所示。

（2）在 SQL 窗口中,单击“运行”按钮,运行结果如图 15-22 所示。

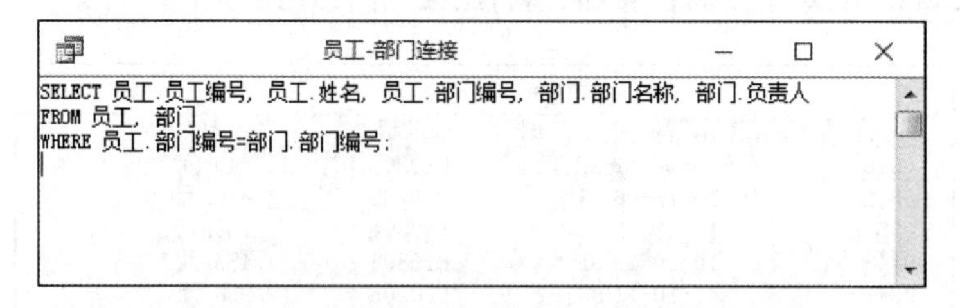

图 15-21　连接操作查询

员工-部门连接

员工编号	姓名	部门编号	部门名称	负责人
A10101	陈东东	A1	VIP服务部	陈东东
B10301	刘乐云	B1	营业部	刘乐云
B20201	方中正	B2	销售部	方中正
B20202	任人何	B2	销售部	方中正
B30201	曾雯雯	B3	财务处	曾雯雯
C10201	解晓函	C1	采购部	解晓函
C10202	霍热平	C1	采购部	解晓函
C10203	肖淡薄	C1	采购部	解晓函
C20401	余思思	C2	仓储部	余思思
C20402	渊思奇	C2	仓储部	余思思
C20403	齐统消	C2	仓储部	余思思
C30101	张小和	C3	经营部	张小和

记录: 第 1 项(共 12 项　无筛选器

图 15-22　连接操作示例

实验 5-13:查询“阳光超市管理系统”数据库中“阳光超市”每一个员工所在部门及其某一个月的工资发放情况,即对“员工”、“部门”和“工资”多表连接操作。

操作步骤如下。

(1) 在 SQL 窗口中,输入 SQL 语句,如图 15-23 所示。

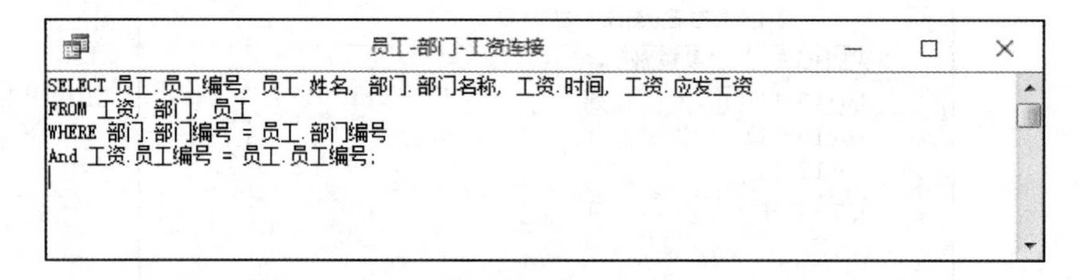

图 15-23　多表连接查询

(2) 在 SQL 窗口中,单击“运行”按钮,运行结果如图 15-24 所示。

实验视频
等值查询

实验 5-14:查询“阳光超市管理系统”数据库中“营业部”的员工的情况,即用于相等(=)判断的子查询。

操作步骤如下。

(1) 在 SQL 窗口中,输入 SQL 语句,如图 15-25 所示。

(2) 在 SQL 窗口中,单击“运行”按钮,运行结果如图 15-26 所示。

员工-部门-工资连接

员工编号	姓名	部门名称	时间	应发工资
A10101	陈东东	VIP服务部	13-11-11	6000
B10301	刘乐云	营业部	13-11-11	5000
B20201	方中正	销售部	13-11-11	5000
B20202	任人何	销售部	13-11-11	2000
B30201	曾雯雯	财务处	13-11-11	4000
C10201	解晓函	采购部	13-11-11	5000
C10202	霍热平	采购部	13-11-11	2300
C10203	肖淡薄	采购部	13-11-11	2000
C20401	余思思	仓储部	13-11-11	5000
C20402	渊思奇	仓储部	13-11-11	3000
C20403	齐统消	仓储部	13-11-11	3000
C30101	张小和	经营部	13-11-11	5000

记录: 第 1 项(共 12 项)　无筛选器

图 15-24　多表连接示例

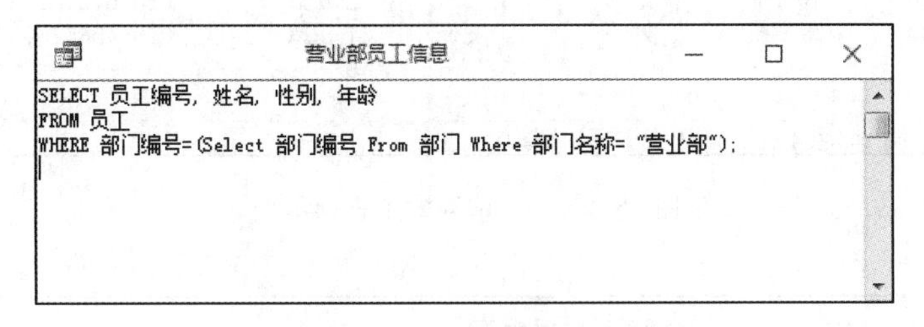
营业部员工信息

```
SELECT 员工编号, 姓名, 性别, 年龄
FROM 员工
WHERE 部门编号=(Select 部门编号 From 部门 Where 部门名称= "营业部");
```

图 15-25　相等判断的子查询

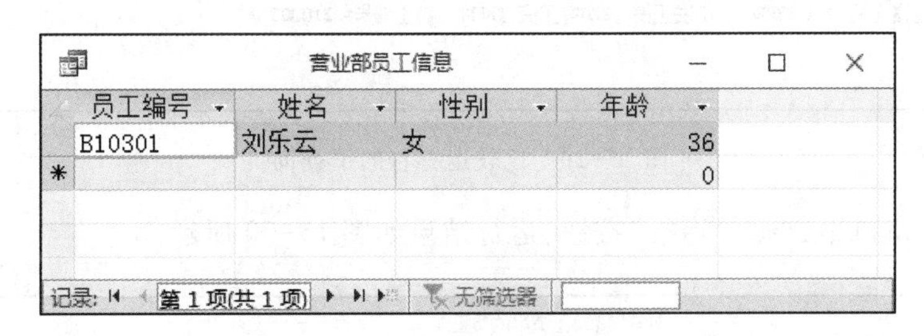
营业部员工信息

员工编号	姓名	性别	年龄
B10301	刘乐云	女	36
*			0

记录: 第 1 项(共 1 项)　无筛选器

图 15-26　相等判断的子查询示例

实验 5-15:查询“阳光超市管理系统”数据库中“营业部”、“销售部”和“财务处”的员工的情况,即用于 IN 谓词的子查询。

操作步骤如下。

(1) 在 SQL 窗口中,输入 SQL 语句,如图 15-27 所示。

(2) 在 SQL 窗口中,单击“运行”按钮,运行结果如图 15-28 所示。

实验 5-16:查询“阳光超市管理系统”数据库中 2004 年 12 月工资超过员工编号为 B10303 的员工的工资(3 000 元)情况,即用于比较运算符的子查询。

实验视频
嵌套查询

操作步骤如下。

(1) 在 SQL 窗口中,输入 SQL 语句,如图 15-29 所示。

多部门员工

```
SELECT 员工.员工编号, 员工.姓名, 员工.性别, 员工.年龄, 员工.民族, 员工.电话
FROM 员工
WHERE (((员工.部门编号) In (Select 部门编号 From 部门 Where 部门编号 Like "B%")));
```

图 15-27　IN 谓词的子查询

多部门员工

员工编号	姓名	性别	年龄	民族	电话
B10301	刘乐云	女	36	汉族	010-75356678
B20201	方中正	男	22	朝鲜族	010-57823456
B20202	任人何	女	22	汉族	010-57828228
B30201	曾雯雯	女	37	汉族	010-45672345
*			0		

记录: 第 1 项(共 4 项)　无筛选器

图 15-28　IN 谓词的子查询示例

比B10303工资高的员工

```
SELECT 员工编号, 姓名, 时间, 应发工资
FROM 工资
WHERE 应发工资 > ( SELECT  应发工资  FROM 工资 WHERE  员工编号="B10303");
```

图 15-29　比较运算符的子查询

（2）在 SQL 窗口中，单击“运行”按钮，运行结果如图 15-30 所示。

比B10303工资高的员工

员工编号	姓名	时间	应发工资
A10102	张小和	04-12-06	9500
B10301	江小节	04-12-06	9500
B10304	渊思奇	04-12-06	13000
B20205	任人何	04-12-06	12000
B30207	曾会法	04-12-06	13000
C10301	霍热平	04-12-06	12300
C10302	解晓萧	04-12-06	15000
C20405	鲁统法	04-12-06	12000
*			0

记录: 第 1 项(共 8 项)　无筛选器　搜索

图 15-30　比较运算符的子查询示例

实验 5-17：查询“阳光超市管理系统”数据库中 2004 年 12 月工资超过“VIP 服务部”部门员工工资的其他部门员工的情况，即用于 Any 谓词的子查询。

操作步骤如下。

(1) 在 SQL 窗口中,输入 SQL 语句,如图 15-31 所示。

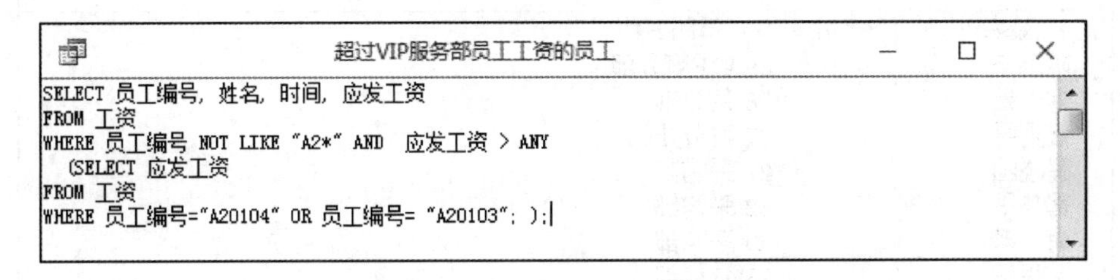

图 15-31　Any 谓词的子查询

(2) 在 SQL 窗口中,单击"运行"按钮,运行结果如图 15-32 所示。

超过VIP服务部员工工资的员工

员工编号	姓名	时间	应发工资
A10101	王东华	04-12-06	8600
A10102	张小和	04-12-06	9500
A20104	王月而	04-12-06	9000
B10301	江小节	04-12-06	9500
B10302	刘乐毫	04-12-06	8800
B10303	齐统销	04-12-06	9300
B10304	渊思奇	04-12-06	13000
B20205	任人何	04-12-06	12000
B30207	曾会法	04-12-06	13000
C10301	霍热平	04-12-06	12300
C10302	解晓萧	04-12-06	15000
C10404	肖淡薄	04-12-06	9200
C20403	余渡渡	04-12-06	8700
C20405	鲁统法	04-12-06	12000
*			0

记录: 第 1 项(共 14 项　无筛选器

图 15-32　Any 谓词的子查询示例

实验 5-18:查询"阳光超市管理系统"数据库中员工年龄超过所有"销售部"员工年龄的其他部门员工的情况,即用于 All 谓词的子查询。

操作步骤如下。

(1) 在 SQL 窗口中,输入 SQL 语句,如图 15-33 所示。

(2) 在 SQL 窗口中,单击"运行"按钮,运行结果如图 15-34 所示。

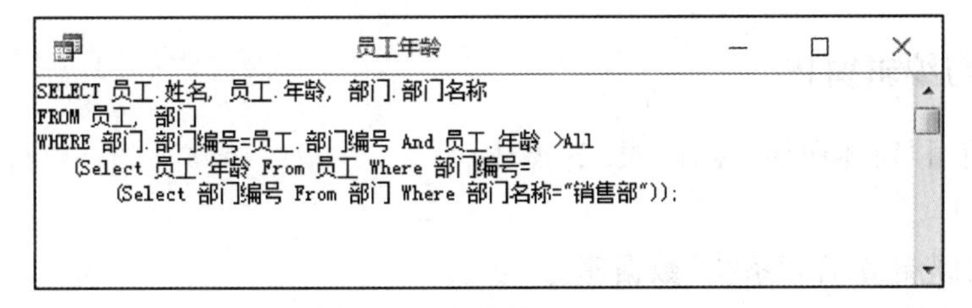

图 15-33　All 谓词的子查询

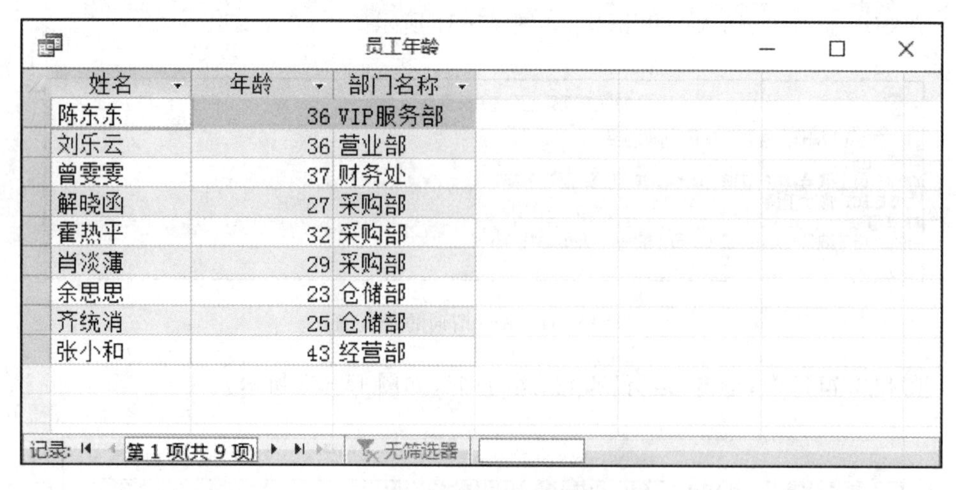

姓名	年龄	部门名称
陈东东	36	VIP服务部
刘乐云	36	营业部
曾雯雯	37	财务处
解晓函	27	采购部
霍热平	32	采购部
肖淡薄	29	采购部
余思思	23	仓储部
齐统消	25	仓储部
张小和	43	经营部

图 15-34　All 谓词的子查询示例

15.2　实验 6:窗体设计实验

1. 实验目的

设计几种常用的窗体。

2. 实验准备

(1) 了解各式窗体的功能特性。

(2) 了解常用窗体控件的属性。

(3) 了解常用窗体控件的事件与方法。

(4) 了解各式窗体的常用布局。

(5) 了解窗体设计的方法与步骤。

3. 实验内容

(1) 窗体的创建与编辑。

(2) 创建数据输入窗体。

(3) 创建数据浏览窗体。

15.2.1　创建与编辑窗体

实验 6-1:使用“窗体向导”创建“员工”窗体。

操作步骤如下。

(1) 打开“阳光超市管理系统”数据库。

(2) 在 Access 系统窗口中,首先选择“窗体”为操作对象,打开“创建”选项卡,然后打开“其他窗体”下拉菜单,选择“窗体向导”命令,打开“窗体向导”对话框,如图 15-35 所示。

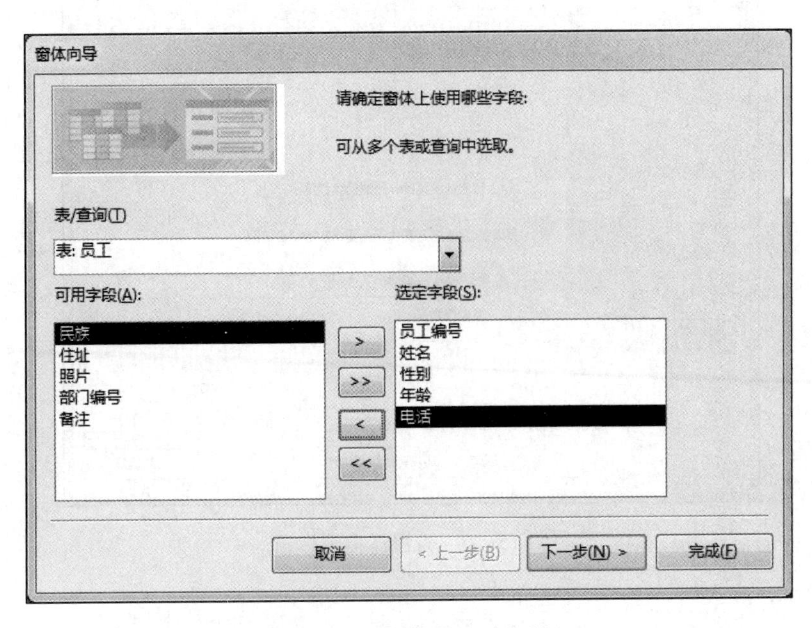

图 15-35　“窗体向导”对话框

(3) 在“窗体向导”对话框中,选择数据源“员工”表,确定“员工”窗体所需的字段,单击“下一步”按钮,进入“窗体向导”下一个界面,如图 15-36 所示。

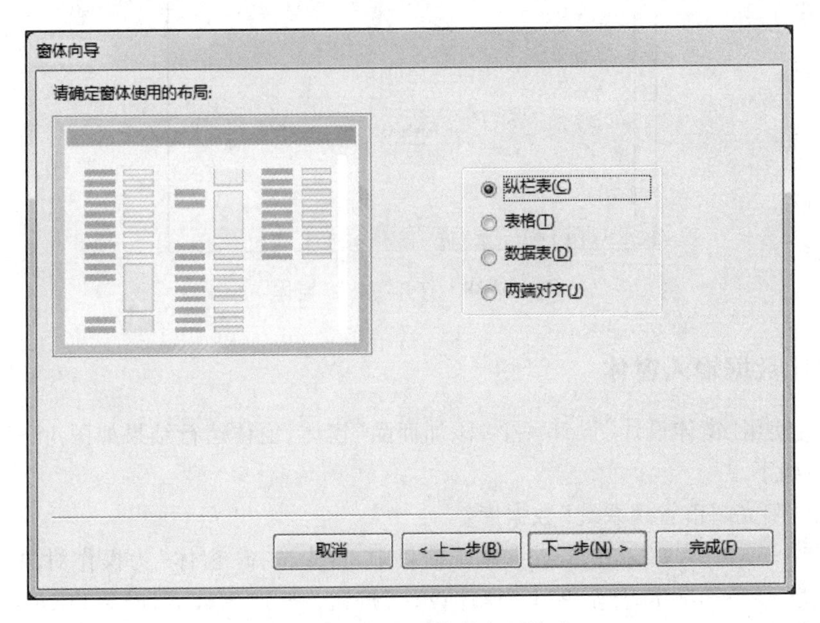

图 15-36　选择窗体的布局格式

(4) 在“窗体向导”对话框中,选择窗体的布局格式,单击“下一步”按钮,进入“窗体向导”下一个界面,如图 15-37 所示。

(5) 保存并打开“员工”窗体,结束窗体的创建,如图 15-38 所示。

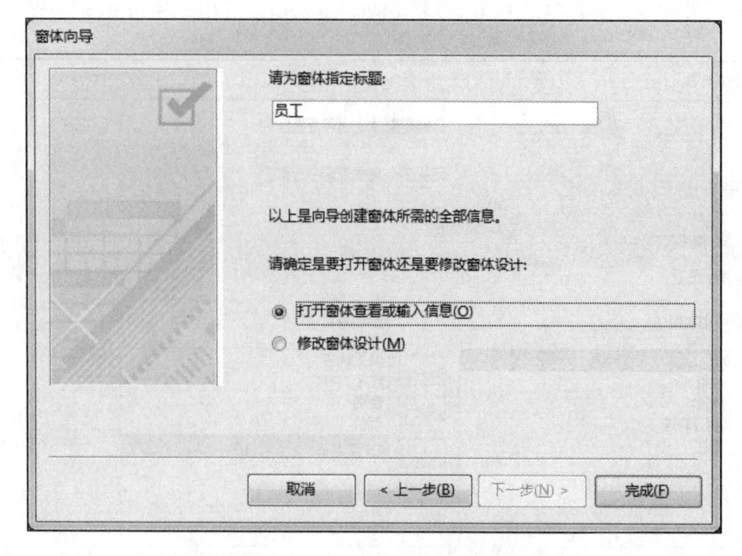

图 15-37　为窗体指定标题

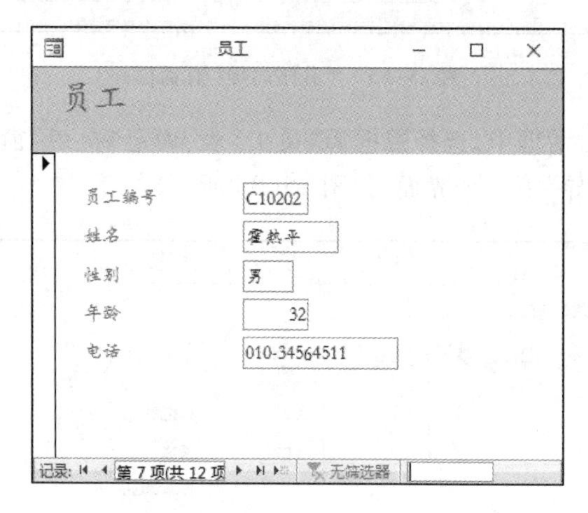

图 15-38　打开“员工”窗体

15.2.2　设计数据输入窗体

实验 6-2:使用“窗体设计”设计一个“添加商品”窗体,窗体运行结果如图 15-39 所示。

操作步骤如下。

(1) 打开“阳光超市管理系统”数据库。

实验视频
数据输入窗体

(2) 在 Access 系统窗口中,首先选择“窗体”为操作对象,打开“创建”选项卡,然后单击“窗体设计”按钮,进入“窗体设计”窗口。

(3) 在“窗体设计”窗口中,打开快捷菜单,选择“属性”命令,打开“属性表”窗格。

(4) 在“属性表”窗格中,选择“数据”选项卡,再选择创建窗体所需的数据源“商品”表,如图 15-40 所示。

图15-39　“添加商品”窗体

图15-40　选择数据源

(5) 在“窗体设计”窗口中,打开“排列”选项卡,添加窗体页眉/页脚。

(6) 在“窗体设计”窗口中,打开“设计”选项卡,设计窗体属性,如图15-41所示。

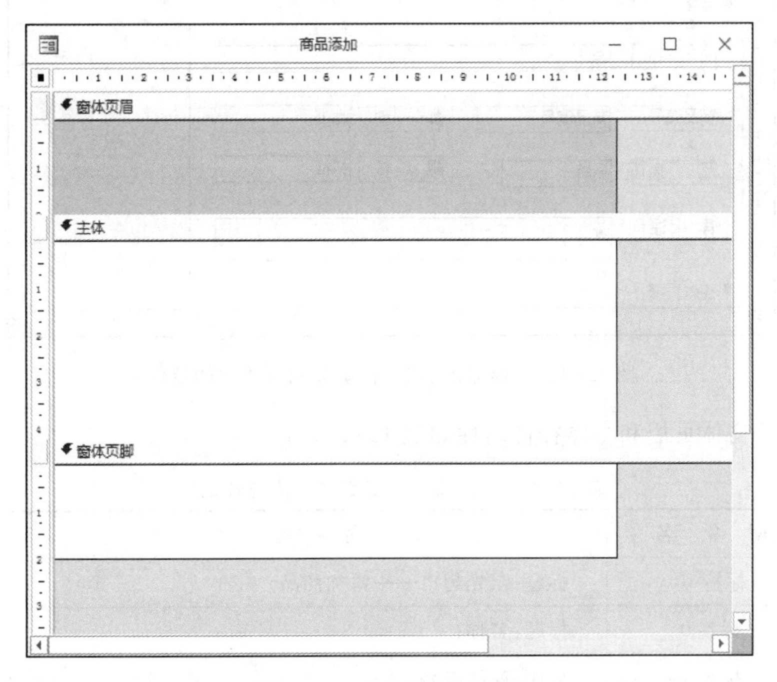

图15-41　“添加商品”窗体

“商品添加”窗体属性如表 15-1 所示。

表 15-1　“商品添加”窗体属性

对　　象	对　象　名	属　　性	事　　件
窗体	商品添加	标题:商品添加	无
		滚动条:两者均无	
		记录选择器:否	
		导航按钮:否	
		自动居中:是	
		自动调整:是	
		边框样式:对话框边框	
		记录源:商品	

(7) 在“窗体设计”窗口中,打开“设计”选项卡,添加页眉和窗体主体所需的控件,并设计其属性,如图 15-42 所示。

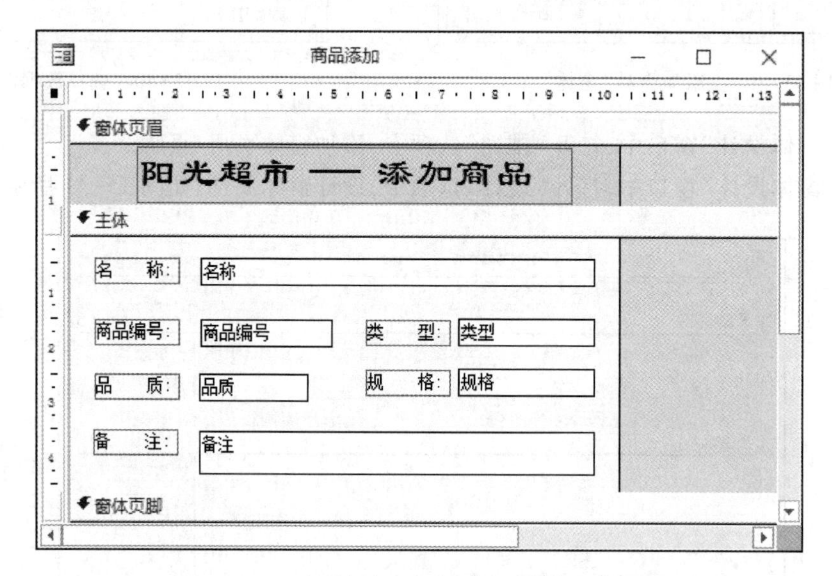

图 15-42　“商品添加”窗体页眉和窗体主体控件

“商品添加”窗体页眉和主体控件属性如表 15-2 所示。

表 15-2　“商品添加”页眉和主体控件属性

对　　象	对　象　名	属　　性	事　　件
标签	标签 10	标题:阳光超市——添加商品	无
	标签 0	标题:名称:	
	标签 1	标题:商品编号:	

续表

对象	对象名	属性	事件
标签	标签2	标题:类型:	无
	标签3	标题:品质:	
	标签4	标题:规格:	
	标签5	标题:备注:	
文本框	名称	控件来源:名称	无
	商品编号	控件来源:商品编号	
	类型	控件来源:类型	
	品质	控件来源:品质	
	规格	控件来源:规格	
	备注	控件来源:备注	

(8) 在"窗体设计"窗口中,打开"设计"选项卡,添加命令按钮控件,打开"命令按钮向导"对话框。

(9) 在"命令按钮向导"对话框中,选择命令按钮的操作类别和具体的操作,单击"下一步"按钮,进入"命令按钮向导"的下一个界面,如图15-43所示。

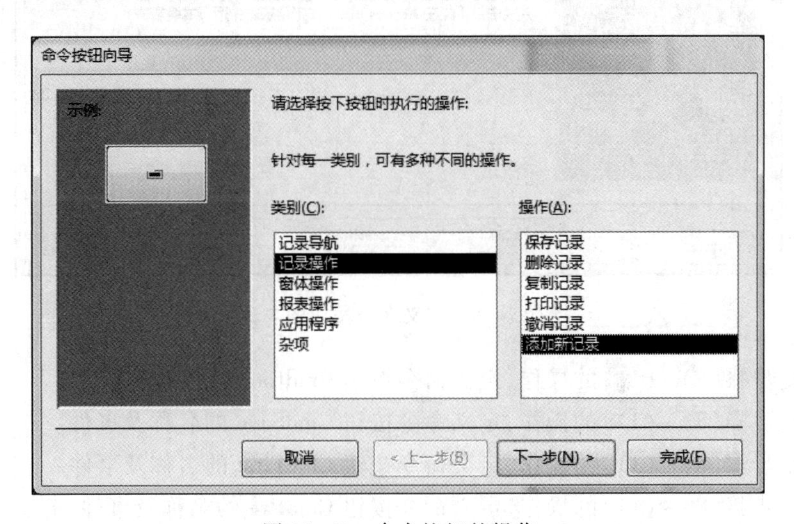

图15-43 命令按钮的操作

(10) 在"命令按钮向导"对话框中,选择命令按钮的显示方式,单击"下一步"按钮,进入"命令按钮向导"的下一个界面,如图15-44所示。

(11) 在"命令按钮向导"对话框中,定义命令按钮的名称为CmdAddNew,单击"完成"按钮,结束一个命令按钮事件和名称的设计,如图15-45所示。

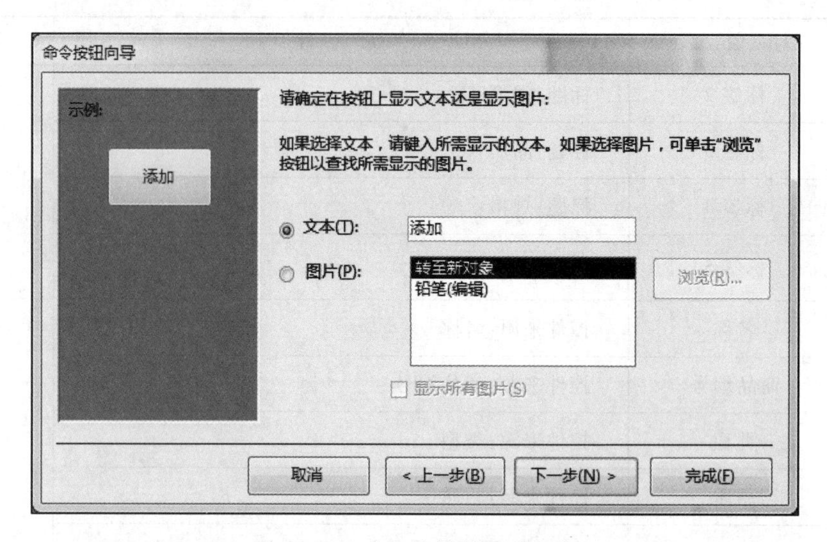

图 15-44　命令按钮的显示方式

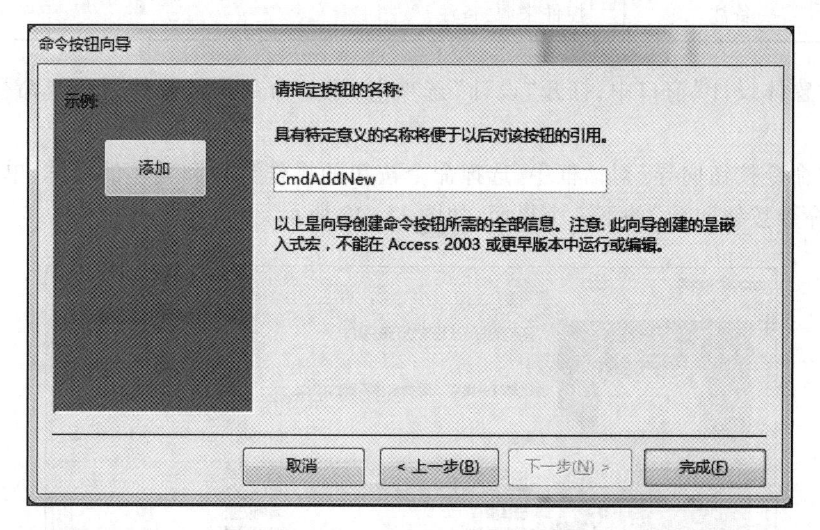

图 15-45　定义命令按钮的名称

(12) 重复步骤(8)~(11)的操作,定义命令按钮 CmdCan 的名称及事件。

(13) 重复步骤(8)~(11)的操作,定义命令按钮 CmdSave 的名称及事件。

(14) 重复步骤(8)~(11)的操作,定义命令按钮 CmdFirst 的名称及事件。

(15) 重复步骤(8)~(11)的操作,定义命令按钮 CmdPre 的名称及事件。

(16) 重复步骤(8)~(11)的操作,定义命令按钮 CmdNext 的名称及事件。

(17) 重复步骤(8)~(11)的操作,定义命令按钮 CmdLast 的名称及事件。

(18) 在“窗体设计”窗口中,打开“设计”选项卡,设计命令控件的其他属性,主要是命令控件摆放位置,如图 15-46 所示。

“添加商品”窗体中命令控件的其他属性如表 15-3 所示。

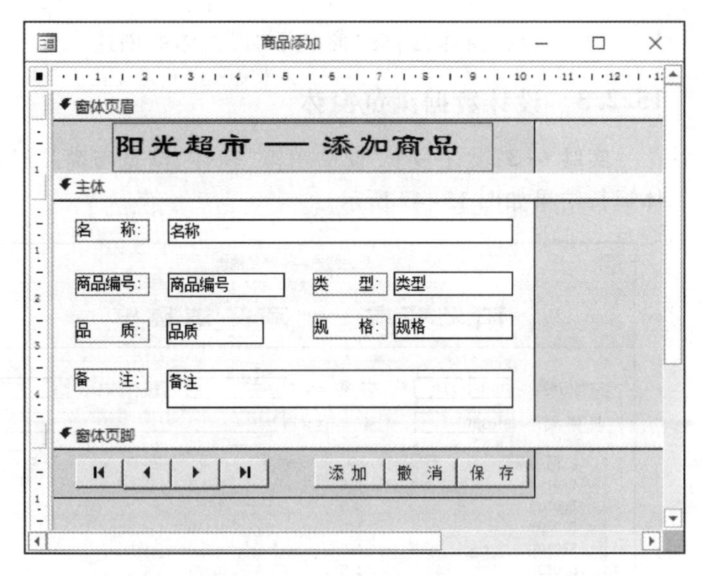

图 15-46 确定“商品添加”窗体中命令控件的摆放位置

表 15-3 “添加商品”窗体中命令按钮控件的属性

对 象	对 象 名	属 性	事 件
命令按钮	CmdFirst	左边距:0.499 cm	Click 代码是系统自动生成的
		上边距:0.199 cm	
		高度:0.6 cm	
		宽度:1 cm	
	CmdPre	左边距:1.534 cm	
		其他与 CmdFirst 相同	
	CmdNext	左边距:2.566 cm	
		其他与 CmdFirst 相同	
	CmdLast	左边距:3.598 cm	
		其他与 CmdFirst 相同	
	CmdAddNew	标题:添加	
		上边距:0.199 cm	
		左边距:5.598 cm	
		高度:0.6 cm	
		宽度:1.501 cm	
	CmdCan	标题:撤销	
		左边距:7.116 cm	
		其他与 CmdAddNew 相同	
	CmdSave	标题:保存	
		左边距:8.651 cm	
		其他与 CmdAddNew 相同	

(19) 保存窗体,结束“商品添加”窗体的创建。

实验视频
数据浏览
窗体

15.2.3　设计数据浏览窗体

实验 6-3:设计一个“商品销售”窗体,浏览与商品经营相关的数据,窗体运行结果如图 15-47 所示。

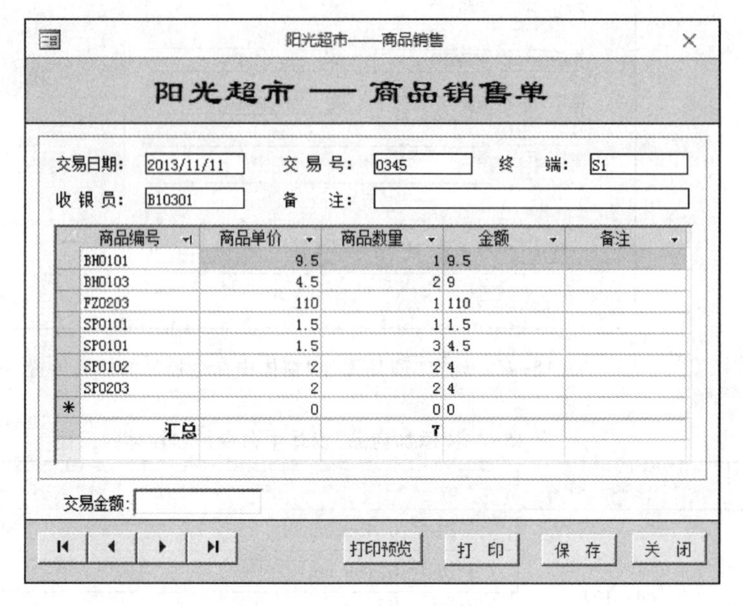

图 15-47　数据浏览窗体

操作步骤如下。

(1) 打开“阳光超市管理系统”数据库。

(2) 在 Access 系统窗口中,首先选择“窗体”为操作对象,打开“创建”选项卡,然后单击“窗体设计”按钮,进入“窗体设计”窗口。

(3) 在“窗体设计”窗口中,打开快捷菜单,选择“属性”命令,打开“属性表”窗格。

(4) 在“属性表”窗格中,选择“数据”选项卡,再选择创建窗体所需的数据源“交易”表。

(5) 在“窗体设计”窗口中,打开“排列”选项卡,添加窗体页眉/页脚。

(6) 在“窗体设计”窗口中,打开“设计”选项卡,设计“商品销售”窗体的属性,如表 15-4 所示。

表 15-4　“商品销售”窗体属性

对　象	对 象 名	属　性	事　件
窗体	商品销售	标题:商品销售	无
		滚动条:两者均无	
		记录选择器:否	
		导航按钮:否	
		自动居中:是	
		自动调整:是	
		边框样式:对话框边框	
		记录源:交易	

(7) 在“窗体设计”窗口中,打开“设计”选项卡,添加页眉和窗体主体所需的控件,并设计其属性,如图15-48所示。

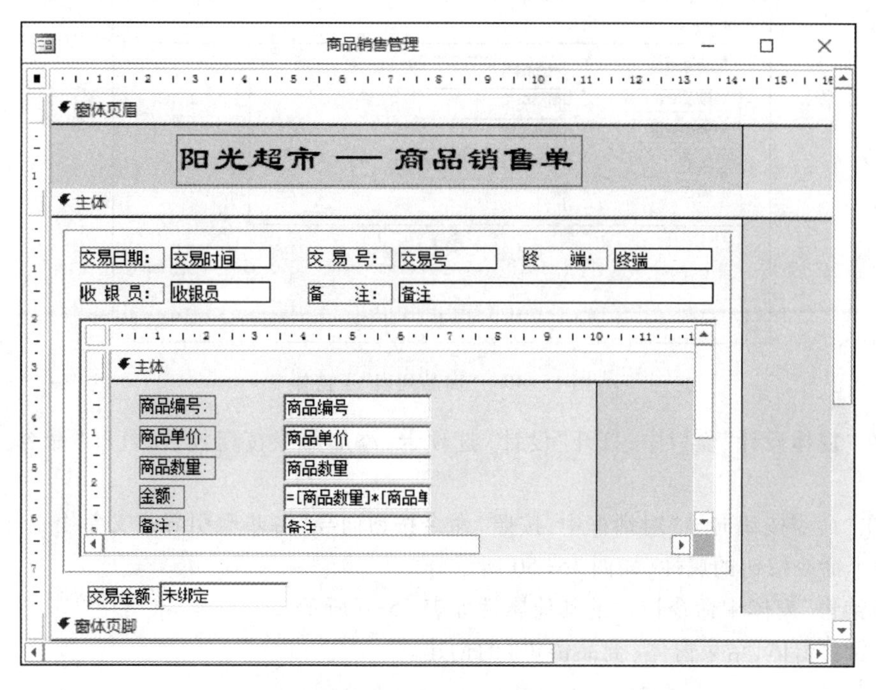

图15-48 “商品销售”窗体页眉和窗体主体控件

“商品销售”窗体页眉和主体控件属性如表15-5所示。

表15-5 “商品销售”窗体页眉和主体控件属性

对 象	对 象 名	属 性	事 件
标签	Label5	标题:阳光超市——商品销售单	无
	Label0	标题:交易日期:	
	Label1	标题:交易号:	
	Label2	标题:收银员:	
	Label3	标题:备注:	
	Label4	标题:终端:	
文本框	交易日期	控件来源:交易日期	无
	交易号	控件来源:交易号	
	收银员	控件来源:收银员	
	终端	控件来源:终端	
	备注	控件来源:备注	
子窗体	商品列表	源对象:销售_购买商品列表	无
		左边距:0.608 cm	
		上边距:2.063 cm	
		高度:4.735 cm	
		宽度:13.069 cm	

其中“商品列表”子窗体如图 15-49 所示。

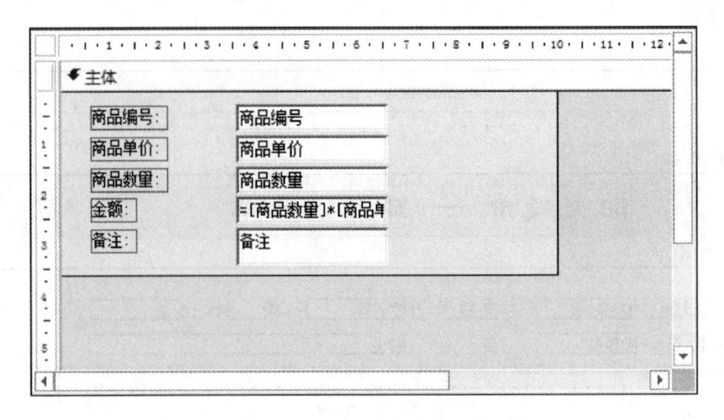

图 15-49　“商品列表”子窗体

（8）在“窗体设计”窗口中，打开“设计”选项卡，添加命令按钮控件，打开“命令按钮向导”对话框。

（9）在“命令按钮向导”对话框中，按照“命令按钮向导”各步骤引导定义每个命令按钮的事件，以及每个命令按钮的属性，如图 15-50 所示。

“商品销售”窗体中命令控件的其他属性如表 15-6 所示。

（10）保存窗体，结束窗体（商品销售）的创建。

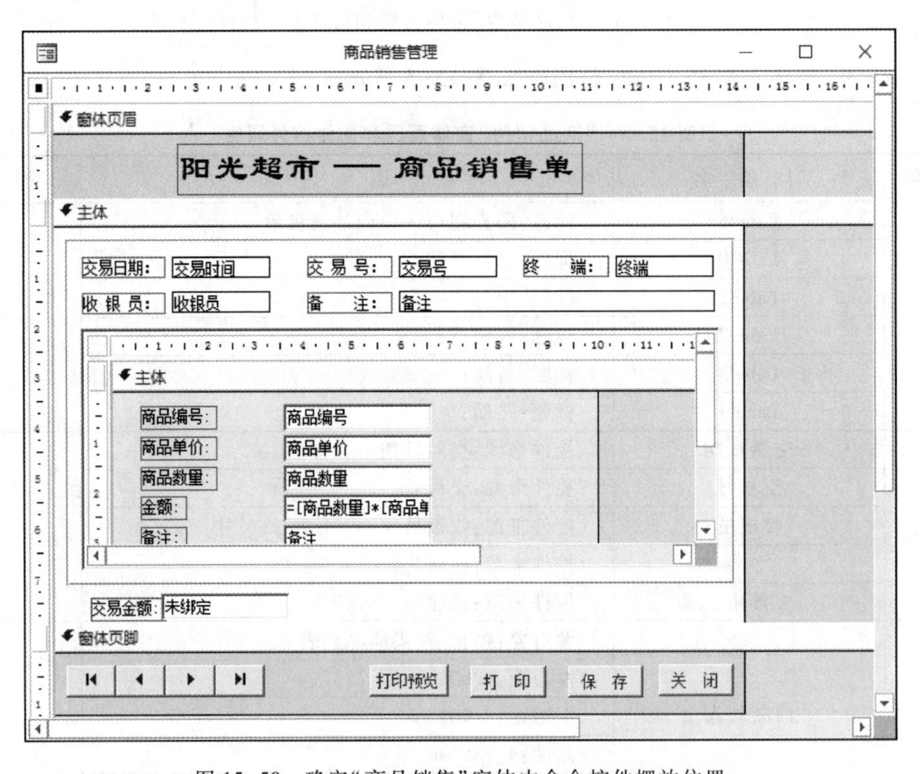

图 15-50　确定“商品销售”窗体中命令控件摆放位置

表15-6　"商品销售"窗体中命令按钮控件属性

对　象	对 象 名	属　性	事　件
命令按钮	CmdFirst	左边距:0.265 cm	Click 代码是系统自动生成的
		上边距:0.265 cm	
		高度:0.6 cm	
		宽度:1 cm	
	CmdPre	左边距:1.291 cm	
		其他与CmdFirst相同	
	CmdNext	左边距:2.323 cm	
		其他与CmdFirst相同	
	CmdLast	左边距:3.354 cm	
		其他与CmdFirst相同	
	CmdClose	标题:关闭	
		上边距:0.265 cm	
		左边距:12.46 cm	
		高度:0.6 cm	
		宽度:1.501 cm	

15.3　实验7:宏设计实验

1. 实验目的

利用宏对窗体操作,利用宏对记录进行操作。

2. 实验准备

(1) 了解什么是宏。

(2) 了解宏与宏组的作用。

(3) 掌握创建宏的操作方法。

(4) 掌握使用宏的操作方法。

(5) 掌握宏附加于窗体和报表的操作方法。

3. 实验内容

(1) 创建宏与编辑宏。

(2) 创建宏组与编辑宏组。

(3) 使用宏与宏组。

15.3.1　创建与编辑宏

实验视频
创建宏

实验 7-1:利用“宏”编辑器创建一个宏,打开数据库中的“添加商品”窗体。

操作步骤如下。

(1) 打开“阳光超市管理系统”数据库。

(2) 在 Access 系统窗口中,打开“创建”选项卡,单击“宏”按钮,进入“宏”窗口,如图 15-51 所示。

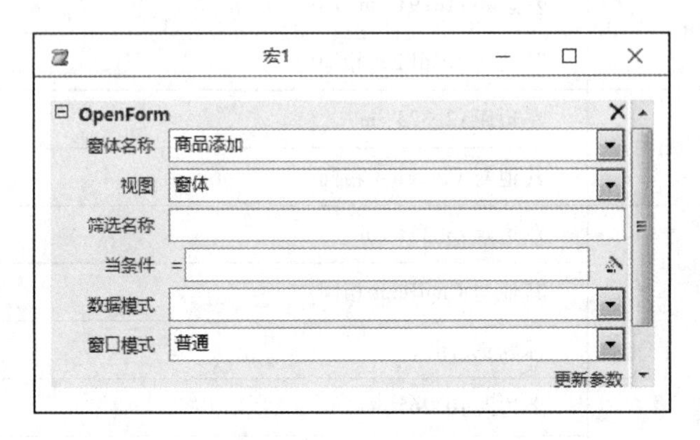

图 15-51　“宏”窗口

(3) 在“宏”窗口中,打开“操作”部分对应的下拉框,选择宏操作 OpenForm,在“操作参数”部分,选择“窗体”视图,输入窗体名称为“添加商品”。

(4) 保存宏,结束宏的创建。

15.3.2　创建与编辑宏组

实验视频
创建宏组

实验 7-2:创建一个宏组,打开多个窗体,宏组由 macro1 和 macro2 两个宏组成。

macro1 功能如下。

(1) 打开“商品添加”窗体。

(2) 关闭“数据库”窗体。

macro2 功能如下。

(1) 打开“商品销售管理”窗体。

(2) 关闭“数据库”窗体。

操作步骤如下。

(1) 打开“阳光超市管理系统”数据库。

(2) 在 Access 系统窗口中,打开“创建”选项卡,单击“宏”按钮,进入“宏”窗口,如图 15-52 所示。

(3) 在“宏”窗口中,依次定义宏操作(打开“添加商品”窗体,关闭“添加商品”窗体,打开“商品销售”窗体,关闭“商品销售管理”窗体)。

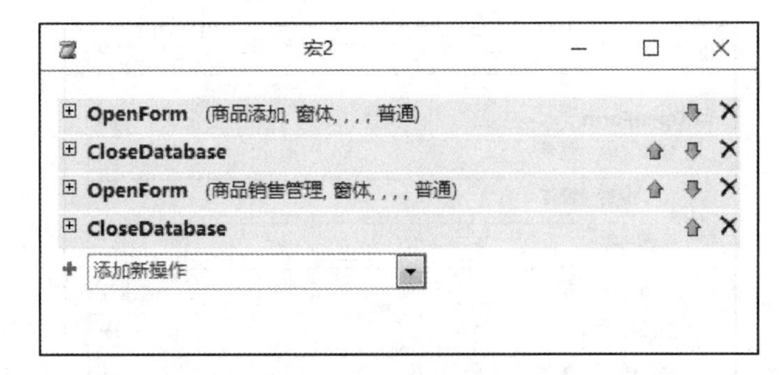

图 15-52 定义宏

(4) 在“宏”窗口中,打开“宏工具”菜单,单击“宏名”按钮,可以定义宏名及宏组(macro1、macro2),如图 15-53 所示。

(5) 保存宏组,结束宏组的创建。

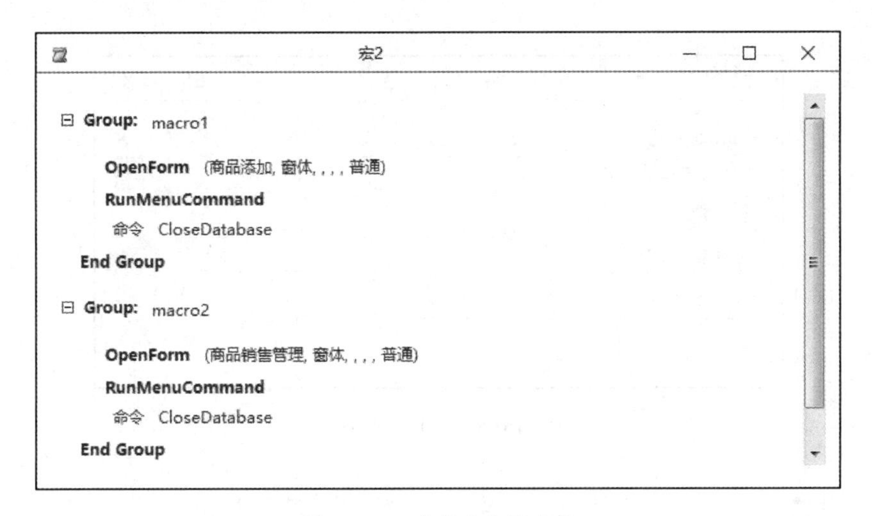

图 15-53 定义宏名及宏组

15.3.3 使用宏或宏组

实验 7-3:用宏命令间接运行另一个宏。

macro3 功能:打开“登录”窗体。

macro4 功能:调用 macro3。

操作步骤如下。

实验视频
使用宏组

(1) 打开“阳光超市管理系统”数据库。

(2) 在 Access 系统窗口中,打开“创建”选项卡,单击“宏”按钮,进入“宏”窗口,如图 15-54 所示。

(3) 在 Access 系统窗口中,打开“创建”选项卡,单击“宏”按钮,进入“宏”窗口,如图 15-55 所示。

(4) 在“宏”编辑窗口中,保存宏,结束宏的创建。

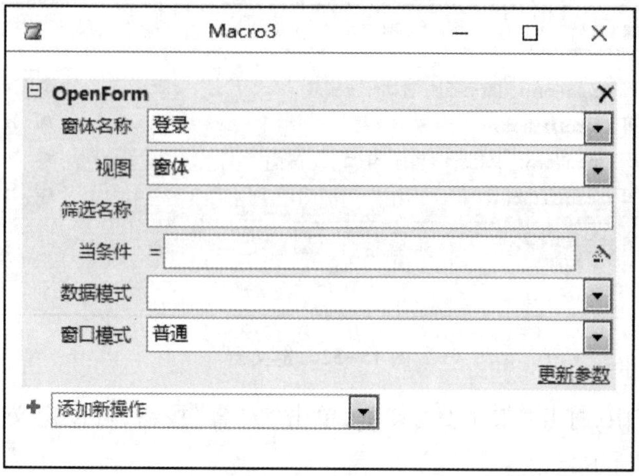

图 15-54　创建 Macro3

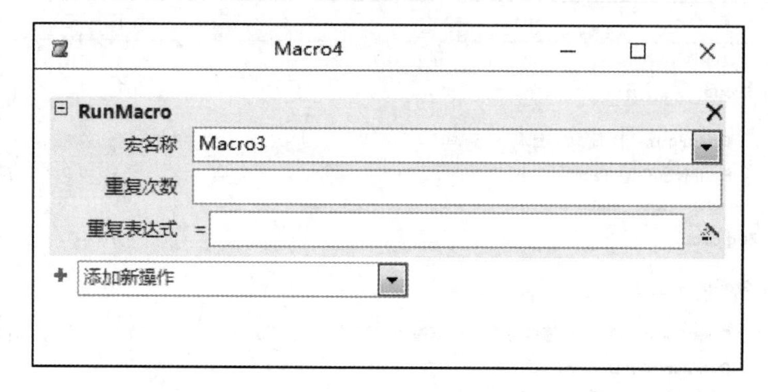

图 15-55　创建 Macro4

15.4　实验 8:报表设计实验

1. 实验目的

设计常用样式的报表。

2. 实验准备

(1) 了解各式报表的特性。

(2) 了解报表设计方法。

(3) 了解报表布局。

(4) 了解报表样式。

3. 实验内容

(1) 创建报表与编辑报表。

(2) 使用报表。

15.4.1 创建与编辑报表

实验视频
设计器创建
报表

实验 8-1:用“报表向导”设计一个报表(数据源表:“商品”表)。

操作步骤如下。

(1) 打开“阳光超市管理系统”数据库。

(2) 在 Access 系统窗口中,打开“创建”选项卡,单击“报表向导”按钮,打开“报表向导”对话框,如图 15-56 所示。

(3) 在“报表向导”对话框中,选择数据源表“商品”表,如图 15-57 所示。

图 15-56 “报表向导”对话框

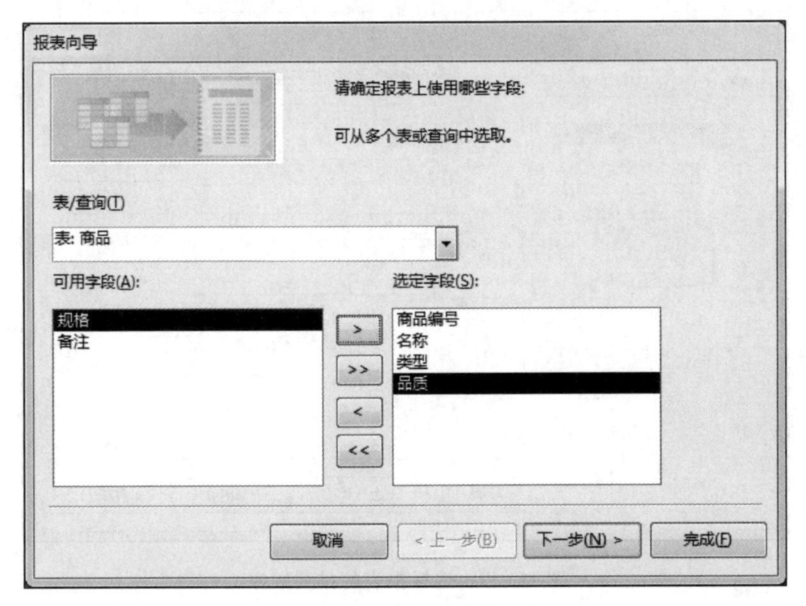

图 15-57 确定所需的字段

（4）在“报表向导”对话框中，确定所需的字段，单击“下一步”按钮，进入“报表向导”下一界面，如图 15-58 所示。

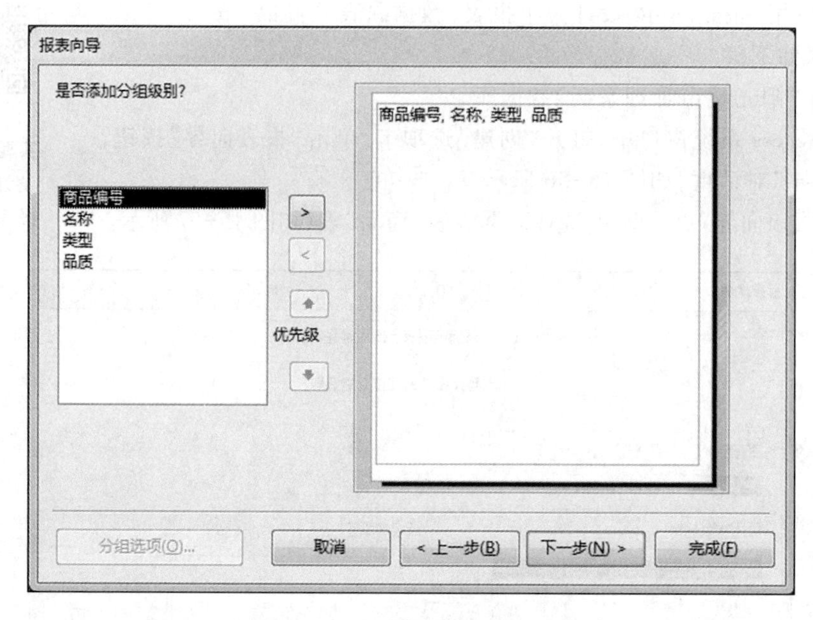

图 15-58　选择报表的分组级别

（5）在“报表向导”对话框中，选择报表的分组级别，单击“下一步”按钮，进入“报表向导”下一界面，如图 15-59 所示。

（6）在“报表向导”对话框中，选择报表中数据的排列顺序，单击“下一步”按钮，进入“报表向导”下一界面，如图 15-60 所示。

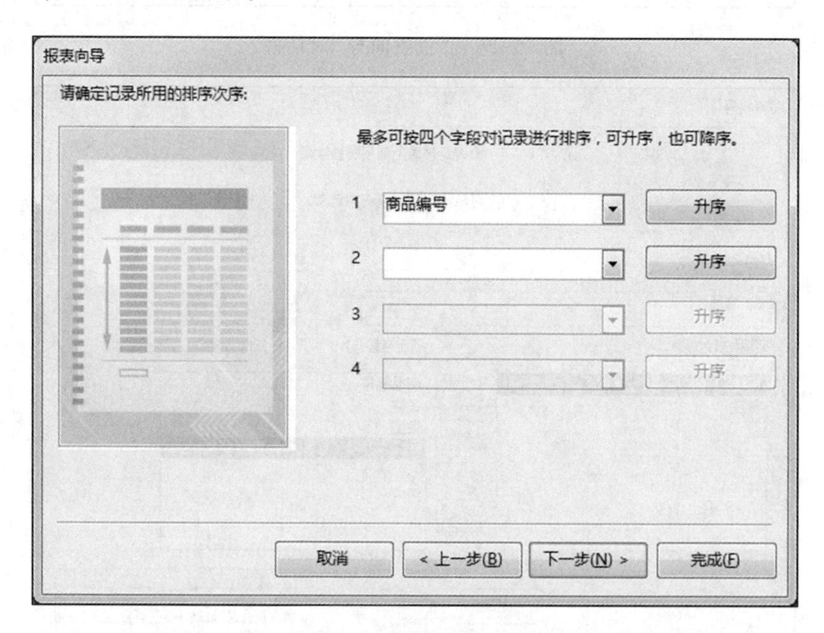

图 15-59　选择报表的排列顺序

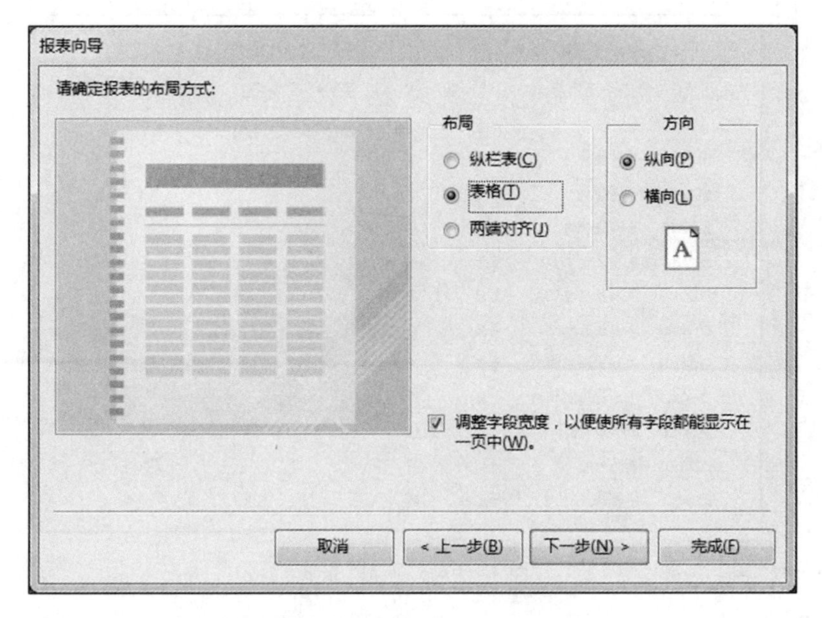

图 15-60　选择报表的布局方式

(7) 在"报表向导"对话框中,选择创建报表的布局方式,单击"下一步"按钮,进入"报表向导"下一界面,如图 15-61 所示。

(8) 在"报表向导"对话框中,输入报表标题"商品",单击"完成"按钮,保存并预览报表,结束报表的创建,如图 15-62 所示。

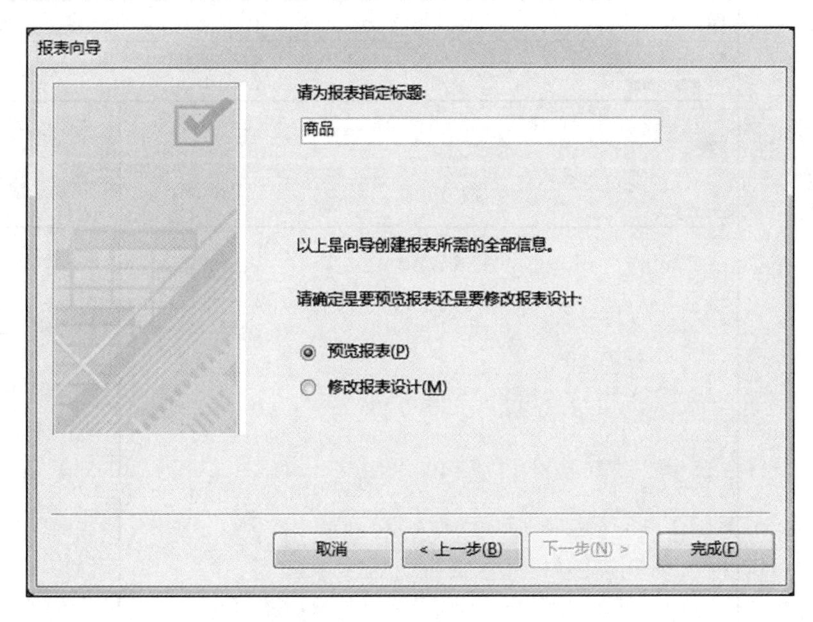

图 15-61　为报表指定标题

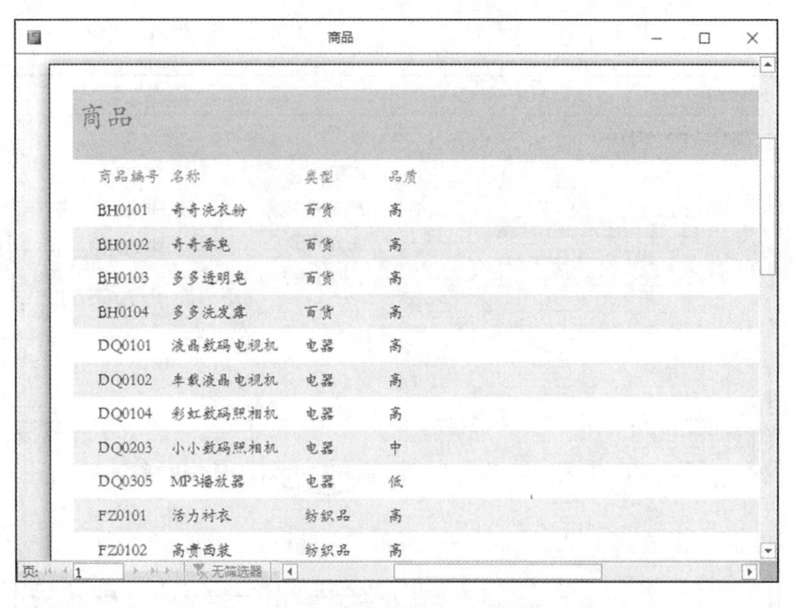

图 15-62　“商品”报表

实验视频
报表中数据计算与汇总

实验 8-2:用“报表设计”视图设计一个报表(数据源表:“员工”报表)。操作步骤如下。

(1) 打开“阳光超市管理系统”数据库。

(2) 在 Access 系统窗口中,打开“创建”选项卡,单击“报表设计”按钮,进入“报表设计”窗口,如图 15-63 所示。

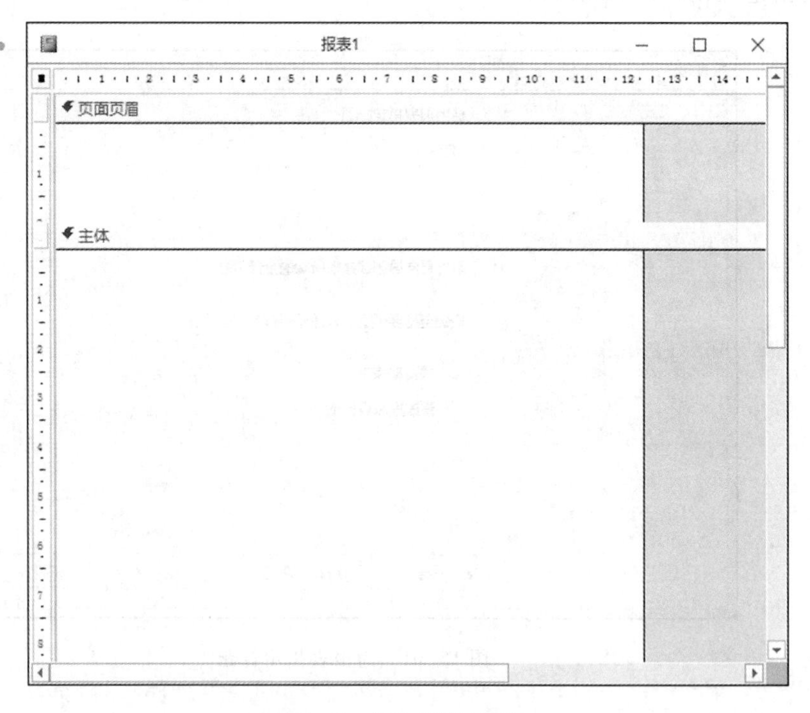

图 15-63　“报表设计”窗口

(3) 在“报表设计”窗口中,单击“添加现有字段”按钮,选择创建报表所需的数据来源(“员工”表)和字段,设计其字段的位置和显示标题,如图 15-64 所示。

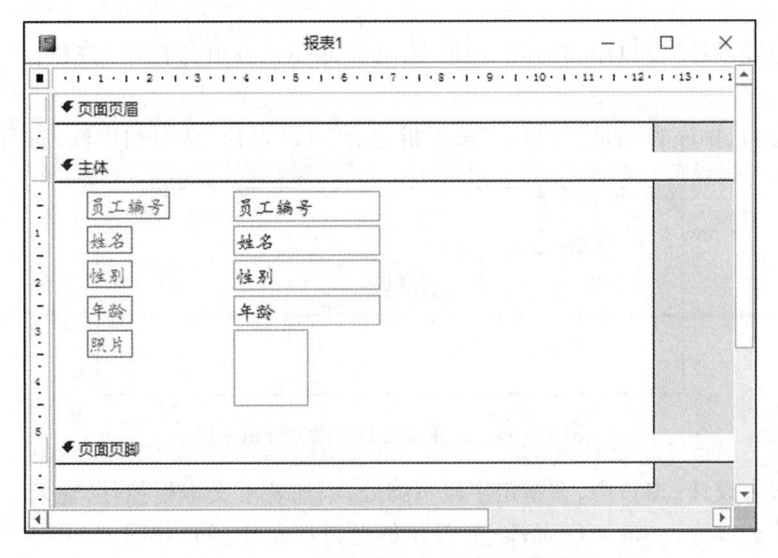

图 15-64 选择创建报表所需的数据来源

(4) 预览报表,结束“员工”报表的创建,如图 15-65 所示。

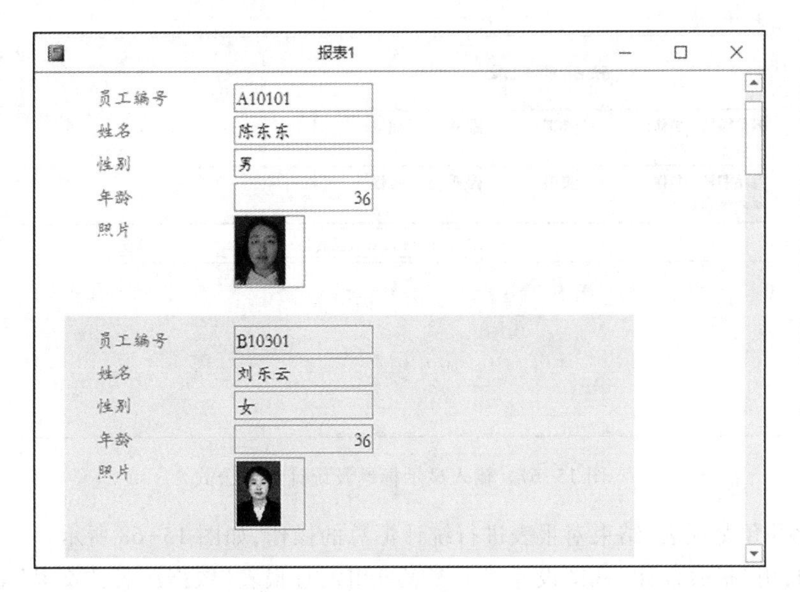

图 15-65 预览“员工”报表

15.4.2 使用报表

实验 8-3:用“报表设计”视图设计一个分组汇总报表(数据源表:“商品”表,按商品的品质分组)。

操作步骤如下。

（1）打开“阳光超市管理系统”数据库。

（2）在 Access 系统窗口中，打开“创建”选项卡，单击“报表设计”按钮，进入“报表设计”窗口。

（3）在“报表设计”窗口中，打开“设计”选项卡，单击“分组与排序”按钮，打开“分组、排序和汇总”窗口。

（4）在“分组、排序和汇总”窗口中，选择指定的字段“品质”为分组字段，如图 15-66 所示。

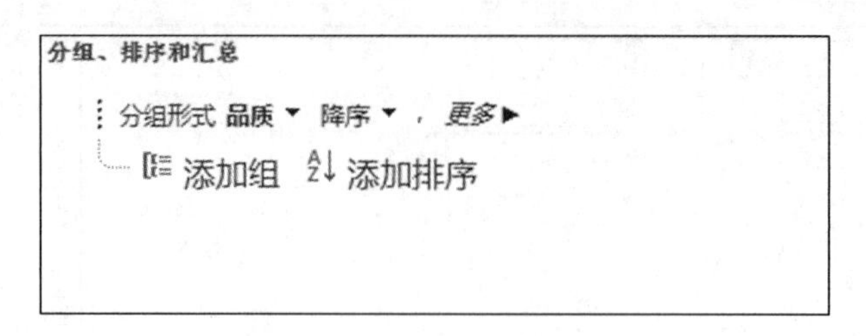

图 15-66　选择指定的字段为分组字段

（5）在“报表设计”窗口中，在指定字段页脚处，添加若干文本框控件，输入显示标题及统计汇总公式（计算公式为：=Count([品质])，显示标题为：“总计：”），如图 15-67 所示。

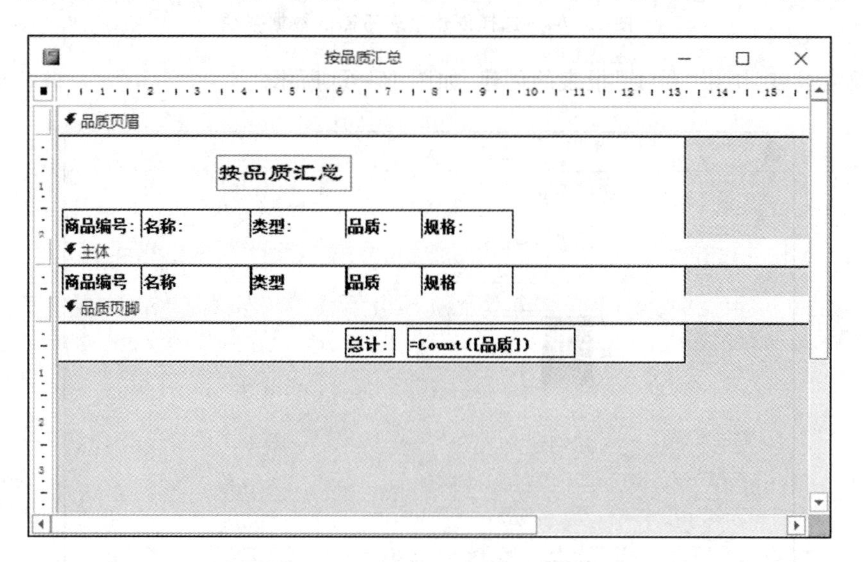

图 15-67　输入显示标题及统计汇总公式

（6）保存并预览报表，结束对报表进行统计汇总的操作，如图 15-68 所示。

实验 8-4：用“报表设计”视图设计一个多表分组汇总报表（数据源表：“交易”表、“销售”表、“商品”表，按“交易号”分组）。

操作步骤如下。

（1）打开“阳光超市管理系统”数据库。

（2）在 Access 系统窗口中，打开“创建”选项卡，单击“报表设计”按钮，进入“报表设计”窗口。

（3）在“报表设计”窗口中，打开“设计”选项卡，单击“分组与排序”按钮，打开“分组、排序和汇总”窗口。

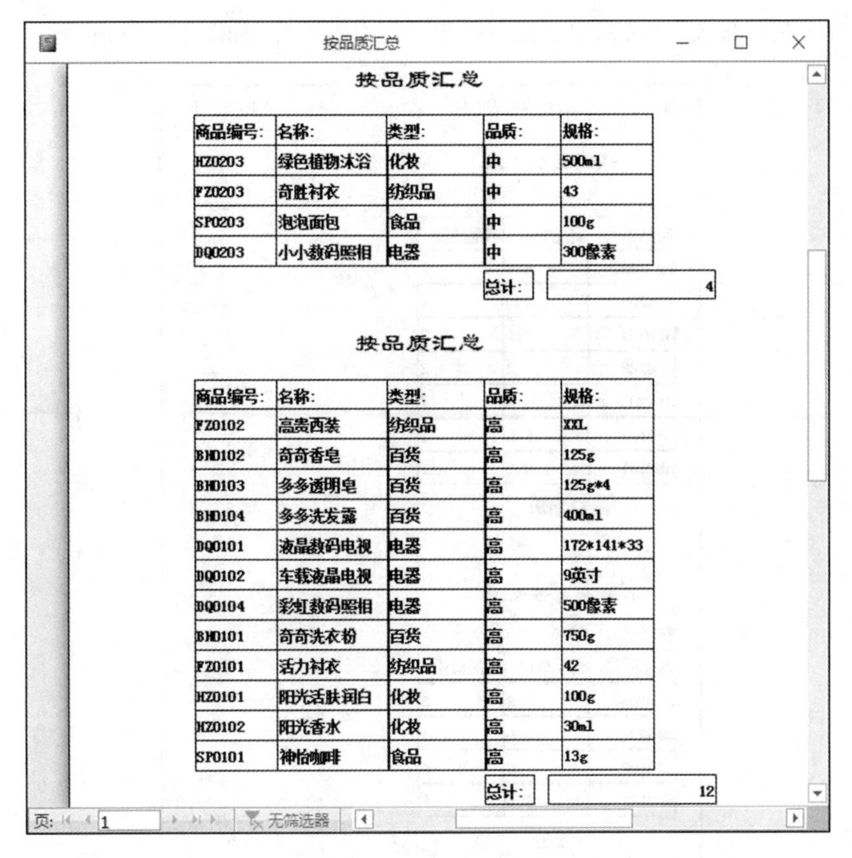

按品质汇总

商品编号:	名称:	类型:	品质:	规格:
HZ0203	绿色植物沐浴	化妆	中	500ml
FZ0203	奇胜衬衣	纺织品	中	43
SP0203	泡泡面包	食品	中	100g
DQ0203	小小数码照相	电器	中	300像素
			总计:	4

按品质汇总

商品编号:	名称:	类型:	品质:	规格:
FZ0102	高贵西装	纺织品	高	XXL
BHD102	奇奇香皂	百货	高	125g
BHD103	多多透明皂	百货	高	125g*4
BHD104	多多洗发露	百货	高	400ml
DQ0101	液晶数码电视	电器	高	172*141*33
DQ0102	车载液晶电视	电器	高	9英寸
DQ0104	彩虹数码照相	电器	高	500像素
BHD101	奇奇洗衣粉	百货	高	750g
FZ0101	活力衬衣	纺织品	高	42
HZ0101	阳光活肤润白	化妆	高	100g
HZ0102	阳光香水	化妆	高	30ml
SP0101	神怡咖啡	食品	高	13g
			总计:	12

图 15-68　预览汇总报表

(4) 在“分组、排序和汇总”窗口中,选择指定的字段“交易号”为分组字段。

(5) 在“报表设计”窗口中,在指定字段页脚处,添加若干文本框控件,输入显示标题及统计汇总公式(计算公式为:=Sum([商品单价]*[商品数量]),显示标题为:“总金额:”),如图 15-69 所示。

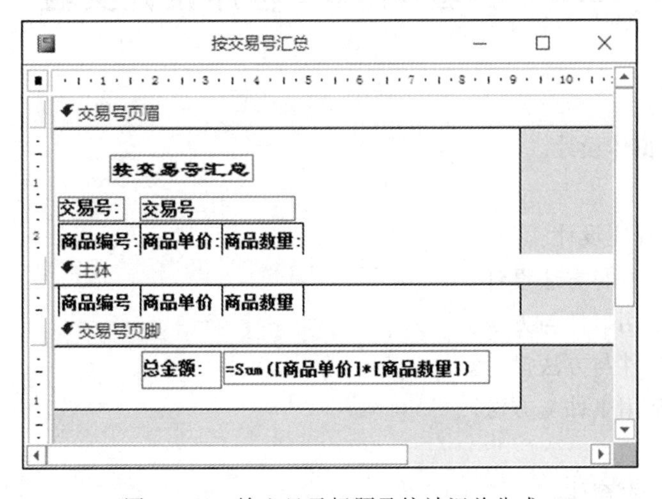

图 15-69　输入显示标题及统计汇总公式

（6）保存并预览报表，结束对报表进行的统计汇总的操作，如图 15-70 所示。

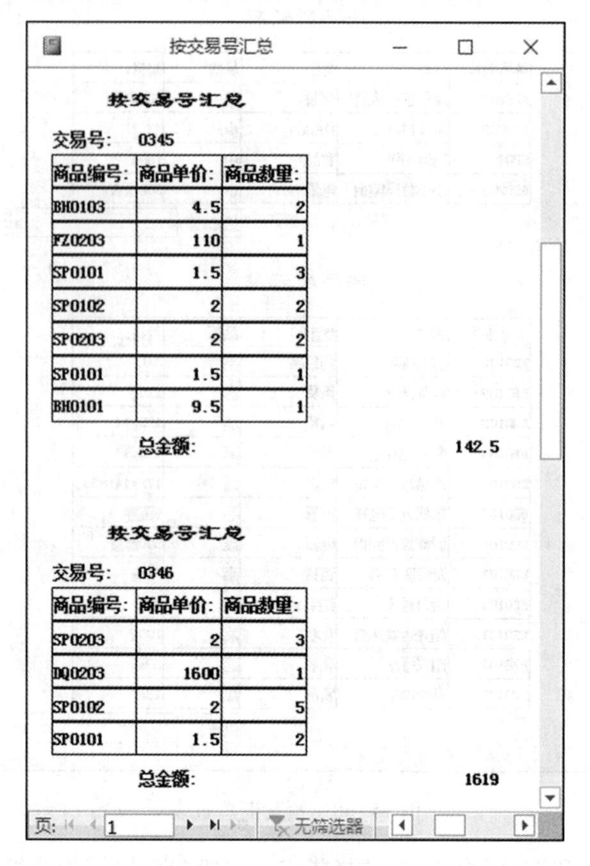

图 15-70　预览多表统计汇总报表

15.5　实验 9:VBA 程序设计实验

1. 实验目的

利用 VBA 进行窗体设计。

2. 实验准备

（1）了解 VBA 程序设计。

（2）了解窗体事件与方法设计。

（3）了解窗体常用事件与方法。

（4）了解控件事件与方法设计。

（5）了解控件常用事件与方法。

3. 实验内容

（1）设计系统首页窗体。

(2) 设计登录窗体。

(3) 设计查询窗体。

15.5.1 设计系统首页窗体

实验 9-1:设计“阳光超市管理系统”系统首页窗体,功能是引导数据库应用系统的“登录”窗体,窗体运行结果如图 15-71 所示。

图 15-71 系统首页窗体

操作步骤如下。

(1) 打开“阳光超市管理系统”数据库。

(2) 在 Access 系统窗口中,打开“创建”选项卡,单击“窗体设计”按钮,进入“窗体设计”窗口。

(3) 在“窗体设计”中,为窗体添加控件。

(4) 在“属性表”窗格中,设计窗体或控件属性,窗体及主要控件的布局如图 15-71 所示。

(5) 在“属性表”窗格中,窗体及主要控件的属性如表 15-7 所示。

表 15-7 系统首页窗体中各控件属性及事件

<table>
<tr><th>对 象</th><th>对 象 名</th><th>属 性</th><th>事 件</th></tr>
<tr><td rowspan="7">窗体</td><td rowspan="7">主窗体</td><td>标题:主页</td><td rowspan="6">Load
Timer</td></tr>
<tr><td>滚动条:两者均无</td></tr>
<tr><td>记录选择器:否</td></tr>
<tr><td>导航条按钮:否</td></tr>
<tr><td>自动居中:是</td></tr>
<tr><td>边框样式:无</td></tr>
<tr><td>图片:阳光超市管理系统.jpg</td><td></td></tr>
</table>

（6）在“代码”窗口中，设计窗体或控件的事件和方法代码。

定义系统级变量如下：

```
Option Compare Database
```

Form_Load( )事件代码如下：

```
Private Sub Form_Load( )
    Me.TimerInterval = 100
End Sub
```

Form_Timer( )事件代码如下：

```
Private Sub Form_Timer( )
    Static i As Integer
    i=i + 1
    If i = 30 Then
      DoCmd.Close acForm, "splash"
      DoCmd.OpenForm"登录"
    End If
    End Sub
```

（7）保存窗体，结束窗体的创建。

15.5.2　设计登录窗体

实验视频
登录窗体

实验 9-2：设计“登录”窗体，窗体运行结果如图 15-72 所示。

操作步骤如下。

（1）打开“阳光超市管理系统”数据库。

（2）在 Access 系统窗口中，打开“创建”选项卡，单击“窗体设计”按钮，进入“窗体设计”窗口。

（3）在“窗体设计”窗口中，确定数据来源，或为窗体添加控件。

（4）在“属性表”窗格中，设计窗体或控件属性，窗体及主要控件的布局如图 15-72 所示。

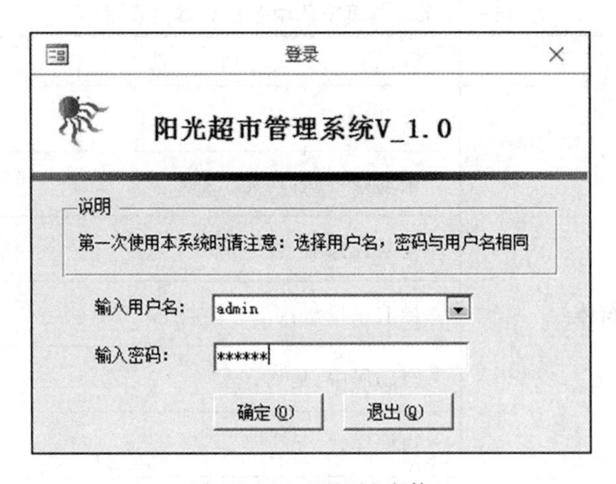

图 15-72　“登录”窗体

(5) 在“属性表”窗格中,窗体及主要控件的属性如表15-8所示。

表15-8 “登录”窗体及控件的属性

对　象	对 象 名	属　性	事　件
窗体	商品查询	标题:登录	无
		滚动条:两者均无	
		记录选择器:否	
		导航条按钮:否	
		自动居中:是	
		边框样式:对话框	
组合框	CboUserName	行来源:SELECT [用户].[Id], [用户].[username] FROM [用户] ORDER BY [Id];	Noinlist
文本框	TxtPwd	输入掩码:密码	无
按钮	CmdOk	标题:确定(&O)	单击
	CmdCancel	标题:退出(&Q)	单击
标签	Label1	标题:输入用户名:	无
	Label2	标题:输入密码:	无
	Label3	标题:阳光超市管理系统 V_1.0	无
	Label4	标题:说明	无
	Label5	标题:第一次使用本系统时请注意:选择用户名,密码与用户名相同	无

(6) 在“代码”窗口中,设计窗体或控件的事件和方法代码。
定义系统级变量如下:

```
Option Compare Database
Option Explicit'使用变量时,需要先定义
```

定义系统级函数如下:

```
Public Function login() As Boolean '判断用户输入的密码是否正确
    Dim RS As New ADODB.Recordset
    Dim StrSql As String
    StrSql = "select * from 用户 where Id = " & Me.cboUserName
    RS.Open StrSql, CurrentProject.Connection, adOpenStatic, adLockReadOnly
    If RS.RecordCount > 0 Then
      If RS!password = Me.TxtPwd Then
        login = True
```

```
        End If
      End If
      RS.Close
      Set RS=Nothing
  End Function
```

定义系统级过程如下：

```
  Private Sub AddEvent(username As String, flag As Boolean)'记录登录事件
      Dim RS As New ADODB.Recordset
      Dim StrSql As String
      StrSql="select * from 日志"
      RS.Open StrSql, CurrentProject.Connection, adOpenDynamic, adLockOptimistic
      RS.AddNew
      RS!日期=Date
      RS!时间=Time
      RS!用户名=username
      If flag=True Then
        RS!操作="成功登录!"
      Else
        RS! 操作="录登失败,密码错误!"
      End If
      RS.Update
      RS.Close
      Set RS=Nothing
  End Sub
```

CboUserName_NotInList()事件代码如下：

```
  Private Sub CboUserName_NotInList(NewData As String, Response As Integer)
      Response=acDataErrContinue '必须从组合框中选择用户名
  End Sub
```

CmdOk_Click()事件代码如下：

```
  Private Sub CmdOk_Click()
      If IsNull(Me.cboUserName)Then
        MsgBox"请输入您的用户名!",vbCritical
        Exit Sub
      Else
        Me.cboUserName.SetFocus
        P_username=Me.cboUserName.Text
      End If
      If login=True Then
        Call AddEvent(P_username,True)' 调用过程添加成功登录事件
        DoCmd.Close
```

```
            DoCmd.OpenForm"Y主窗体"
        Else
            MsgBox"您输入密码不正确,如果忘记请与管理员联系!!!", vbCritical
            Call AddEvent(P_username,False)'调用过程添加登录失败事件
            Exit Sub
        End If
    End Sub
```

CmdCancel_Click()事件代码如下:

```
    Private Sub CmdCancel_Click()
        DoCmd.Quit acQuitSaveNone
    End Sub
```

(7) 保存窗体,结束窗体的创建。

15.5.3　设计查询窗体

实验视频
查询窗体

实验9-3:设计一个窗体,能够进行商品信息查询,功能是可通过商品类型、商品品质及商品编号等参数,查询有关商品的相关信息,如某一类型商品、某一品质商品、某类型的某品质商品,指定商品编号的商品信息,窗体运行结果如图15-73所示。

操作步骤如下。

阳光超市——商品查询

阳光超市 —— 商品查询

选择商品类型:　　选择商品品质:　　输入商品编号:

商品编号	名称	类型	品质	规格	备
BH0101	奇奇洗衣粉	百货	高	750g	
BH0102	奇奇香皂	百货	高	125g	
BH0103	多多透明皂	百货	高	125g*4	
BH0104	多多洗发露	百货	高	400ml	
DQ0101	液晶数码电视机	电器	高	172*141*33	
DQ0102	车载液晶电视机	电器	高	9英寸	
DQ0104	彩虹数码照相机	电器	高	500像素	
DQ0203	小小数码照相机	电器	中	300像素	
DQ0305	MP3播放器	电器	低	56*38*15	
FZ0101	活力衬衣	纺织品	高	42	

查 询　　关 闭

图15-73　查询窗体

（1）打开“阳光超市管理系统”数据库。

（2）在 Access 系统窗口中，打开“创建”选项卡，单击“窗体设计”按钮，进入“窗体设计”窗口。

（3）在“窗体设计”窗口中，确定数据来源或为窗体添加控件。

（4）在“属性表”窗格中，设计窗体或控件属性，窗体及主要控件的布局如图 15-73 所示。

（5）在“属性表”窗格中，窗体及主要控件的属性如表 15-9 所示。

表 15-9　“商品查询”窗体及控件的属性

对　象	对象名	属　性	事　件
窗体	商品查询	标题：阳光超市——商品查询	无
		滚动条：两者均无	
		记录选择器：否	
		导航条按钮：否	
		自动居中：是	
		边框样式：对话框	
子窗体	商品列表	源对象：商品列表	无
组合框	Cbo1	行来源：“百货”；“电器”；“纺织”；“化妆”；“食品”	Click
	Cbo2	行来源：“高”；“中”；“低”	
文本框	txt1	通过文本框向导设计相关属性	无
按钮	CmdFind	标题：查询	Click
	CmdClose	标题：关闭	
	CmdPrint	标题：打印	
标签	Label1	标题：选择商品类型：	无
	Label2	标题：选择商品品质：	
	Label3	标题：输入商品编号：	
	Label4	标题：阳光超市——商品查询	

（6）在“代码”窗口中，设计窗体或控件的事件和方法代码。

定义系统级变量如下：

```
Option Compare Database
Dim StrSql As String
```

Cbo1_Click( )事件代码如下：

```
Private Sub Cbo1_Click( )
    Dim StrSql As String
    If Cbo1.Text <>" " Then
```

```
        StrSql = "select * from 商品 where 类型 = "& Cbo1.Text &"'"
        Me.商品列表.Form.RecordSource = StrSql
      End If
  End Sub
```

Cbo2_Click( )事件代码如下:

```
  Private Sub Cbo2_Click( )
  Dim StrSql As String
  If Cbo2.Text <>" " Then
    StrSql = "select * from 商品 where 品质 = "& Cbo2.Text &"'"
    Me.商品列表.Form.RecordSource = StrSql
  End If
End Sub
```

CmdFind_Click( )事件代码如下:

```
  Private Sub CmdFind_Click( )
  Dim StrSql As String
  Txt1.SetFocus
  If Txt1.Text <>" " Then
    StrSql = "select * from 商品 where 商品编号 = "& Txt1.Text &"'"
  Else
    StrSql = "select * from 商品"
  End If
  Me.商品列表.Form.RecordSource = StrSql
End Sub
```

CmdClose_Click( )事件代码如下:

```
  Private Sub CmdClose_Click( )
      On Error GoTo Err_CmdClose_Click
          DoCmd.Close
      Exit_CmdClose_Click:
          Exit Sub
      Err_CmdClose_Click:
          MsgBox err.Description
          Resume Exit_CmdClose_Click
  End Sub
```

Cmdprint_Click( )事件代码如下:

```
  Private Sub CmdPrint_Click( )
      DoCmd.OpenReport"超市小票", acViewPreview
  End Su
```

(7) 保存窗体,结束窗体的创建。

第 16 章　数据共享与安全实验

Access 系统能够实现数据库的安全控制,也能够实现数据间的交互操作。本部分实验是数据库数据对象传递和数据库安全设置的基本操作练习。主要是介绍导入、导出数据库对象,不同软件间的数据传递,以及数据库安全设置的操作方法。

实验 10:数据的传递与共享实验,介绍了 Access 数据传递方法,共有 7 个案例。

实验 11:数据库安全实验,介绍了 Access 数据库安全措施及方法,共有 3 个案例。

16.1　实验 10:数据的传递与共享实验

1. 实验目的

学习导出数据库对象、导入数据库对象、将其他文档导入数据库,实现数据的传递与共享。

2. 实验准备

(1) 了解导入 Access 中的数据库对象方法。

(2) 了解导出 Access 中的数据库对象方法。

(3) 了解不同文件类型及表现方式。

3. 实验内容

(1) 将数据库对象导出到另一个数据库中。

(2) 将数据库对象导出到 Excel 中。

(3) 将数据库对象导出到 Word 中。

(4) 将数据导出到文本文件中。

(5) 向数据库导入另一个数据库的数据库对象。

(6) 向数据库导入 Excel 数据。

(7) 向数据库导入文本文件。

16.1.1　将数据库对象导出到另一个数据库中

实验 10-1:将数据库对象表(商品)导出到另一个数据库(备份)。

操作步骤如下。

(1) 打开“阳光超市管理系统”数据库。

(2) 在 Access 系统窗口中,选择“商品”表为操作对象,再打开快捷菜单,选择 Access 命令,打开“导出-Access 数据库”对话框,如图 16-1 所示。

(3) 在“导出-Access 数据库”对话框中,选择存放导出对象的数据库,单击“确定”按钮,打开“导出”对话框,如图 16-2 所示。

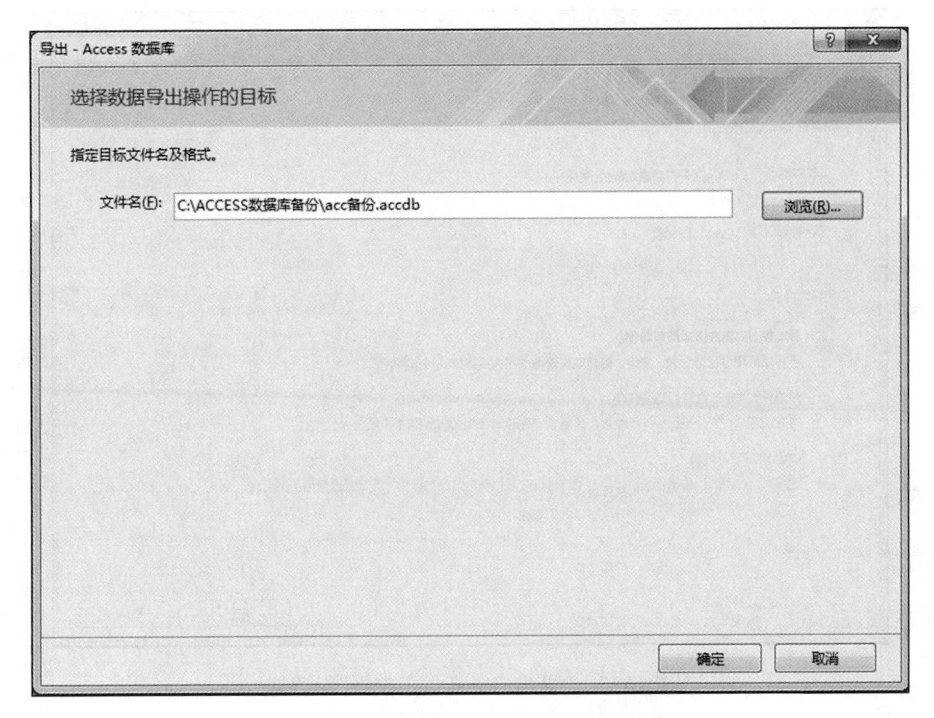

图 16-1　“导出-Access 数据库”对话框

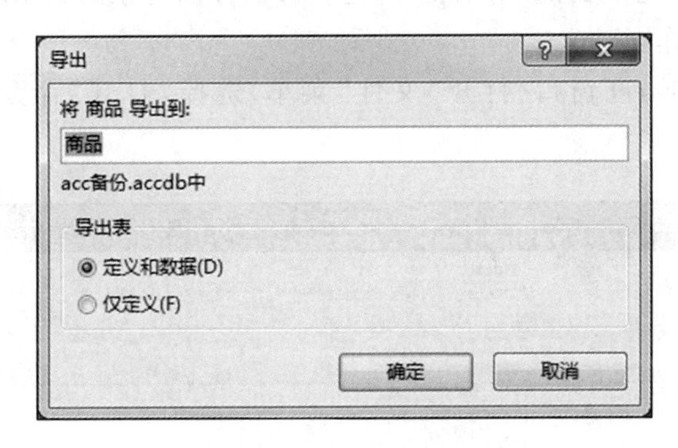

图 16-2　“导出”对话框

(4) 在“导出”对话框中,输入导出后的文件名“商品”,单击“确定”按钮,结束数据库对象导出的操作。

16.1.2　将数据库对象导出到 Excel 中

实验 10-2:将数据库对象“商品”表导出到“我的文档”文件夹中,并转换成 Microsoft Excel 格式文件。

操作步骤如下。

(1) 打开“阳光超市管理系统”数据库。

(2) 在 Access 系统窗口中,选择“商品”表为操作对象,再打开快捷菜单,选择 Excel 命令,打开“导出-Excel 电子表格”对话框,如图 16-3 所示。

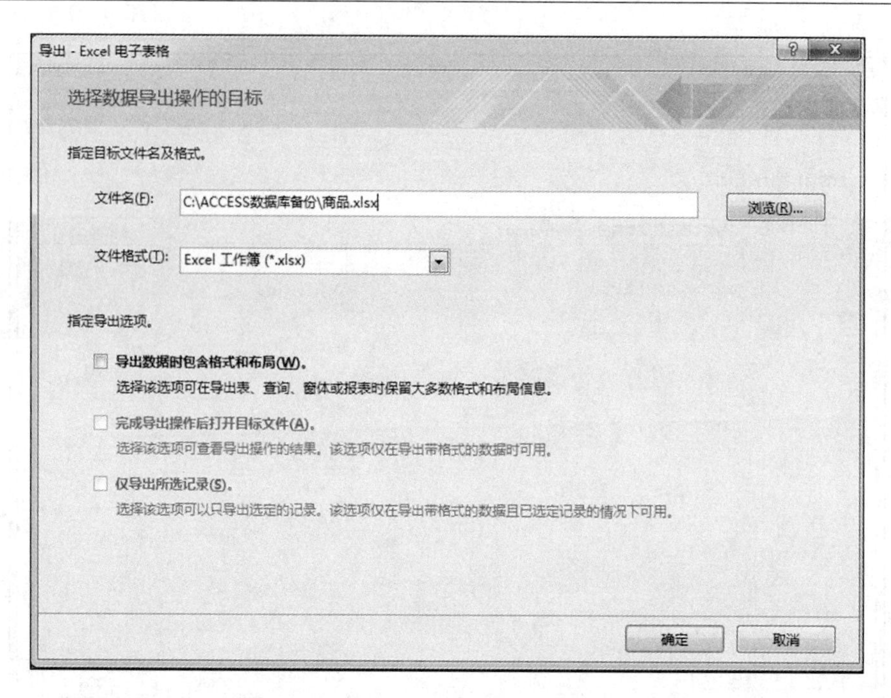

图 16-3　“导出-Excel 电子表格”对话框

(3) 在“导出-Excel 电子表格”对话框中,选择存放导出对象的数据库,单击“确定”按钮,结束数据库对象导出的操作。

(4) 打开 Microsoft Excel 窗口,打开“文件”菜单,选择“打开”命令,打开“商品”文件,如图 16-4 所示。

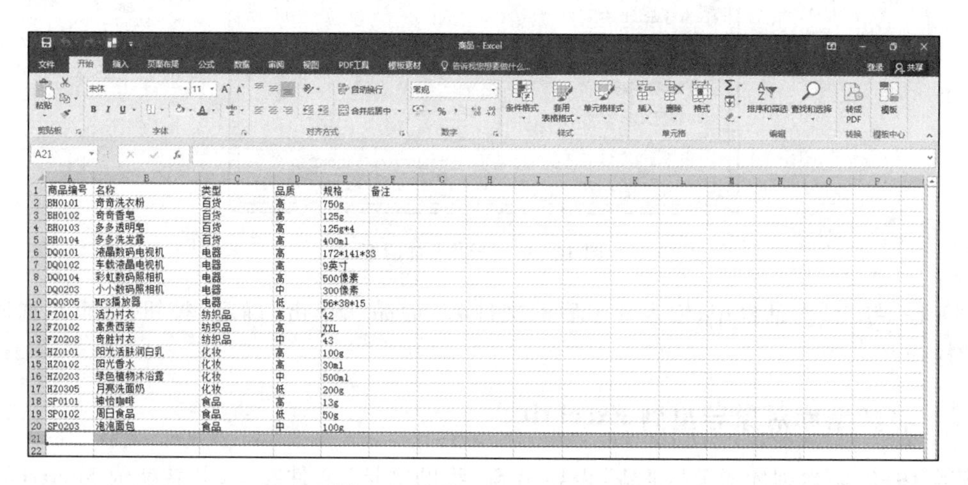

商品编号	名称	类型	品质	规格	备注
BH0101	奇奇洗衣粉	百货	高	750g	
BH0102	奇奇香皂	百货	高	125g	
BH0103	多多透明皂	百货	高	125g*4	
BH0104	多多洗发露	百货	高	400ml	
DQ0101	液晶数码电视机	电器	高	172*141*33	
DQ0102	车载液晶电视机	电器	高	9英寸	
DQ0104	彩虹数码照相机	电器	高	500像素	
DQ0203	小小数码照相机	电器	中	300像素	
DQ0305	MP3播放器	电器	低	56*38*15	
FZ0101	活力衬衣	纺织品	高	42	
FZ0102	高贵西装	纺织品	高	XXL	
FZ0203	奇胜衬衣	纺织品	中	43	
HZ0101	阳光活肤润白乳	化妆	高	100g	
HZ0102	阳光香水	化妆	高	30ml	
HZ0203	绿色植物沐浴露	化妆	中	500ml	
HZ0305	月亮洗面奶	化妆	低	200g	
SP0101	神怡咖啡	食品	高	13g	
SP0102	周日食品	食品	低	50g	
SP0203	泡泡面包	食品	中	100g	

图 16-4　Microsoft Excel 窗口

16.1.3　将数据库对象导出到 Word 中

实验 10-3:将数据库对象“商品”表导出到“我的文档”文件夹中,并转换成 Microsoft Word 格式文件。

操作步骤如下。

(1) 打开“阳光超市管理系统”数据库。

(2) 在 Access 系统窗口中,选择“商品”表为操作对象,再打开快捷菜单,选择“Word RTF 文件”命令,打开“导出-RTF 文件”对话框,如图 16-5 所示。

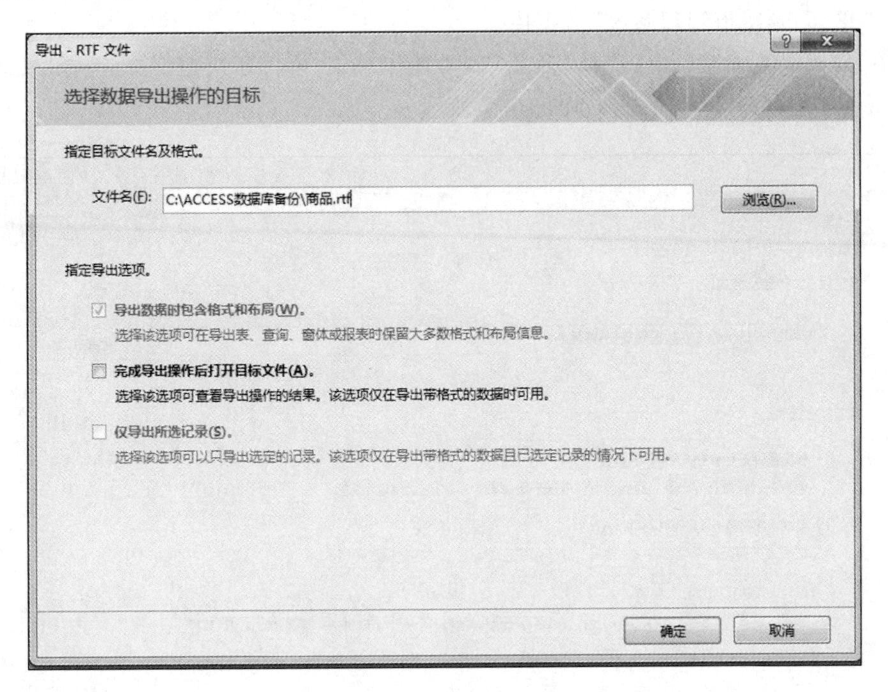

图 16-5 “导出-RTF 文件”对话框

(3) 在“导出-RTF 文件”对话框中,选择存放导出对象的数据库,单击“确定”按钮,结束数据库对象导出的操作。

(4) 打开 Microsoft Word 窗口,打开“Office 按钮”下拉菜单,选择“打开”命令,打开“商品”文件,如图 16-6 所示。

商品编号	名称	类型	品质	规格	备注
BH0101	奇奇洗衣粉	百货	高	750g	
BH0102	奇奇香皂	百货	高	125g	
BH0103	多多透明皂	百货	高	125g*4	
BH0104	多多洗发露	百货	高	400ml	
DQ0101	液晶数码电视机	电器	高	172*141*33	
DQ0102	车载液晶电视机	电器	高	9英寸	
DQ0104	彩虹数码照相机	电器	高	500像素	
DQ0203	小小数码照相机	电器	中	300像素	
DQ0305	MP3播放器	电器	低	56*38*15	
FZ0101	活力衬衣	纺织品	高	42	
FZ0102	高贵西装	纺织品	高	XXL	
FZ0203	奇胜衬衣	纺织品	中	43	
HZ0101	阳光活肤润白乳	化妆	高	100g	
HZ0102	阳光香水	化妆	高	30ml	
HZ0203	绿色植物沐浴露	化妆	中	500ml	
HZ0305	月亮洗面奶	化妆	低	200g	
SP0101	神怡咖啡	食品	高	13g	
SP0102	周日食品	食品	低	50g	
SP0203	泡泡面包	食品	中	100g	

图 16-6 Microsoft Word 窗口

16.1.4 将数据导出到文本文件中

实验 10-4:将数据库对象“商品”表导出到“我的文档”文件夹中,并转换成文本文件。

操作步骤如下。

(1) 打开“阳光超市管理系统”数据库。

(2) 在 Access 系统窗口中,选择“商品”表为操作对象,再打开快捷菜单,选择“文本文件”命令,打开“导出-文本文件”对话框,如图 16-7 所示。

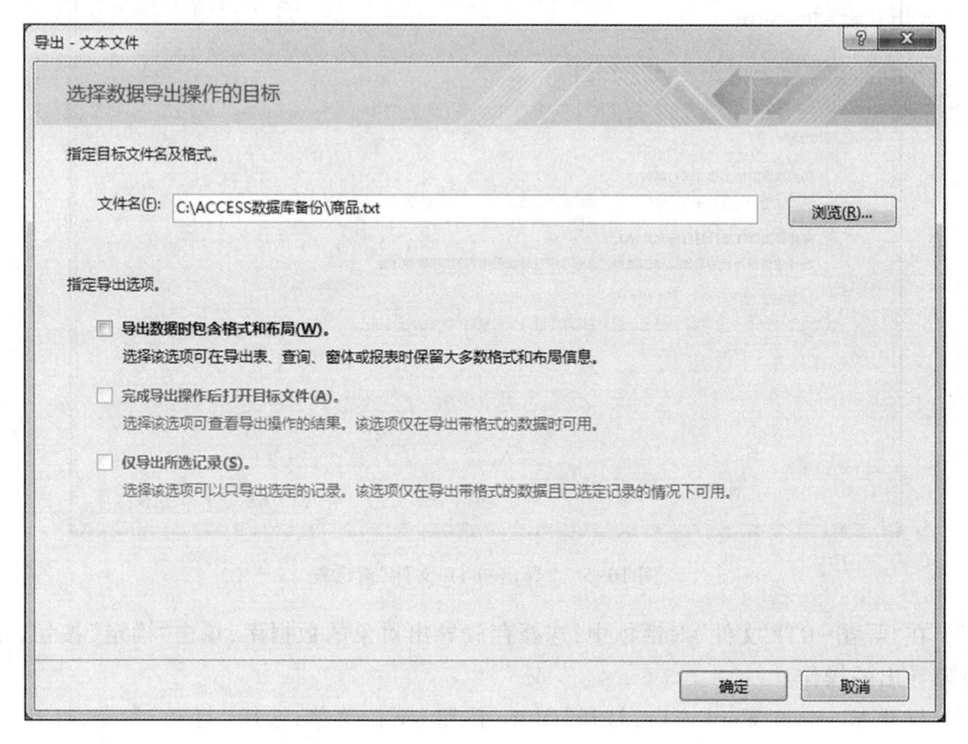

图 16-7 “导出-文本文件”对话框

(3) 在“导出-文本文件”对话框中,选择存放导出对象的数据库,单击“确定”按钮,打开“导出文本向导”对话框,如图 16-8 所示。

(4) 在“导出文本向导”对话框中,选择相关参数,结束数据库对象导出的操作。

(5) 打开“记事本”窗口,选择“打开”命令,打开“商品”文件,如图 16-9 所示。

16.1.5 向数据库导入另一个数据库的数据库对象

实验 10-5:将“备份”数据库的数据对象“员工管理”窗体,导入到“阳光超市管理系统”数据库中。

操作步骤如下。

(1) 打开“阳光超市管理系统”数据库。

(2) 在 Access 系统窗口中,打开“外部数据”选项卡,单击 Access 按钮,打开“获取外部数据-Access 数据库”对话框,如图 16-10 所示。

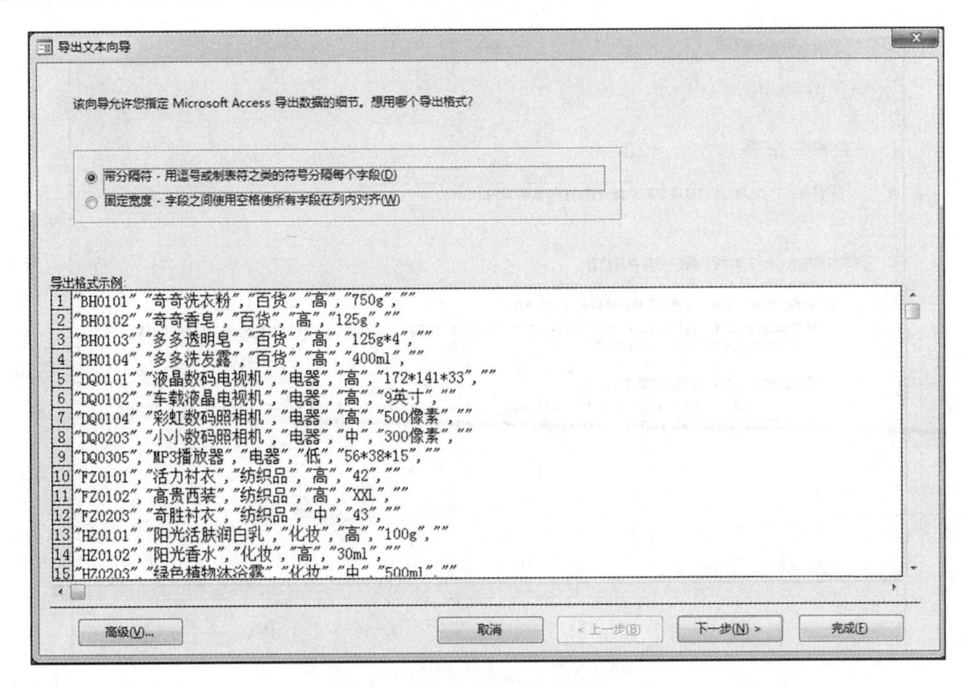

图 16-8 “导出文本向导”对话框

图 16-9 “记事本”窗口

(3) 在“获取外部数据-Access 数据库”对话框中,选择外部数据源“备份”,单击“确定”按钮,打开“导入对象”对话框,如图 16-11 所示。

(4) 在“导入对象”对话框中,选择要导入数据库对象“员工管理”窗体,单击“确定”按钮,结束数据库对象导入的操作。

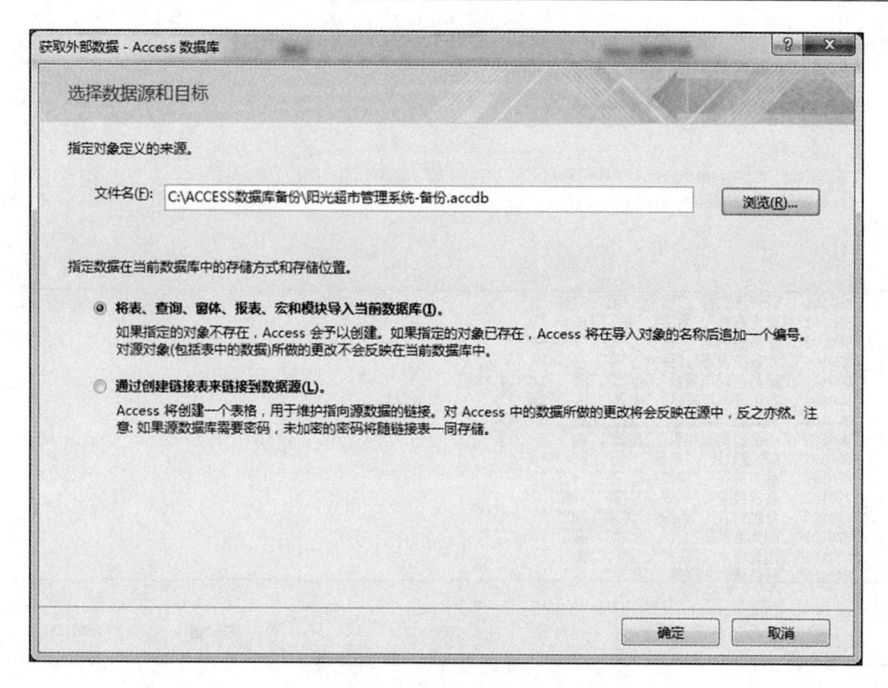

图 16-10 “获取外部数据-Access 数据库”对话框

图 16-11 “导入对象”对话框

16.1.6 向数据库导入 Excel 数据

实验 10-6:把已有的 Microsoft Excel 文件“工资”文件,导入到“备份”数据库中。操作步骤如下。

(1) 打开“备份”数据库。

(2) 在 Access 系统窗口中,打开“外部数据”选项卡,单击 Excel 按钮,打开“获取外部数据-Excel 电子表格”对话框,如图 16-12 所示。

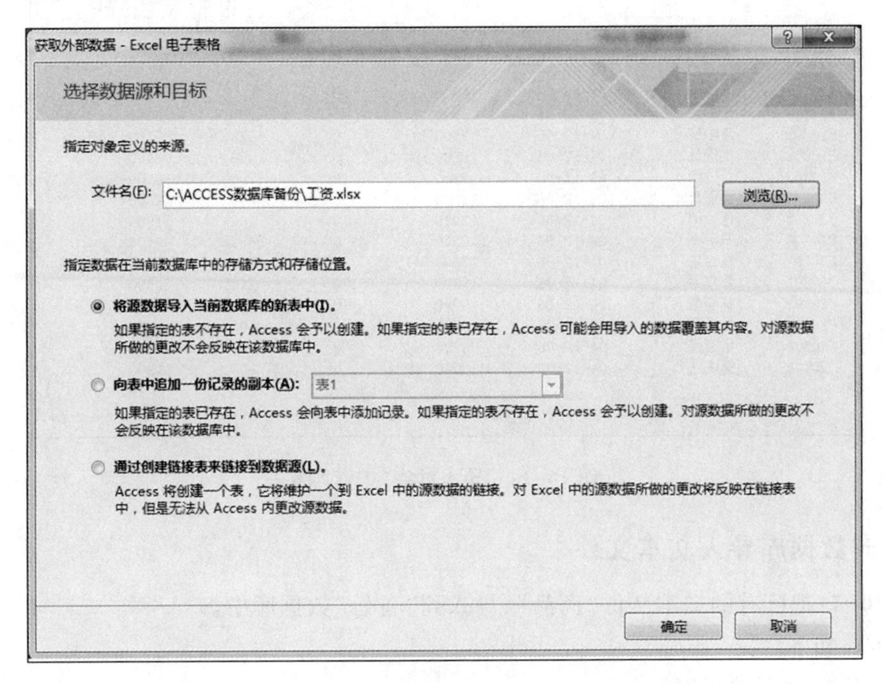

图 16-12 “获取外部数据-Excel 电子表格”对话框

(3) 在“获取外部数据-Excel 电子表格”对话框中,选择外部数据源“工资”文件,单击“确定”按钮,打开“导入数据表向导”对话框,如图 16-13 所示。

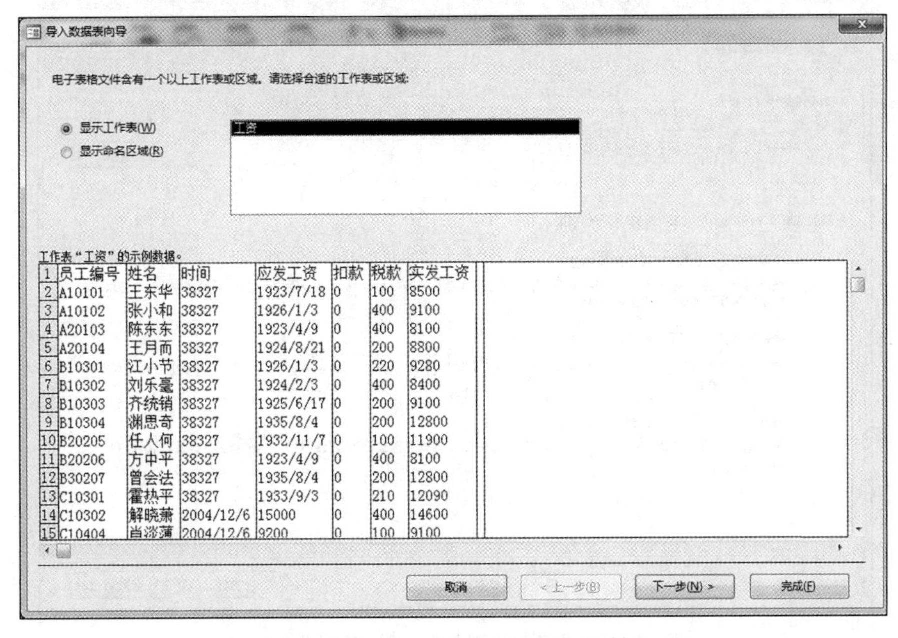

图 16-13 “导入数据表向导”对话框

（4）在“导入数据表向导”对话框中，可按“导入数据表向导”的指引，完成 Excel 数据的导入。

（5）在 Access 系统窗口中，打开导入对象“工资”文件，再单击“打开”按钮，如图 16-14 所示。

工资

	员工编号	姓名	时间	应发工资	扣款	税款	实发工资
	A10101	王东华	04-12-06	8600	0	100	8500
	A10102	张小和	04-12-06	9500	0	400	9100
	A20103	陈东东	04-12-06	8500	0	400	8100
	A20104	王月而	04-12-06	9000	0	200	8800
	B10301	江小节	04-12-06	9500	0	220	9280
	B10302	刘乐毫	04-12-06	8800	0	400	8400
	B10303	齐统销	04-12-06	9300	0	200	9100
	B10304	渊思奇	04-12-06	13000	0	200	12800
	B20205	任人何	04-12-06	12000	0	100	11900
	B20206	方中平	04-12-06	8500	0	400	8100
	B30207	曾会法	04-12-06	13000	0	200	12800
	C10301	霍热平	04-12-06	12300	0	210	12090
	C10302	解晓萧	04-12-06	15000	0	400	14600
	C10404	肖淡薄	04-12-06	9200	0	100	9100
	C20403	余渡渡	04-12-06	8700	0	400	9300
	C20405	鲁统法	04-12-06	12000	0	100	11900
*				0	0	0	0

记录：第 1 项(共 16 项　无筛选器　搜索

图 16-14　导入对象“工资”表

16.1.7　向数据库导入文本文件

实验 10-7：把已有的文本文件“商品”，导入到“备份”数据库中。

操作步骤如下。

（1）打开“备份”数据库。

（2）在 Access 系统窗口中，打开“外部数据”选项卡，单击“文本文件”按钮，打开“获取外部数据-文本文件”对话框，如图 16-15 所示。

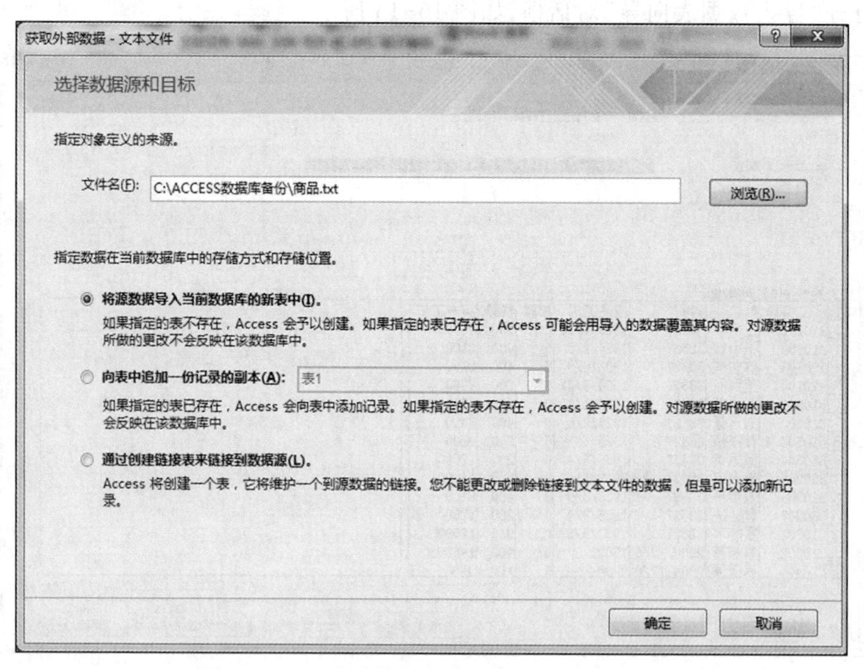

图 16-15　“获取外部数据-文本文件”对话框

(3) 在“获取外部数据-文本文件”对话框中,选择外部数据源“商品”,单击“确定”按钮,打开“导入文本向导”对话框,如图 16-16 所示。

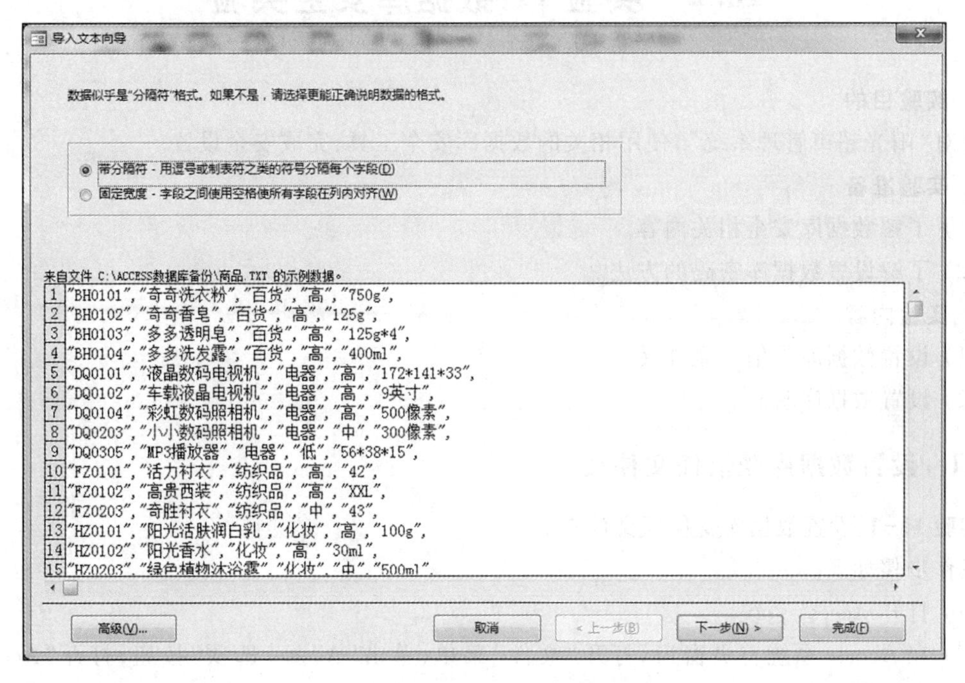

图 16-16 “导入文本向导”对话框

(4) 在“导入文本向导”对话框中,可按“导入文本向导”的指引,完成文本文件的导入。

(5) 在 Access 系统窗口中,打开导入对象“商品”,再单击“打开”按钮,如图 16-17 所示。

商品

商品编号	名称	类型	品质	规格	备注
BH0101	奇奇洗衣粉	百货	高	750g	
BH0102	奇奇香皂	百货	高	125g	
BH0103	多多透明皂	百货	高	125g*4	
BH0104	多多洗发露	百货	高	400ml	
DQ0101	液晶数码电视机	电器	高	172*141*33	
DQ0102	车载液晶电视机	电器	高	9英寸	
DQ0104	彩虹数码照相机	电器	高	500像素	
DQ0203	小小数码照相机	电器	中	300像素	
DQ0305	MP3播放器	电器	低	56*38*15	
FZ0101	活力衬衣	纺织品	高	42	
FZ0102	高贵西装	纺织品	高	XXL	
FZ0203	奇胜衬衣	纺织品	中	43	
HZ0101	阳光活肤润白乳	化妆	高	100g	
HZ0102	阳光香水	化妆	高	30ml	
HZ0203	绿色植物沐浴露	化妆	中	500ml	
HZ0305	月亮洗面奶	化妆	低	200g	
SP0101	神怡咖啡	食品	高	13g	
SP0102	周日食品	食品	低	50g	
SP0203	泡泡面包	食品	中	100g	
*					

记录: 第 1 项(共 19 项 无筛选器

图 16-17 导入对象“员工”表

16.2　实验 11:数据库安全实验

1. 实验目的

针对“阳光超市管理系统”,使用相关的数据库安全工具,完成安全设置。

2. 实验准备

(1) 了解数据库安全相关内容。

(2) 了解设置数据库密码的方法。

3. 实验内容

(1) 设置数据库受信任文件夹。

(2) 设置数据库密码。

16.2.1　设置数据库受信任文件夹

实验 11-1:设置数据库受信任文件夹。

操作步骤如下。

(1) 打开 Access 系统。

(2) 在 Access 系统首页窗口,打开“文件”菜单,单击“Access 选项”按钮,打开“Access 选项”对话框,如图 16-18 所示。

图 16-18　“Access 选项”对话框

(3) 在“Access 选项”对话框中,选择导航栏中的“信任中心”选项,找到“信任中心设置”按钮,如图 16-19 所示。

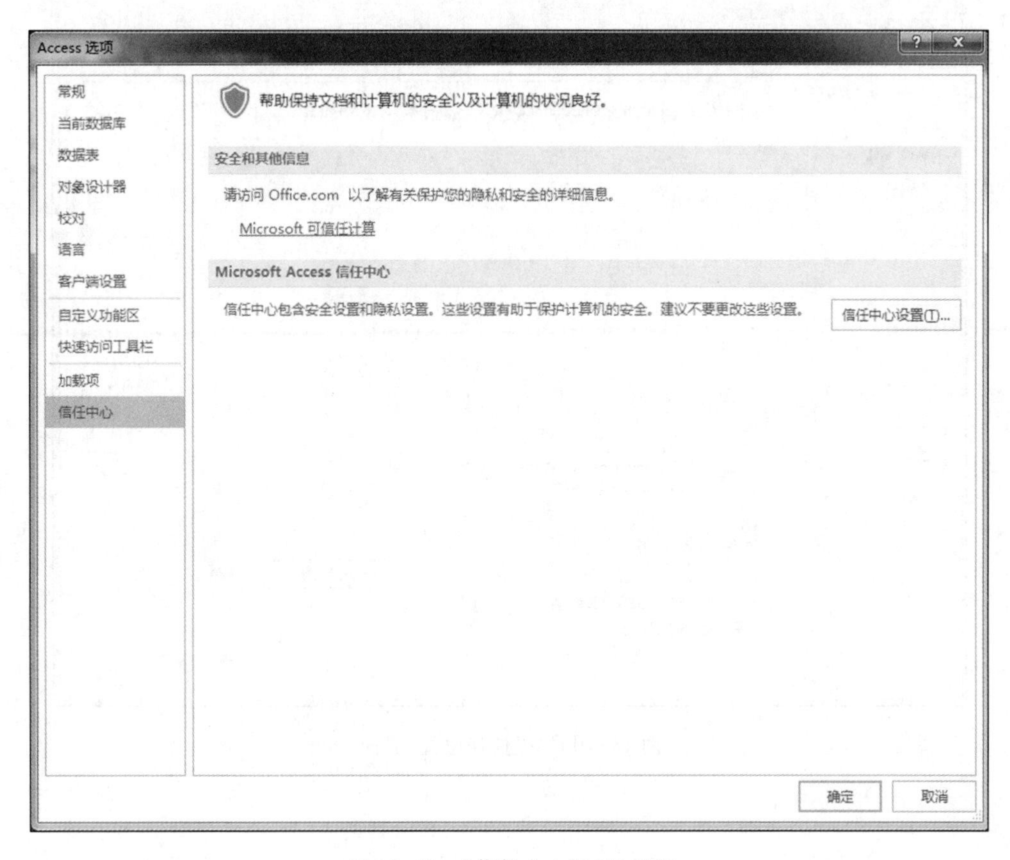

图 16-19 “信任中心设置”按钮

(4) 在“Access 选项”对话框中,单击“信任中心设置”按钮,打开“受信任位置”界面,如图 16-20 所示。

(5) 在“受信任位置”界面中,选择受信任文件夹,单击“确定”按钮,结束操作。

16.2.2 设置数据库访问密码

实验 11-2:设置数据库访问密码。

操作步骤如下。

(1) 打开 Access 系统。

(2) 在 Access 系统首页窗口,打开“文件”菜单,选择“打开”命令,打开“打开”对话框。

(3) 在“打开”对话框中,以“独占方式打开”数据库,进入 Access 系统窗口。

(4) 在 Access 系统窗口中,单击“用密码进行加密”按钮,打开“设置数据库密码”对话框。

(5) 在“设置数据库密码”对话框中,输入数据库密码,单击“确定”按钮,结束数据库密码设置。

图 16-20 “受信任位置”界面

第 17 章　小型应用系统开发案例

开发数据库应用系统是使用 Access 数据库管理系统软件的最终目的。本章将整体性地介绍数据库应用系统开发过程，综合运用前面各章所讲的数据库管理软件操作知识和设计技巧，实施一个小型应用系统开发的全过程，从而帮助读者对本书的知识学习进行一个全面的、综合的运用和训练。本章将结合一个具体案例“阳光超市管理系统”进行介绍，它是为某超市业务总管设计的超市业务管理数据库应用系统，且是一个教学案例，若想应用于实践还需进一步开发。

17.1　应用系统开发概述

一般地说，数据库应用系统开发要经过系统分析、系统设计、系统实施和系统维护与调试几个不同的阶段。

实验视频
Access 小型数据库应用系统开发的一般方法

17.1.1　系统分析阶段

开发数据库应用系统时，系统分析是首先遇到的重要环节。系统分析的好坏决定系统的成败，系统分析做得越好，系统开发的过程就越顺利。

在数据库应用系统开发的分析阶段，要在信息收集的基础上确定系统开发的可行性思路。也就是要求程序设计者通过对将要开发的数据库应用系统的相关信息进行收集，确定该数据库应用系统的总需求目标、开发的总体思路及开发所需的时间等。

在数据库应用系统开发的分析阶段，明确数据库应用系统的总需求目标是最重要的内容。作为系统开发者，要清楚是为谁开发数据库应用系统，由谁来使用数据库应用系统，由于使用者的不同，数据库应用系统目标的角度是不一样的。

以“阳光超市管理系统”为例，如果要设计的数据库应用系统是给超市财务经理使用的，数据库管理系统所管理的应该是有关商品财务信息方面的资料，如商品进货价格、零售价格、销售数量、销售金额、员工工资级别、日累计金额、月累计金额及盈亏等信息。

如果要设计的数据库应用系统是给超市营销经理使用的，数据库管理系统所管理的应该是有关商品营销信息方面的资料，如商品进货数量、库存数量、销售数量、滞销商品、热卖商品等信息。

如果要设计的数据库应用系统是给超市人事部门经理使用的，数据库管理系统所管理的应该是有关超市员工信息方面的资料，如员工职能分工、员工数量、员工个人资料、员工工资、聘用员工等信息。

如果要设计的数据库应用系统是给超市总经理使用的，数据库管理系统所管理的应该是有关超市财务信息、营销信息、员工信息等信息的综合和集合。

17.1.2　系统设计阶段

在数据库应用系统开发分析阶段确立的总体目标基础上,就可以进行数据库应用系统开发的逻辑模型或规划模型的设计。

数据库应用系统开发设计的首要任务,就是对数据库应用系统在全局性的把握基础上进行全面的总体规划,只有认真细致地搞好总体规划,才能省时、省力、节省资金。而总体规划任务的具体化,就是要确立该数据库系统的逻辑模型的总体设计方案,具体确立数据库应用系统所具有的功能,明确各个系统功能模块所承担的任务,特别是要明确数据的输入、输出的要求等。

“阳光超市管理系统”总体规划以及各子系统功能模块如图 17-1 所示。

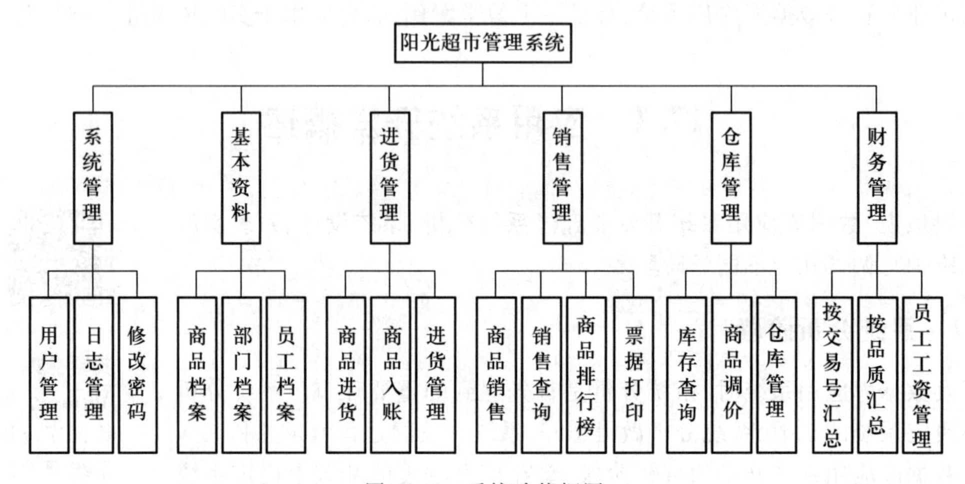

图 17-1　系统功能框图

17.1.3　系统实施阶段

在数据库应用系统开发的实施阶段,主要任务是按系统的功能模块的设计方案,具体实施系统的逐级控制和各独立模块的建立,从而建立形成一个完整的应用开发系统。

在建立应用系统的过程中,要按系统论的思想,把数据库应用系统视为一个大的系统,将这个大系统再分成若干相对独立的小系统,保证高级控制程序能够控制各个子功能模块功能的实现。

在数据库应用系统开发的实施阶段,一般采用“自顶向下”的设计思路和步骤来开发系统,通过系统菜单或系统控制面板逐级控制更低一层的模块,确保每一个模块完成一个独立的任务,且受控于系统菜单或系统控制面板。

具体设计数据库应用系统时,要做到每一个模块易维护、易修改,并使每一个功能模块尽量小而简明,使模块间的接口数目尽量少。

17.1.4　系统维护与调试阶段

数据库应用开发系统建立后,就进入了维护与调试阶段。

在数据库应用系统开发的维护阶段,要修正数据库应用系统的缺陷,增加新的性能。

在数据库应用系统开发的调试阶段,测试数据库应用系统的性能尤为关键,不仅要通过调试工具检查、调试数据库应用系统,还要通过模拟实际操作或实际验证数据库应用系统,若出现错误或有不适当的地方要及时加以修正。

17.2　应用系统的主体设计

前面讲的数据库应用系统开发的一般过程,其核心内容是设计数据库应用系统的逻辑模型或规划模型,这是数据库系统设计过程的第一步,而这种规划性设计的核心内容是要规划好系统的主控模块和若干主要功能模块的规划方案,这是整个数据库应用系统设计开发的关键。

在数据库应用系统规划设计中,首先要确定好系统的主控模块及主要功能模块的设计思路和方案。一般的数据库应用系统的主控模块包括:系统主页、系统登录、控制面板、系统主菜单;主要功能模块包括数据库的设计,数据输入窗体、数据维护窗体、数据浏览窗体、查询窗体的设计,统计报表的设计等。

17.2.1　设计数据库

数据库应用系统的数据库作为系统的一个主要功能模块,是系统的数据源,也即整个系统运行过程中全部数据的来源。

在进行数据库应用系统开发时,一定要规划设计好数据库,设计好数据库中的诸多数据表,设计好数据表间的关联关系,设计好数据表的结构,然后再设计由表生成的查询。

一个数据库应用系统的好坏,数据库的设计是其关键之一。

数据库应用系统的数据量越大,数据来源越复杂,数据库设计的好坏就越显得重要。

数据库的规划设计是系统设计中非常重要的一步,它将影响整个系统的设计过程。

(1)“阳光超市管理系统”数据库概念结构,如图 17-2 所示。

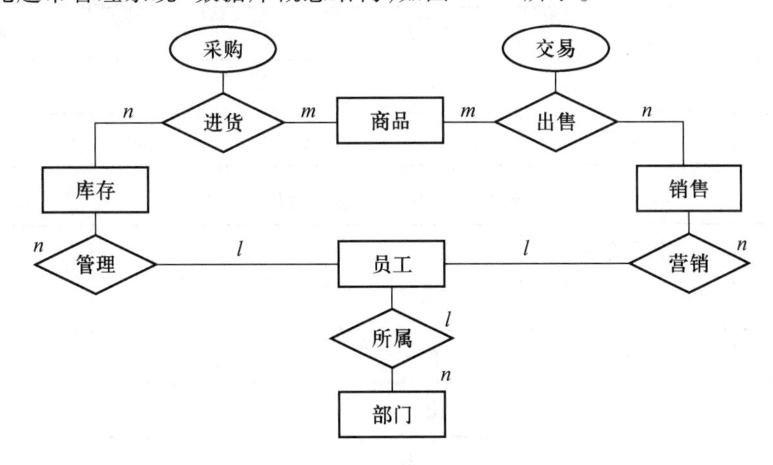

图 17-2　概念结构图

（2）“阳光超市管理系统”数据库逻辑结构如下。

商品（商品编号，名称，类型，品质，规格）

采购（采购单号，商品编号，进货日期，生产日期，进货数量，进货价格，生产厂家，厂家地址，联系电话，联系人，经办人）

库存（商品编号，进出情况，进出时间，进出数量，位置编号，经办人，库管员）

交易（交易号，交易时间，终端，收银员，总金额）

销售明细（商品编号，商品单价，商品数量，交易号）

员工（员工编号，姓名，性别，年龄，民族，电话，住址，工龄，照片，简历，部门编号）

部门（部门编号，部门名称，负责人，员工人数，部门电话）

工资（员工编号，姓名，时间，应发工资，扣款，税款，实发工资）

（3）“阳光超市管理系统”数据库中各表的结构如表 17-1～表 17-8 所示。

表 17-1　商品信息表结构

字段名	字段类型	字段长度	小数点	索引类型
商品编号	C	6	—	主索引
名称	C	20	—	—
类型	C	20	—	—
品质	C	30	—	—
规格	C	15	—	—

注：商品编号格式为 ABCDEF。其中，AB：商品类型编号，CD：商品品质编号，EF：商品顺序编号

表 17-2　交易情况表结构

字段名	字段类型	字段长度	小数点	索引类型
交易号	C	4	—	主索引
交易时间	D	中日期	—	—
终端	C	2	—	普通索引
收银员	C	6	—	—
总金额	单精度	12	2	

表 17-3　销售明细表结构

字段名	字段类型	字段长度	小数点	索引类型
商品编号	C	6	—	普通索引
商品单价	N	单精度	—	—
商品数量	N	长整型	—	—
交易号	C	2	—	普通索引

表 17-4 采购情况表结构

字段名	字段类型	字段长度	小数点	索引类型
采购单号	C	6	—	普通索引
商品编号	C	6	—	—
进货日期	D	中日期	—	主索引
生产日期	D	中日期	—	—
进货数量	N	长整型	—	—
进货价格	N	单精度	2	
生产厂家	C	20	—	—
厂家地址	C	20	—	—
联系电话	C	13	—	—
联系人	C	6	—	—
经办人	C	6	—	—

表 17-5 库存情况表结构

字段名	字段类型	字段长度	小数点	索引类型
商品编号	C	6	—	普通索引
进出情况	C	2		—
进出时间	D	中日期		主索引
进出数量	N	长整型	—	—
位置编号	C	1		
经办人	C	6	—	—
库管员	C	6	—	—

表 17-6 部门信息表结构

字段名	字段类型	字段长度	小数点	索引类型
部门编号	C	2	—	主索引
部门名称	C	20	—	—
负责人	C	6	—	—
员工人数	C	整数	—	—
部门电话	C	8		

表 17-7 员工情况表结构

字段名	字段类型	字段长度	小数点	索引类型
员工编号	C	6	—	主索引
姓名	C	6	—	—
性别	C	2	—	—
年龄	N	整数	—	—
民族	C	10	—	—
电话	C	13	—	—
住址	C	30	—	—
工龄	N	整数	—	—
照片	G	—	—	—
简历	T	—	—	—
部门编号	C	2	—	候选索引

注:员工编号格式为 ABCDEF。其中,AB:部门编号,CD:岗位编号,EF:人员顺序编号

表 17-8 工资发放情况表结构

字段名	字段类型	字段长度	小数点	索引类型
员工编号	C	6	—	主索引
姓名	C	6	—	—
时间	D	中日期	—	—
应发工资	单精度	8	2	—
扣款	单精度	7	2	—
税款	单精度	7	2	—
实发工资	单精度	8	2	—

(4)“阳光超市管理系统”数据库中各表间的关联关系,如图 17-3 所示。

17.2.2 设计系统首页

数据库应用系统首页是整个系统最高一级的工作窗口,通常通过这个工作窗口,启动系统登录工作窗口,并简介系统总体功能或说明系统的设计者、开发时间等信息。数据库应用系统主页的规划设计,要考虑界面的美观大方,能通过主页界面吸引用户对系统的关注,以及引导用户方便地进入系统。

“阳光超市管理系统”系统主页如图 17-4 所示。

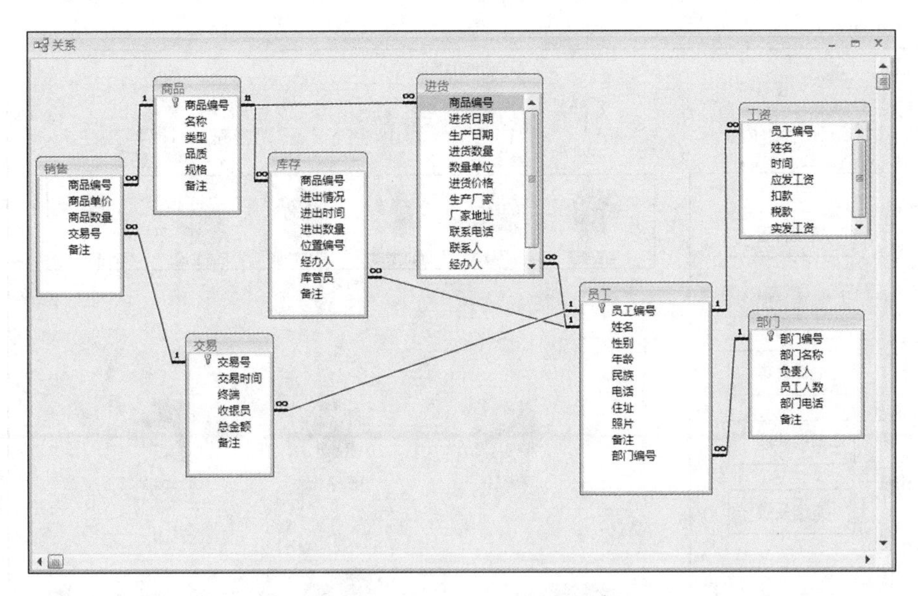

图 17-3 表间的关联关系

17.2.3 设计登录窗口

系统登录工作窗口是用来控制操作员使用系统口令输入的窗口,操作员只有按系统设计者提供的保密口令,才能安全可靠地使用系统,另外也可以通过系统分级口令实现系统功能的分级操作。

系统登录工作窗口的规划设计,要提供输入系统口令的功能,在输入系统口令时,应尽量方便、简捷,要有容错功能,此外还要为系统“日志”表提供必要的数据。

“阳光超市管理系统”系统登录工作窗口如图 17-5 所示。

图 17-4 主页

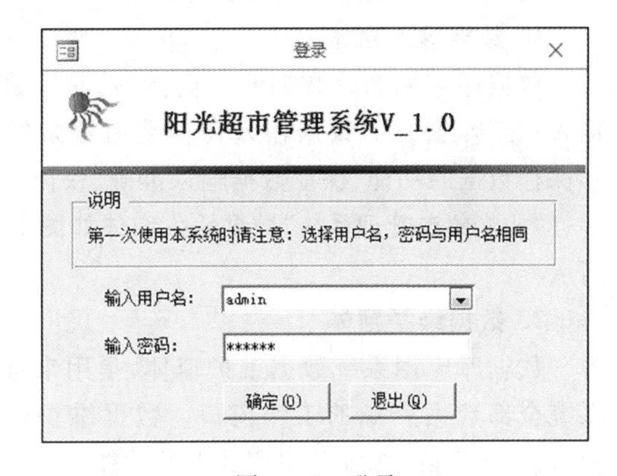

图 17-5 登录

17.2.4 设计控制面板

在 Access 中,控制面板是一个具有专门功能的窗体,它可以调用主菜单,并提供实现系统功能的方法。

“阳光超市管理系统”控制面板如图 17-6 所示。

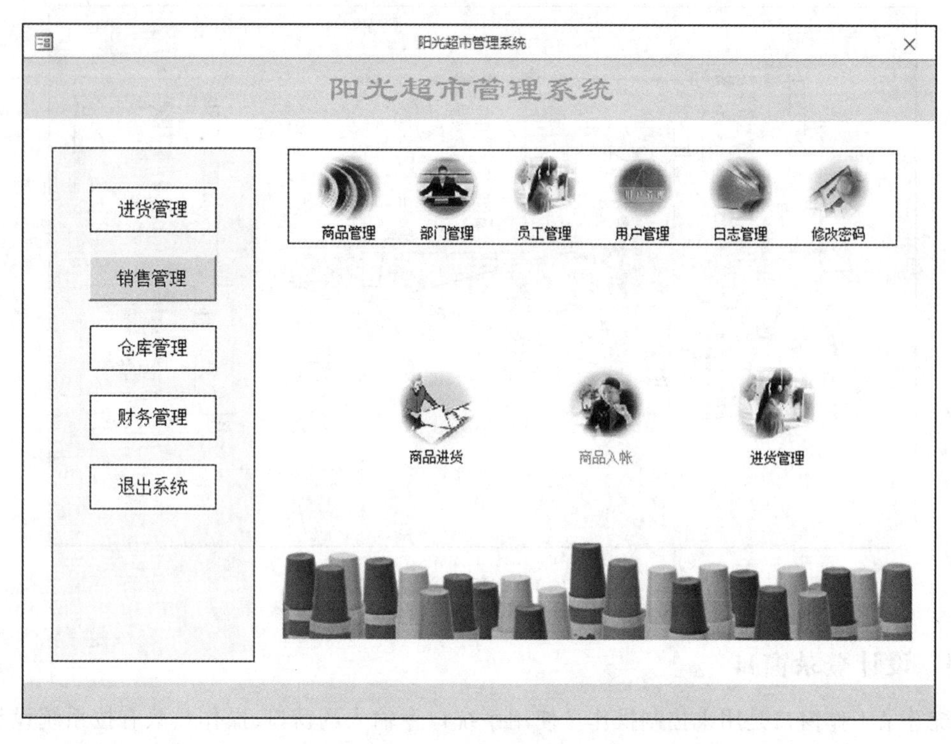

图 17-6　控制面板

17.2.5　设计数据操作窗口

规划设计数据库应用系统的数据窗体，主要应设计好以下几种类型的窗体。

1. 数据输入窗体

数据库应用系统数据输入窗体，是原始数据输入的工作窗口。数据输入窗体要有添加数据和保存数据的功能，保证数据输入准确、快捷。

“阳光超市管理系统”数据输入窗体如图 17-7 所示。

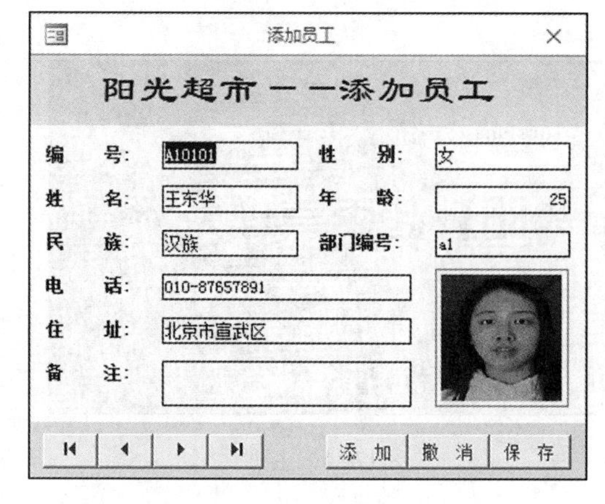

图 17-7　数据输入窗体

2. 数据维护窗体

数据库应用系统数据维护窗体，是用来维护系统全部数据资源的工作窗口。数据维护窗体要有修改、删除、添加及保存数据的功能。

“阳光超市管理系统”数据维护窗体如图 17-8 所示。

3. 数据查询窗体

数据库应用系统数据查询窗体，是系统进行数据信息检索的工作窗口。

数据查询窗体要有查找、发布、浏览以及输出数据信息的功能。

“阳光超市管理系统”数据查询窗体如图 17-9 所示。

商品进货管理

修改 删除 查询 打印 退出

商品编号	进货日期	生产日期	进货数量	数量单位	进货价格	生产厂家	厂家住址	联系电话	联系人
BH0101	04-06-30	04-04-30	500	袋	7.4	上海日用品	上海	021-23461245	王野平
BH0101	04-10-23	04-05-23	100	袋	7.3	上海日用品	上海	021-23461245	王野平
BH0102	04-07-25	04-06-25	1000	块	4.3	上海日用品	上海	021-56374689	王野平
BH0103	04-10-30	04-09-30	100	捆	4.1	北京日用品	北京	010-24562467	童工工
BH0103	04-12-30	04-10-30	100	捆	4.1	北京日用品	北京	010-24562467	童工工
BH0103	05-02-28	05-02-20	200	捆	4.1	北京日用品	北京	010-24562467	童工工
BH0104	04-09-11	04-07-11	50	瓶	35.8	北京日用品	北京	010-45678436	童工工
DQ0101	04-05-10	04-01-10	5	台	1200	东华电器	深圳	0755-8977578	肖和平
DQ0101	05-01-10	04-10-10	10	台	1200	东华电器	深圳	0755-8977578	肖和平
DQ0102	04-03-01	04-01-10	20	台	920	日明彩电	深圳	0755-45678904	汪洋
DQ0102	05-01-30	04-11-30	10	台	940	日明彩电	深圳	0755-45678904	汪洋
DQ0104	03-05-22	03-01-10	10	架	1500	小数码电器	上海	021-24678942	单一托
DQ0203	04-01-30	03-11-30	5	架	3000	彩虹照相机	北京	010-31245689	霍氽小
DQ0305	04-02-08	04-02-08	30	台	1000	爱乐电器	上海	021-31578654	李卓礼
FZ0101	04-01-10	04-01-01	50	件	150	上海纺织一厂	上海	021-33678976	刘现代
FZ0102	04-03-10	04-03-01	10	套	750	上海纺织一厂	上海	021-12446788	刘现代
FZ0203	03-12-30	03-09-30	70	件	100	苏州纺织厂	苏州	0512-5678966	毛电滴
FZ0203	04-06-30	04-01-30	20	件	100	苏州纺织厂	苏州	0512-5678966	毛电滴
FZ0203	04-11-30	04-11-10	70	件	100	苏州纺织厂	苏州	0512-5678966	毛电滴
FZ0203	05-01-30	05-01-10	20	件	100	苏州纺织厂	苏州	0512-5678966	毛电滴
HZ0101	04-05-22	04-05-02	100	瓶	106	北京日化	北京	010-34678765	吕玉格
HZ0101	04-10-12	04-09-01	100	瓶	106	北京日化	北京	010-34678765	吕玉格
HZ0101	04-12-30	04-12-10	100	瓶	106	北京日化	北京	010-34678765	吕玉格
HZ0102	04-02-08	04-02-01	40	瓶	180	美肤日化	北京	010-34568766	林地提
HZ0203	04-06-08	04-06-01	30	瓶	450	芳香制造	北京	010-32234445	潘琵琵
HZ0203	04-10-18	04-10-10	20	瓶	450	芳香制造	北京	010-32234445	潘琵琵
HZ0203	04-12-01	04-11-01	10	瓶	450	芳香制造	北京	010-32234445	潘琵琵
HZ0204	04-07-07	04-06-07	100	瓶	48	芳香制造	北京	010-23445676	潘琵琵
HZ0305	04-03-07	04-02-07	50	瓶	150	芳香制造	北京	010-34332344	潘琵琵
HZ0305	04-10-05	04-06-05	30	瓶	150	芳香制造	北京	010-34332344	潘琵琵

记录: 第 1 项(共 42 项 无筛选器 搜索

图 17-8 数据维护窗体

商品编号	名称	类型	品质	规格	备注
BH0101	奇奇洗衣粉	百货	精品	750g	
BH0102	奇奇香皂	百货	精品	125g	
BH0103	多多透明皂	百货	精品	125g*4	
BH0104	多多洗发露	百货	精品	400ml	

图 17-9 数据查询窗体

17.2.6 设计报表

数据库应用系统的报表,是数据库中数据输出的工作窗口,也是通过打印机打印输出的格式文件。数据报表的规划设计主要是要提出对报表的布局、页面大小、附加标题、各种说明信息的设计思路和方案,并使其在实用、美观的基础上,还能够完成对数据源中数据的统计分析计算,然后按指定格式打印输出。

"阳光超市管理系统"原始数据报表如图 17-10 所示。

"阳光超市管理系统"统计分析计算数据报表如图 17-11 所示。

商品

商品

商品编号	名称	类型	品质	规格
BH0101	奇奇洗衣粉	百货	精品	750g
BH0102	奇奇香皂	百货	精品	125g
BH0103	多多透明皂	百货	精品	125g*4
BH0104	多多洗发露	百货	精品	400ml
DQ0101	液晶数码电视机	电器	精品	172*141*33
DQ0102	车载液晶电视机	电器	精品	9英寸
DQ0104	彩虹数码照相机	电器	精品	500像素
DQ0203	小小数码照相机	电器	中	300像素
DQ0305	MP3播放器	电器	低	56*38*15
FZ0101	活力衬衣	纺织	精品	42
FZ0102	高贵西装	纺织	精品	XXL
FZ0203	奇胜衬衣	纺织	中	43
HZ0101	阳光活肤润白乳	化妆	精品	100g

图 17-10 原始数据报表

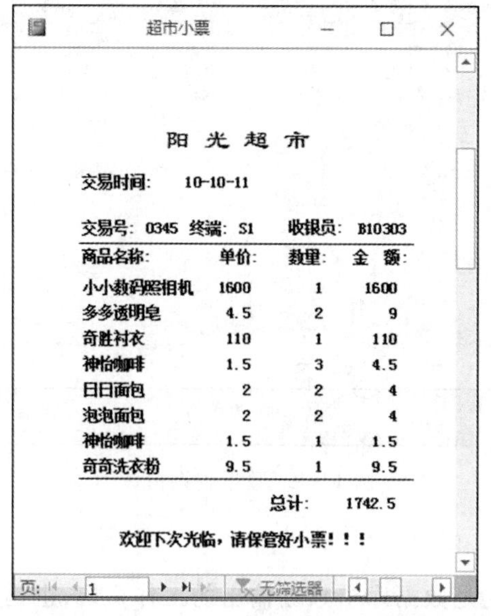

超市小票

阳 光 超 市

交易时间: 10-10-11

交易号: 0345 终端: S1 收银员: B10303

商品名称:	单价:	数量:	金 额:
小小数码照相机	1600	1	1600
多多透明皂	4.5	2	9
奇胜衬衣	110	1	110
神怡咖啡	1.5	3	4.5
日日面包	2	2	4
泡泡面包	2	2	4
神怡咖啡	1.5	1	1.5
奇奇洗衣粉	9.5	1	9.5

总计: 1742.5

欢迎下次光临,请保管好小票!!!

页: 1 无筛选器

图 17-11 统计分析计算数据报表

17.3　设置自动启动窗体

“主页”窗体是实用数据库应用系统的第一个工作窗口,“阳光超市管理系统”的“主页”窗体也是该系统的第一个工作窗口。为了让用户一打开“阳光超市管理系统”就能自动启动,要为“主页”窗体设置一个特殊的属性。

操作步骤如下。

(1) 打开“阳光超市管理系统”数据库。

(2) 在 Access 系统窗口中,打开“Office 按钮”下拉菜单,单击“Access 选项”按钮,打开“Access 选项”对话框,如图 17-12 所示。

图 17-12　“Access 选项”对话框

(3) 在“Access 选项”对话框中,首先选择“当前数据库”选项,然后在“显示窗体”下拉框中选择要作为自动启动窗体的窗体,最后,单击“确定”按钮,结束自动启动窗体的设置。

附　　录

附录 A　字段常用属性

字段常用属性如附表 A 所示。

附表 A　字段常用属性

属　　性	功　　能
字段大小	设置字段存储数据的最大字节数
格式	自定义字段的显示和打印方式
输入掩码	控制在文本框类型的控件中的输入值
标题	定义视图的列名称,默认值为字段名
默认值	自动填充的字段值
有效性规则	指定对输入到记录、字段或控件中的数据限制条件
有效性文本	当违反了有效性规则时,所显示的文本信息
必填字段	控制不允许有空字段值
索引	设置索引字段
小数位数	定义字段中的小数位数
新值	定义自动编号字段的值,是以递增方式,还是以随机方式产生
显示控件	定义字段是以文本框、列表框或组合框显示的方式
行来源类型	定义控件数据来源的类型
行来源	定义查阅向导字段类型控件的数据来源
结合型列	定义设置控件值的列表框或组合框的列
列数	定义要显示的列数目
列标头	定义是否用字段名称、标题或数据的首行作为列标题或图表标签
列宽	定义多列列表框或组合框的列宽
列表行数	定义在组合框中显示的行的最大数目
列表宽度	定义组合框中下拉列表的宽度
限于列表	定义当首字符与所选择列之一相符时是否接受文本
筛选	定义是否和表或查询一起加载筛选

续表

属　性	功　能
排序依据	定义是否和表或查询一起加载排序依据
说明	定义表或查询的说明
输出所有字段	定义是否从来源表中或从查询中输出所有字段
上限值	定义查询所返回的行数或百分比
唯一值	定义查询中是否有重复的字段值
执行权限	定义可执行查询的用户
源数据库	定义输入表或查询的源数据库的名称和路径
来源连接字符串	定义连接字符串的源数据库
记录锁定	定义是否及如何锁定基础表或查询中的记录
记录集类型	定义哪些表可以编辑

附录 B　对象常用属性

对象常用属性如附表 B 所示。

附表 B　对象常用属性

属　性	功　能
标题	窗体或报表显示标题，与窗体本身的内容无关，默认值为窗体或报表的名称
默认视图	当窗体被打开时所要显示的视图类型
允许的视图	用户可切换的视图
滚动条	窗体是否显示滚动条和显示什么样的滚动条
记录选定器	窗体是否显示记录选定器
定位按钮	窗体是否显示定位按钮
分隔线	在窗体的节之间是否显示分隔线
自动调整	为了能显示一个记录的全部字段，是否可以调整窗体的大小
自动居中	窗体是否在显示器的中心
边框宽度	控件边框的宽度
边框样式	控件边框样式
控制框	是否在窗体的左上角显示控制菜单
“最大化”/“最小化”按钮	在窗体上是否显示“最大化”按钮和“最小化”按钮

续表

属　性	功　能
“关闭”按钮	在窗体上是否显示“关闭”按钮
问号按钮	在窗体上是否显示问号按钮
宽度	窗体的宽度
图片	窗体背景图片的路径及名称
图片类型	背景图片是链接还是嵌入
图片缩放模式	指定窗体或报表中的图片调整大小的方式
图片对齐方式	指定背景图片在图像控件、窗体或报表中显示的位置
图片平铺	指定背景图片是否在整个图像控件、窗体窗口或报表页面中平铺
网格线 X 坐标	网格中每一单位量度的(水平)分隔数
网格线 Y 坐标	网格中每一单位量度的(垂直)分隔数
打印版式	是否使用打印机字体
调色板来源	调色板的图形的路径或文件名称
强制分页	指定窗体节或报表节是否在新的一页打印,而不是从当前页打印
新行或新列	指定一个节和其相关数据是否在多列报表、窗体的一个新行(列)中进行打印
保持同页	是否使节都包含在同一页上
可见性	对象是否可见
何时显示	指定窗体中将在屏幕上显示的节或控件
可以扩大	节或控件是否可垂直地增大,使行能够打印或预览所有数据
可以缩小	节或控件是否可垂直地缩小,使行能够打印或预览所有数据而不包含空白
高度	控件的高度
背景颜色	控件或节的颜色
前景颜色	文本在控件中的颜色,或文本在打印时的颜色
特殊效果	控件或节的外观效果
超级链接地址	为控件指定或确定其链接到对象、文档、Web 页或其他目标的路径
超级链接子地址	指定或确定由超级链接地址所指定的目标文档中的某一位置
左边距	控件左端相对于窗体或报表的位置
上边距	控件上部相对于窗体或报表的位置
背景样式	控件的背景样式
字体名称	文本的字体
字体大小	文本的大小

续表

属 性	功 能
字体的粗细	文本的线条宽度
斜体	文本是否倾斜
下划线	文本是否带有下划线
文本对齐	控件内文本的对齐方式
小数位数	控件中小数的位数
列数	组合框中下拉列表的列数
列标头	是否用字段名称、标题或数据的首行作为列标题或图表的标签
列宽	多列列表框或组合框中下拉列表的列宽
列表行数	组合框下拉列表中所显示的最大行数
列表宽度	组合框下拉列表的宽度
记录来源	窗体或报表所基于的表、查询或 SQL 语句
控件来源	作为控件数据来源的字段名称或表达式
行来源	控件数据的来源
行来源类型	控件数据来源的类型
结合型列	设置控件值的列表框或组合框的列
自动展开	当首字符与所选列之一相同时,是否展开文本
筛选	窗体/报表自动加载的筛选
排序依据	窗体/报表自动加载的排序依据
允许筛选	是否允许记录筛选
允许编辑	在窗体中能否修改记录
允许删除	在窗体中能否删除记录
允许添加	在窗体中能否添加记录
数据入口	是否仅允许添加新记录
记录集类型	决定哪些表可以编辑
记录锁定	是否及如何锁定基础表或查询中的记录
默认值	自动输入到此字段记录中的值
成为当前	在焦点从一个记录移动到另一个记录时所要执行的宏或函数
插入前	在新记录的第一个字符被输入时所要执行的宏或函数
插入后	在新记录被输入后所要执行的宏或函数
更新前	在字段或记录被更新前所要执行的宏或函数

续表

属　性	功　能
更新后	在字段或记录被更新后所要执行的宏或函数
删除	在记录被删除时所要执行的宏或函数
确认删除前	在确认删除前所要执行的宏或函数
确认删除后	在确认删除后所要执行的宏或函数
打开	在窗体或报表打开时所要执行的宏或函数
进入	当控件第一次获得焦点时所要执行的宏或函数
退出	当控件在同一个窗体上失去焦点时所要执行的宏或函数
加载	窗体/报表在加载时所要执行的宏或函数
调整大小	窗体/报表在调整大小时所要执行的宏或函数
卸载	窗体/报表在卸载时所要执行的宏或函数
关闭	窗体/报表在关闭时所要执行的宏或函数
激活	当一个窗体/报表被激活时所要执行的宏或函数
停用	当一个窗体/报表失去激活时所要执行的宏或函数
获得焦点	当一个窗体或控件获得焦点时所要执行的宏或函数
失去焦点	当一个窗体或控件失去焦点时所要执行的宏或函数
单击	当控件被单击时所要执行的宏或函数
双击	当控件被双击时所要执行的宏或函数
鼠标按下	当鼠标按下时所要执行的宏或函数
鼠标移动	当鼠标移动时所要执行的宏或函数
鼠标释放	当鼠标释放时所要执行的宏或函数
键按下	当键按下时所要执行的宏或函数
键释放	当键释放时所要执行的宏或函数
击键	当键被按下或键释放时所要执行的宏或函数
键预览	是否在控件的键盘事件发生前调用窗体的键盘事件
出错	当窗体或报表在发生运行错误时所要执行的宏或函数
筛选	当一个筛选被编辑时所要执行的宏或函数
应用筛选	当一个筛选被应用或移去时所要执行的宏或函数
计时器触发	当计时器时间间隔为“0”时所要执行的宏或函数
计时器间隔	以毫秒为单位来指定计时器时间间隔
格式化	当节被格式化前所要执行的宏或函数
弹出方式	窗体是否为弹出式窗口，自动出现在其他窗体之前

续表

属　　性	功　　能
独占方式	窗体是否保留焦点,直到关闭
循环	Tab 键应如何循环
菜单栏	自定义菜单栏或菜单栏宏的名称
工具栏	窗体被打开时显示的工具栏
快捷菜单	允许在浏览模式中使用鼠标键菜单
快捷菜单栏	自定义快捷菜单和菜单宏的名称
快速激光打印	是否使用激光打印机的规则来打印
帮助文件	此窗体自定义帮助文件名称
帮助上下文 ID	自定义帮助文件中主题的标识号
标记	由此控件保存的额外数据
内含模块	确定窗体或报表是否含有类模块
垂直放置	指定在垂直或水平方向显示、编辑窗体中的控件
控件提示文本	提示信息
输入法模式	鼠标进入控件时是否打开输入法
状态栏文本	当控件被选定时,状态栏中所显示的内容
Enter 键行为	接收到同一窗体上另一控件焦点之前即按 Enter 键所要发生的事件
允许自动更正	是否自动更正此控件中输入的文字
自动 Tab 键	输入最后一个掩码允许的字符后,是否自动跳到下一个控件
Tab 键索引	通过生成器可以定义 Tab 键的次序
记录锁定	是否及如何锁定基础表或查询的记录
日期分组	指定如何在报表中分组日期字段

附录 C　常用的宏命令

常用的宏命令如附表 C 所示。

附表 C　常用的宏命令

宏 命 令	功　　能
AddMenu	自定义菜单栏可替换窗体或报表的内置菜单栏
ApplyFilter	从表中检索浏览记录
Beep	扬声器发出嘟嘟声

续表

宏命令	功 能
CancelEvent	停止激活的事件
Close	关闭一个窗体及其所包含的所有对象,如果没有指定窗体,则关闭当前窗体
CopyObject	把一个数据库中的对象复制到另一个数据库中,或快速地创建一个相似的对象
DeleteObject	删除一个特定的数据库对象
DoMenuItem	执行一个菜单命令
Echo	决定运行宏时是否更新屏幕,参数设置为 No,宏运行时将不会更新屏幕
FindNext	在 FindRecord 操作之后使用 FindNext,可连续地查找符合相同准则的记录
FindRecord	在表中寻找第一个符合准则的记录
GotoControl	把光标移到指定的表格或报表中的控件位置
GotoPage	把光标移到指定的页面的第一个控件的位置
GoToRecord	确定打开的表、窗体或查询中的当前记录
HourGlass	在鼠标指针处显示沙漏图标
Maximize	扩大当前窗体以填充 Access 窗体,使用户尽可能多地看到活动窗体中的对象
Minimize	把当前窗体缩小为图标
MoveSize	移动当前窗体或重新定义当前窗体的大小
MsgBox	打开一个可以显示包含警告信息或其他信息的消息框
OpenDataAccessPage	打开数据访问页
OpenDiagram	打开一个数据库图表
OpenForm	打开一个窗体
OpenModule	打开一个模块
OpenQuery	打开一个查询
OpenReport	打开一个报表
OpenStoredProcedure	打开一个存储过程
OpenTable	打开一个表
OpenView	打开一个视图
OutputTo	将特定的 Access 数据库对象中的数据输出到 Excel、文本文件中
Print	打印当前的数据图表、窗体或报表
PrintOut	打印打开数据库中的当前对象
Quit	退出 Access
Rename	给选定的数据库对象重新取名
RepaintObject	刷新一个窗体的内容,如果没有指定数据库对象,则对当前数据库对象进行更新
Requery	从表格中或指定的对象中获得最新的信息

续表

宏 命 令	功　　能
Restore	将处于最大化或最小化的窗体恢复为原来的大小
RunApp	在 Access 中运行一个 Windows 或 MS-DOS 应用程序
RunCode	运行 Visual Basic 函数
RunCommand	运行 Access 的内置命令
RunMacro	调用另一个宏
RunSQL	通过使用相应的 SQL 语句,运行操作查询和数据定义查询
Save	保存一个特定的 Access 对象,或在没有指定的情况下保存当前活动的对象
SelectObject	把光标移动到指定的对象上
SendKeys	输入一个击键动作
SendObject	将指定的 Access 对象包含在电子邮件消息中,以便查看和发送
SetMenuItem	设置活动窗体的自定义菜单栏,或全局菜单栏上的菜单项的状态
SetValue	设置窗体或报表中一个控件特性的值
SetWornings	打开或关闭 Access 的系统消息
ShowAllRecord	取消基本表或查询中所有的筛选
ShowToolbar	显示或隐藏内置工具栏或自定义工具栏
StopAllMacro	中断所有运行的宏
StopMacro	中断当前运行的宏
TransferDatabase	与其他的数据库之间导入与导出数据
TransferSpreadSheet	与电子表格文件之间导入或导出数据
TransferText	与文本文件之间导入或导出文本

附录 D　常用的 DoCmd 方法

常用的 DoCmd 方法如附表 D 所示。

附表 D　常用的 DoCmd 方法

方　　法	参 数 名	说　　明
ApplyFilter	过滤器名	用过滤器、查询或 SQL Where 子句过滤窗体或报表的数据
	Where 条件	
Beep	无参数	产生“嘟”声以示警告
CancelEvent	无参数	取消事件的正常处理过程,当用户在记录中输入错误数据时,这个命令很有用,它能取消对数据库的修改

续表

方法	参数名	说明
Close	对象类型	关闭活动(默认)窗口或指定了对象名的窗口
CopyObject	目标	将数据库对象复制到另一个数据库中,或以另一名称复制到原数据库中
	数据库	
	新名称	
Delete Object	对象类型	删除指定对象,如参数为空,则删除数据库窗口中被选择的对象
Echo	打开 Echo 状态条文本	在执行代码时打开或关闭屏幕刷新,在执行完成以前隐藏结果并加速代码的运行
FindNext	无参数	查找由 FindRecord 或 Find 方法指定的下一条记录
FindRecord	查找数据的表达式匹配情况	在当前记录之后查找符合条件的记录,在表、窗体或记录集对象中进行查找
	方向	
	是否按格式查找	
	查找范围	
	是否从起点开始查找	
GoToControl	控件名	在打开的窗体、窗体数据表、表数据表或查询数据表的当前记录中将焦点移动到指定字段或控件,要把焦点移动到子窗体中的控件上,需使用 GoToControl 两次,第一次将焦点移到子窗体控件,第二次再移动到子窗体中的控件上
GoToPage	页号	在多页面窗体的指定页上按制表顺序选择第一个字段
	水平偏移量	
	垂直偏移量	
GoToRecord	对象类型	在打开的表、窗体或查询数据表中显示指定记录
	对象名	
	偏移量	
HourGlass	是否显示沙漏	在运行时在鼠标指针位置显示沙漏图标,当运行长过程时使用此方法
Maximize	无参数	最大化活动窗口
Minimize	无参数	在 Access 窗口中把活动窗口最小化成图标
MoveSize	右上角水平位置	移动活动窗口或改变其大小
	左上角水平位置	
	宽度	
	高度	

续表

<table>
<tr><th>方　法</th><th>参 数 名</th><th>说　明</th></tr>
<tr><td rowspan="4">MsgBox</td><td>消息文本</td><td rowspan="4">显示一个警告或信息消息框并等待用户单击“确定”按钮。已被 VBA 的 MsgBox 命令取代</td></tr>
<tr><td>是否发声</td></tr>
<tr><td>类型</td></tr>
<tr><td>标题</td></tr>
<tr><td rowspan="2">OpenDataAccessPage</td><td>页名</td><td rowspan="2">在浏览模式(默认)或设计视图中打开指定的“数据存取页”</td></tr>
<tr><td>页视图</td></tr>
<tr><td>OpenDiagram</td><td>图表名</td><td>打开工程的指定数据图表</td></tr>
<tr><td rowspan="6">OpenForm</td><td>窗体名</td><td rowspan="6">从窗体的某个视图打开它,并通过选择窗体的数据输入与窗口方式,来限制窗体显示情况</td></tr>
<tr><td>查看</td></tr>
<tr><td>筛选名</td></tr>
<tr><td>Where 条件</td></tr>
<tr><td>数据输入方式</td></tr>
<tr><td>窗口模式</td></tr>
<tr><td rowspan="2">OpenModule</td><td>模块名</td><td rowspan="2">打开指定模块并显示指定过程</td></tr>
<tr><td>过程名</td></tr>
<tr><td rowspan="3">OpenQuery</td><td>查询名</td><td rowspan="3">打开一个选择查询或交叉表查询,或运行一个操作查询</td></tr>
<tr><td>视图</td></tr>
<tr><td>数据输入方式</td></tr>
<tr><td rowspan="4">OpenReport</td><td>报表名</td><td rowspan="4">在指定的视图中打开报表,并在打印前过滤记录</td></tr>
<tr><td>视图</td></tr>
<tr><td>筛选名</td></tr>
<tr><td>Where 条件</td></tr>
<tr><td rowspan="3">OpenStoredProcedure</td><td>过程名</td><td rowspan="3">以普通(默认)、“设计”或“预览”模式(工程)打开存储过程</td></tr>
<tr><td>视图模式</td></tr>
<tr><td>数据输入方式</td></tr>
<tr><td rowspan="3">OpenTable</td><td>表名</td><td rowspan="3">在指定视图中打开或使表变成活动的。用户可以在“数据表”视图中给表指定输入或编辑方式</td></tr>
<tr><td>视图</td></tr>
<tr><td>数据输入方式</td></tr>
<tr><td rowspan="2">OpenView</td><td>视图名</td><td rowspan="2">以普通(默认)、“设计”或“预览”模式(工程)打开视图</td></tr>
<tr><td>视图模式</td></tr>
</table>

续表

方法	参数名	说明
OutputTo	对象类型	将指定对象中的数据复制到 Microsoft Excel(xls)、Richtext(.rtf)或 DOS 文本(.txt)文件中,自动启动表示会启动与上述扩展名相关联的应用程序
	对象名	
	输出格式	
	输出文件	
	自动启动	
Print	打印范围	打印活动的数据表单、报表或窗体
	起始页	
	终止页	
	打印质量	
	打印份数	
	是否自动校对打印	
PrintOut	与 Print 相同	在 VBA 中使用,因为 Print 是 VBA 的保留字
Quit	选项	关闭 Access,并根据指定命令保存修改过的对象
Rename	新名称	重命名一个数据库窗口中选择的对象
RepaintObject	对象类型	强制执行指定数据库对象的重算和屏幕更新,如果没有指定数据库对象,则对活动数据库对象进行更新。 该操作不会显示新的或更改了的记录
	对象名	
Requery	控件名	通过再查询控件的数据源来更新活动对象中指定控件的数据。如果参数为空,该操作将对对象本身的数据源进行再查询
Restore	无参数	将处于最大化或最小化的窗口恢复到原来的大小
Save	对象类型	保存指定的数据库对象,若参数为空则保存活动窗口
	对象名	
SelectObject	对象类型	选择指定数据库对象
	对象名	
	是否选择数据库窗口中的对象	
SendKeys	要接收的按键	发送击键消息到任何 Windows 应用中
	是否暂停	
SetWarnings	是否显示系统信息	打开或关闭默认警告信息,此操作不会抑制错误信息或需要输入文本的系统对话框的显示

续表

方　法	参数名	说　明
ShowAllRecords	无参数	去掉所有过滤,并重新查询活动对象
TransferDatabase	转换类型	在当前数据库与其他数据库之间导出数据,也可链接其他数据库的表到当前数据库中。其他数据库可以是 Access 或 SQLServer 数据库
	数据库类型	
	数据库名	
	对象类型	
	源	
	目标	
	是否只转换表结构	
TransferSpreadSheet	转换类型	从电子表格中导入数据或将 Access 中的数据导出到电子表格中
	电子表格类型	
	表名	
	文件名	
	是否有字段名	
	范围	
TransferText	转换类型	从文本文件中导入数据或将 Access 中的数据导出到文本文件中
	规范名称	
	表名	
	文件名	
	是否有字段名	

附录 E　ADO 对象属性与方法

ADO 对象属性与方法如附表 E 所示。

附表 E　ADO 对象属性与方法

属性/方法	说　明
AbsolutePage	指定当前记录所在的页
AbsolutePosition	指定 Recordset 对象当前记录的序号位置
ActiveCommand	指示创建关联的 Recordset 对象的 Command 对象
ActiveConnection	指定的 Command、Recordset 当前所属的 Connection 对象

续表

属性/方法	说　明
ActualSize	指示字段的值的实际长度
Attributes	指示对象的一项或多项特性
BOF	指示当前记录位于 Recordset 对象的第一个记录之前
EOF	指示当前记录位于 Recordset 对象的最后一个记录之后
Bookmark	返回唯一标识 Recordset 对象中当前记录标识
CacheSize	指示缓存在本地内存中的 Recordset 对象的记录数
CommandText	包含要根据提供者发送的命令文本
CommandTimeout	指示在终止、产生错误之前执行命令期间需等待的时间
CommandType	指示 Command 对象的类型
Connect	设置或返回对其运行查询和更新操作的数据库名称
ConnectionString	包含用于建立连接数据源的信息
ConnectionTimeout	指示在终止尝试和产生错误前建立连接期间所等待的时间
Count	指示集合中对象的数目
CursorLocation	设置或返回游标服务的位置
CursorType	指示在 Recordset 对象中使用的游标类型
DataMember	指定要从 DataSource 属性所引用的对象的名称
DataSource	指定所包含的数据将被表示为 Recordset 对象的对象
DefaultDatabase	指示 Connection 对象的默认数据库
DefinedSize	指示 Field 对象所定义的大小
Description	描述 Error 对象
Direction	指示 Parameter 表示的是输入、输出还是输出/输入参数
EditMode	指示当前记录的编辑状态
ExecuteOptions (RDS)	指示是否启用异步执行
FetchOptions	设置或返回异步获取的类型
Filter	指示 Recordset 的数据筛选条件
FilterColumn (RDS)	设置或返回计算筛选条件的列
FilterCriterion (RDS)	设置或返回在筛选值中使用的计算操作符
FilterValue (RDS)	设置或返回用于筛选记录的值
Handler (RDS)	设置或返回包含扩展 RDSServer.DataFactory 功能的服务器端自定义程序(处理程序)的名称的字符串，以及处理程序所用的任何参数，它们均由逗号(,)分隔

续表

属性/方法	说　　明
Index	指示对 Recordset 对象当前生效的索引的名称
HelpContext	指示与 Error 对象关联的帮助文件和主题,HelpContextID 返回帮助文件中主题的按长整型值返回的上下文 ID
HelpFile	返回字符串,用于计算帮助文件的完整分解路径
InternetTimeout (RDS)	指示请求超时前将等待的毫秒数
IsolationLevel	指示 Connection 对象的隔离级别
LockType	指示编辑过程中对记录使用的锁定类型
MarshalOptions	指示要被调度返回服务器的记录
MaxRecords	指示通过查询返回 Recordset 的记录的最大数目
Mode	指示用于更改 Connection 中数据的可用权限
Name	指示对象的名称
NativeError	指示针对给定 Error 对象的特定提供者的错误代码
Number	指示用于唯一标识 Error 对象的数字
NumericScale	指示 Parameter 或 Field 对象中数字值的范围
Optimize	指示是否应该在该字段上创建索引
OriginalValue	指示发生任何更改前已在记录中存在的 Field 的值
PageCount	指示 Recordset 对象包含的数据页数
PageSize	指示 Recordset 中一页所包含的记录数
Precision	指示在 Parameter 对象中数字值或数字对象的精度
Prepared	指示执行前是否保存命令的编译版本
Provider	指示 Connection 对象提供者的名称
RecordCount	指示 Recordset 对象中记录的当前数目
Size	指示 Parameter 对象的最大大小(按字节或字符)
Sort	指定一个或多个排序的字段名,并指定按升序还是降序对字段进行排序
SortColulmn (RDS)	设置或返回记录以之排序的列
SortDirection (RDS)	设置或返回用于指示排序顺序是升序还是降序的布尔型值
Source (ADO Error)	指示产生错误的原始对象或应用程序的名称
SQL (RDS)	设置或返回用于检索 Recordset 的查询字符串
SQLState	指示给定 Error 对象的 SQL 状态

续表

属性/方法	说　明
State	对所有可应用对象，说明其对象状态是打开或是关闭，对执行异步方法的 Recordset 对象，说明当前的对象状态是连接、执行或是获取
Status	指示有关批更新或其他大量操作的当前记录的状态
Type	指示 Parameter、Field 或 Property 对象的操作类型或数据类型
UnderlyingValue	指示数据库中 Field 对象的当前值
Value	指示赋给 Field、Parameter 或 Property 对象的值
Version	指示 ADO 版本号

附录 F　部分习题参考答案

习题 1

填空题：1. 记录，载体　2. 层次模型，网状模型，关系模型，面向对象模型　3. 数据集合　4. 数据库管理系统　5. 关系数据库管理系统

单选题：1. D　2. A　3. C　4. C　5. B　6. D　7. B　8. A　9. C　10. D

习题 2

填空题：1. 模式，外模式，内模式　2. 数据项　3. 实体完整性　4. 关系规范化　5. 外码

单选题：1. C　2. A　3. A　4. D　5. A　6. C　7. D　8. C　9. B　10. D

习题 3

填空题：1. 打开　2. 数据“视图”　3. 数据源　4. Access 选项　5. 数据库应用系统的工作　6. 打印机　7. 程序　8. 低版本向高版本

单选题：1. C　2. A　3. B　4. B　5. C

习题 4

填空题：1. 基础，其他对象　2. 数据　3. 字段名　4. 字段值的约束条件　5. 存储格式　6. 主索引　7. 建立索引　8. 查找　9. 排列顺序　10. 表设计

单选题：1. C　2. D　3. B　4. C　5. A　6. B　7. D　8. C　9. C　10. D

习题 5

填空题：1. 检索　2. 数据源　3. 新字段　4. 数据来源，动态　5. 获得不同　6. 相同的字段属性　7. 最新数据　8. 选择查询　9. 满足查询条件　10. 创建新表

单选题:1. D 2. C 3. B 4. B 5. D 6. C 7. A 8. D 9. B 10. B

习题6

填空题:1. 数据操纵,数据定义,数据查询 2. 表的结构 3. Null,Not Null 4. 删除 5. Insert,Select 6. 不必打开 7. Where 成绩>90 8. * 9. Where 10. 4

单选题:1. D 2. B 3. B 4. D 5. D 6. A 7. C 8. A 9. A 10. D

习题7

填空题:1. 布局 2. 表和查询 3. 控件 4. 外观 5. 维护窗体 6. 图形文件 7. 与之关联的子表 8. 查询设计视图 9. 属性,附属于它的行为 10. 识别和响应

单选题:1. D 2. C 3. B 4. A 5. C 6. A 7. B 8. C 9. D 10. B

习题8

填空题:1. 宏命令 2. 第一个宏命令开始 3. 宏组 4. 宏视图 5. 运行宏或宏组 6. 控件事件 7. 条件 8. 宏名 9. 第一个宏名

单选题:1. C 2. D 3. B 4. A 5. B 6. A 7. B 8. D 9. C 10. A

习题9

填空题:1. 数据信息 2. 页眉,页脚 3. 底部 4. 打印选项 5. 计算函数

单选题:1. A 2. B 3. D 4. A 5. C

习题10

填空题:1. 窗体与报表 2. 哪些运算 3. 有效使用范围 4. 基本类型变量 5. 标准过程 6. 算术运算,关系运算,逻辑运算 7. 字母或汉字 8. 条件 9. 循环语句和过程 10. 标准模块,窗体模块

单选题:1. A 2. C 3. C 4. D 5. A 6. A 7. B 8. D 9. A 10. B

习题11

填空题:1. 权限 2. 属性 3. 事件与方法代码 4. 行来源 5. 查询结果

单选题:1. D 2. C 3. C 4. D 5. B

习题12

填空题:1. 数据的传递 2. 数据表、查询 3. 数据文件 4. 导入 5. 数据库对象

单选题:1. B 2. A 3. C 4. B 5. D

参 考 文 献

[1] 王珊,萨师煊.数据库系统概论[M].4版.北京:高等教育出版社,2006.
[2] 施伯乐,等.数据库系统教程[M].北京:高等教育出版社,2008.
[3] Thomas Connolly Carolyn Begg.数据库系统[M].3版.宁洪,等译.北京:电子工业出版社,2004.
[4] Hector Garcia-Molina.数据库系统全书[M].岳丽华,等译.北京:机械工业出版社,1998.
[5] 维克托 迈尔-舍恩伯格,肯尼斯 库克耶.大数据时代[M].杭州:浙江人民出版社,2013.
[6] Anaad Rajaraman,Jeffrey David Ullman.数据:互联网大规模数据挖掘与分布式处理[M].北京:人民邮电出版社,2015.
[7] PANG-NING TAN.数据挖掘导论:完整版[M].北京:人民邮电出版社,2011.
[8] 李雁翎.数据库技术及应用——Access[M].2版.北京:高等教育出版社,2012.
[9] 李雁翎.数据库技术及应用[M].4版.北京:高等教育出版社,2014.
[10] 杨涛.Access2007实用教程[M].北京:清华大学出版社,2011.